U0210328

四川盆地及周缘寒武系页岩
典型剖面地质特征

王玉满　沈均均　邱　振　金　旭　周尚文　张　琴　梁　峰　等著

石油工業出版社

内容提要

本书立足四川盆地及周缘寒武系页岩新鲜露头剖面这一稀缺资料点，采用典型剖面精细解剖的方式，详细阐述了四川盆地及周缘寒武系页岩12个典型剖面的地质特征，涉及结核体的发育特征和地质意义、早寒武世中上扬子区构造沉积响应和优质页岩发育的主控因素、海相页岩有机质炭化区分布规律和主控因素等，最大限度地从宏观层面揭示这套古老海相层系的科学价值和勘探意义。

本书可供从事沉积储层与页岩气地质研究的科研人员、管理人员参考阅读。

图书在版编目（CIP）数据

四川盆地及周缘寒武系页岩典型剖面地质特征 / 王玉满等著 . —北京：石油工业出版社，2024.6

ISBN 978-7-5183-6321-6

Ⅰ . ①四… Ⅱ . ①王… Ⅲ . ①四川盆地 – 寒武纪 – 地质剖面图 – 地质特征 – 研究 Ⅳ . ① P534.41

中国国家版本馆 CIP 数据核字（2023）第 170841 号

出版发行：石油工业出版社
（北京安定门外安华里 2 区 1 号　100011）
网　址：www.petropub.com
编辑部：（010）64253017　　图书营销中心：（010）64523633
经　　销：全国新华书店
印　　刷：北京中石油彩色印刷有限责任公司

2024 年 6 月第 1 版　2024 年 6 月第 1 次印刷
889 × 1194 毫米　开本：1/16　印张：13
字数：300 千字

定价：200.00 元

《四川盆地及周缘寒武系页岩典型剖面地质特征》
撰写人员

王玉满　沈均均　邱　振　金　旭　周尚文

张　琴　梁　峰　陈　波　李新景　王淑芳

李建明　王晓琦　刘晓丹　王　皓　董大忠

黄金亮　王灿辉　蒋　珊　焦　航　刘　雯

前言 /PREFACE

中国南方下寒武统页岩广泛分布于四川盆地一滇东（主要为筇竹寺组）、鄂西（主要为水井沱组）、湘西一黔北（主要为牛蹄塘组）等地区，是页岩气勘探的重要层系，也是四川盆地震旦系一寒武系古老碳酸盐岩大气田的主要烃源岩，沉积时限较下志留统早1亿年以上，富气条件更加复杂，具有重要的科学价值和勘探意义。

尽管页岩气勘探工作已开展近十年，但下寒武统页岩勘探和研究程度远不及下志留统龙马溪组，面临有效资料点分布局限、勘探和认识程度区域差异大、重点探区关键地质特征和页岩气富集主控因素不清等突出问题。目前，页岩气钻探和研究工作主要集中在川中古隆起、长宁一昭通、宜昌等3个区块，在其他探区有效的评价井和露头剖面点较少。受此影响，下寒武统页岩地质评价存在优质页岩分布与预测难度大、烃源岩有效性评价可靠程度低、页岩气分布规律认识不清等难点。

针对下寒武统页岩气勘探面临的问题和难点，本书依托中国石油油气和新能源分公司“中国重点地区页岩气资源评价、战略选区与地质目标优选”和“四川盆地志留系和寒武系深海相页岩气评价”等预探项目及国家科技重大专项课题“四川盆地及周缘重点层系优质页岩分布与地化特征”，先后开展了中上扬子地区下寒武统页岩野外露头详测和重点井解剖，建立了一批重要的页岩地层标准剖面和区域大剖面，为古老海相页岩气地质评价和有利区带优选奠定了坚实的资料基础，并在此基础上取得一批标志性成果：（1）以下寒武统页岩关键界面识别和表征为重点，首次系统研究了四川盆地及周缘筇竹寺组结核体发育特征，并结合下志留统页岩典型剖面研究成果，建立了筇竹寺组富有机质页岩识别的有效方法，揭示了早寒武世中上扬子地区构造沉积响应和优质页岩发育的主控因素；（2）建立下寒武统海相富有机质页岩沉积模式，实现了优质页岩分布的有效预测；（3）以重点炭化区精细解剖为基础，开展下寒武统和下志留统两套页岩有机质炭化区精细预测和热成熟度区域编图，探索海相页岩有机质炭化区分布规律和主控因素；（4）揭示古老海相页岩纳米孔隙和优质储集空间演化规律，为海相页岩气富集机理研究提供科学依据，并提出Ⅰ型一II_1型固体有机质炭化的R_{O}下限3.5%应成为古老海相地层页岩气勘探的理论红线。

本书是继《四川盆地及周缘志留系页岩典型剖面地质特征》之后又一本介绍中国南方海相页岩的特色专著，使用与前者相似的写作方法，以详实的资料阐述四川盆地及周缘寒武系页岩

12 个剖面的地质特征，并最大程度体现上述攻关成果。本书同样是一部海相页岩气地质研究资料库，全面展示了重点探区筇竹寺组主要地质特征和页岩气富集主控因素。根据剖面黑色页岩发育情况、资料丰富程度和地质特点，本书突出以下几方面内容。

（1）突出主干剖面。将四川盆地及周缘划分为川东—湘鄂西坳陷、黔北坳陷、川南裂陷、川东北裂陷等 4 个下寒武统黑色页岩沉积单元或地区，在每个地区建立至少 1 个主干剖面，以揭示剖面所在地区筇竹寺组主要地质特征和页岩气富集主控因素。

（2）突出剖面关键地质特点。针对每个剖面突出介绍关键界面基本特点、富有机质页岩岩相组合和发育特征及其与邻区沉积主控因素的差异性、有机质炭化程度等研究成果和认识。

（3）突出地质评价方法。在关键剖面点，突出优质页岩的识别、评价与预测方法和烃源岩有效性评价方法等。

本书共分为 5 章，撰写工作分工如下：前言由王玉满、沈均均撰写；第一章由王玉满、邱振、金旭、周尚文、张琴、梁峰、王淑芳、李新景、董大忠、王晓琦、黄金亮、刘雯等撰写；第二章由王玉满、陈波、李新景、沈均均、李建明、刘晓丹、王皓、焦航等撰写；第三章由王玉满、陈波、王皓、蒋珊等撰写；第四章由王玉满、沈均均、陈波、李新景、蒋珊、王灿辉等撰写；第五章由沈均均、王玉满、邱振、陈波、王灿辉等撰写。全书由王玉满、沈均均、张琴统稿和审校。

本书是笔者近十年开展中国南方海相页岩气地质研究的成果总结，由于认识和水平有限，难免有不足、不妥之处，敬请各位读者批评指正。

目录/CONTENTS

第一章　概　　况

下寒武统筇竹寺组是中国南方下古生界重要的海相烃源岩（图 1-1），也是页岩气勘探的重要层系，在中上扬子地区分布面积超过 $50\times10^4km^2$，主要沉积区为四川盆地、云南、贵州、湖南、湖

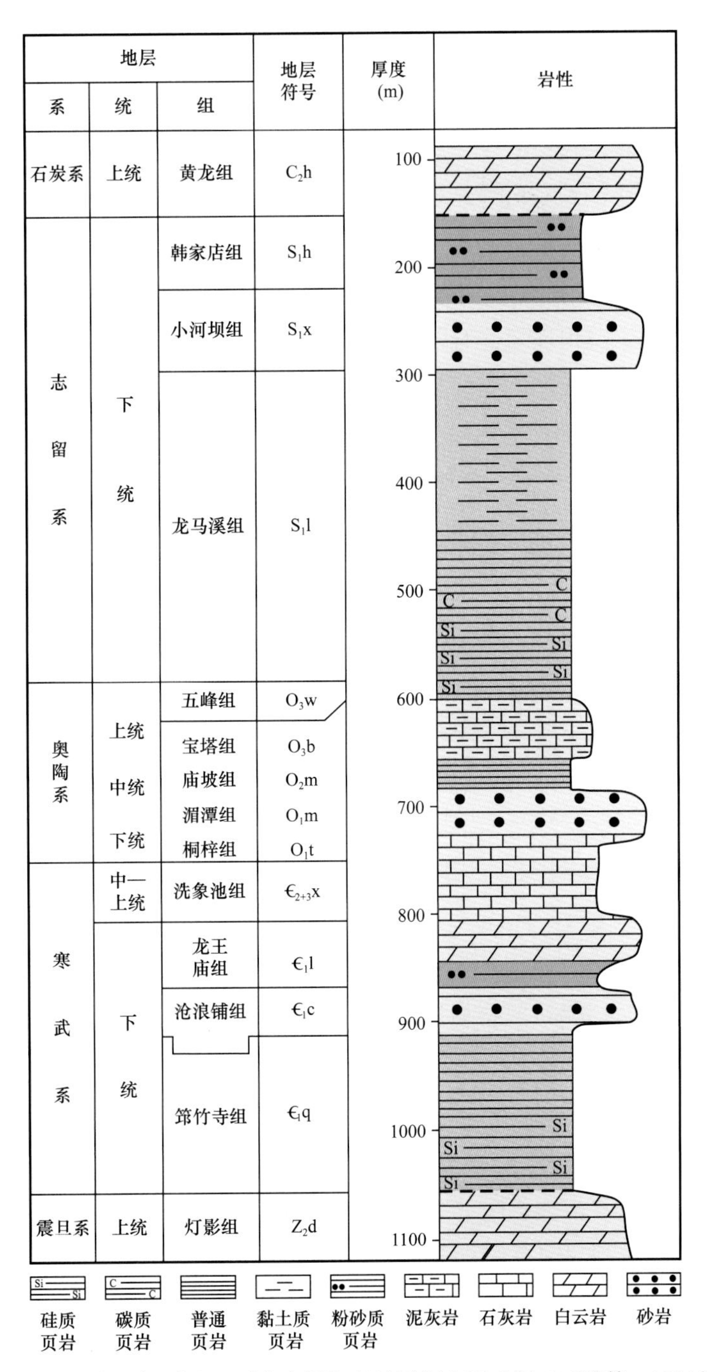

图 1-1　中上扬子地区下古生界海相地层划分图（据王玉满等，2021）

北。该页岩地层在四川盆地以外广泛出露，在长宁—昭通、威远—资阳、磨溪—高石梯、宜昌、黔东北等探区有少量评价井揭示，沉积厚度一般为25～600m。

目前，筇竹寺组尚未取得页岩气勘探突破，研究和认识程度远不及五峰组—龙马溪组。与后者相似，筇竹寺组地质研究和勘探评价始终面临有效资料点少且分布局限、勘探和认识程度区域差异大、在重点探区关键地质特征和页岩气富集主控因素不清等突出问题。主要的页岩气钻探和研究工作集中在威远—犍为、长宁—昭通等页岩气示范区，在示范区以外有效的评价井和露头剖面点较少。因此，在四川盆地及周缘筇竹寺组分布区建立一批标准剖面，是中上扬子地区寒武系页岩气战略选区与有利目标优选的基础性工作，具有重要的科研和实践意义。

第一节　典型剖面分布

自2016年开始，笔者针对下寒武统页岩，以滇东、黔北、湘鄂西、川北—鄂西北等地区为重点，通过野外踏勘和现场岩心观察，选择一批富有机质页岩出露完整、表层较新鲜、顶底界面清楚的露头或钻井，开展精细分层与描述、GR全剖面扫描、采样分析测试和综合柱状图编制等工作，建立包括电性、岩相组合、沉积环境、有机质地球化学、元素地球化学、岩石学、物性和脆性等关键地质参数的标准剖面，并在标准剖面的基础上建立数条区域大剖面，为储层表征、区带评价和选区提供可靠的地质资料。

经过6年大规模野外地质勘查，在环四川盆地的下寒武统黑色页岩分布区共详测露头剖面20余条，包括长阳白竹岭、峡东王家坪、鹤峰白果坪、秭归九曲垴、古丈默戎、瓮安永和、镇远鸡鸣村、松桃盘石、湄潭梅子湾、遵义中南村、金沙岩孔、永善苏田、永善务基、马边大风顶、神农架古庙垭、城口新军村、南江沙滩、旺苍国华、广元三龙村和绵阳铏巴沟等（表1–1，图1–2），建立了5条标准剖面和一批重要的参考剖面，为寒武系优质页岩识别和页岩气地质评价提供了丰富的地质资料，本书将重点介绍其中12条剖面。

表1–1　下寒武统页岩野外露头详测剖面统计表

剖面	基本特征	主要露头点
标准剖面	（1）关键界面和主要层段出露完整，岩相组合清楚且露头较新鲜； （2）GR测点全覆盖； （3）薄片、地球化学、岩矿等测试资料齐全	长阳白竹岭、峡东王家坪、古丈默戎、瓮安永和、永善苏田等5个
参考剖面	（1）植被覆盖或风化较严重，但下部富有机质页岩段或重要岩相组合出露较完整； （2）GR测点可覆盖并能识别富有机质页岩段或重要岩相组合； （3）只能针对部分重点层段开展采样分析测试	鹤峰白果坪、秭归九曲垴、镇远鸡鸣村、松桃盘石、湄潭梅子湾、遵义中南村、金沙岩孔、永善务基、马边大风顶、神农架古庙垭、城口新军村、南江沙滩、旺苍国华、广元三龙村、绵阳铏巴沟等15个

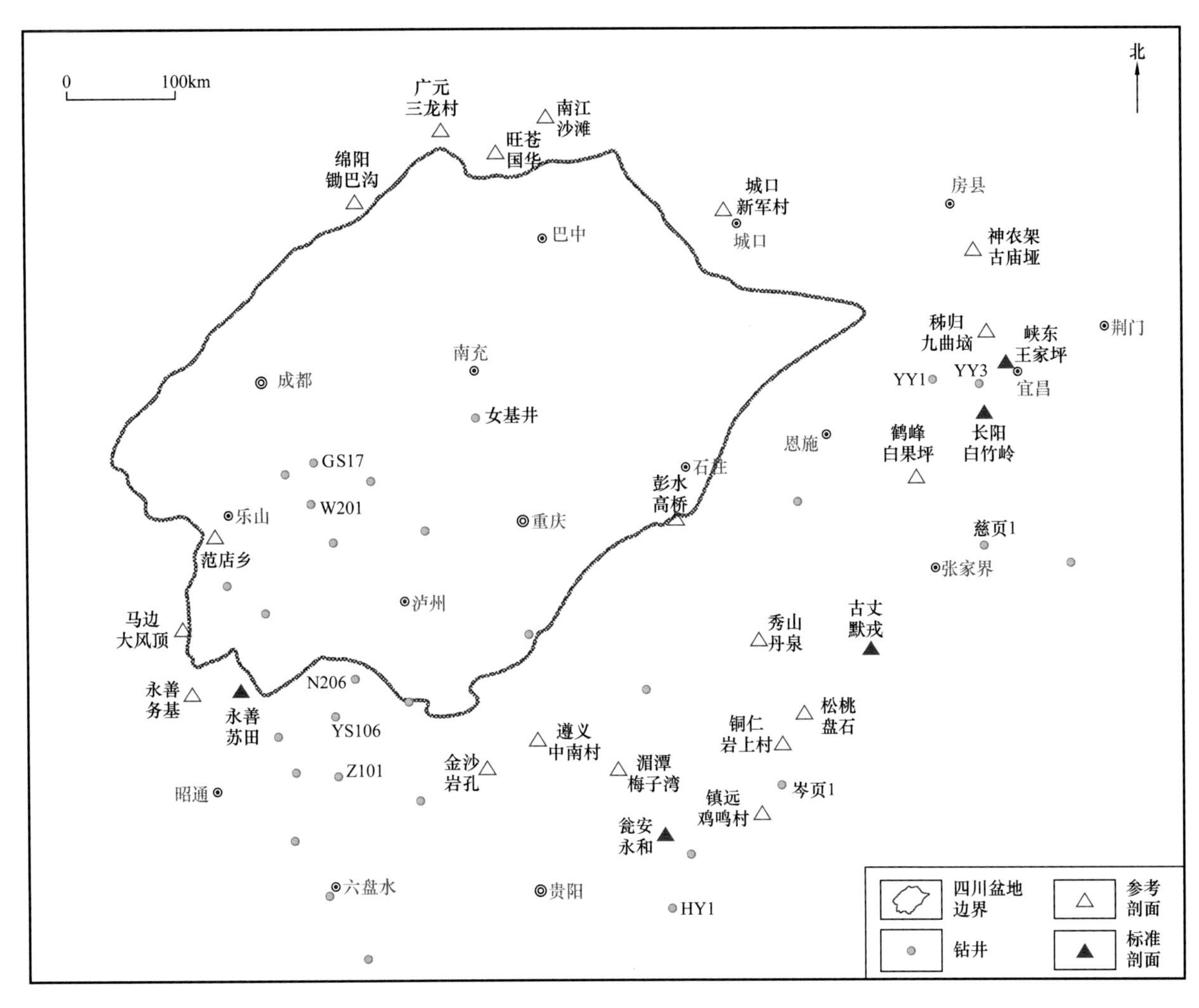

图 1-2　下寒武统页岩重要剖面点分布图

第二节　建立典型剖面的科学意义和勘探价值

近 6 年来，笔者以寒武系页岩典型剖面地质特征研究为基础，结合重点探区典型井解剖，开展四川盆地及周缘筇竹寺组黑色页岩分布、关键地球化学指标系统编图和储层评价。研究成果基本反映了中上扬子地区下寒武统沉积环境研究、富有机质页岩分布预测、烃源岩评价和储层表征等最新进展，为页岩气勘探和选区提供了重要依据，彰显了四个方面的科学意义和勘探价值。

一、系统展示了下寒武统黑色页岩岩石类型和沉积特征，揭示富有机质页岩形成机制和分布规律

中上扬子地区筇竹寺组普遍具有岩性三分性（赵文智等，2016；邹才能等，2015；王玉满等，2017），自下而上可划分为 SQ1、SQ2 和 SQ3 等 3 个三级层序（图 1–3、图 1–4）。

在威远地区，筇竹寺组厚约 190m，以深色页岩为主，夹灰色重力流粉砂岩（图 1–3）。SQ1 厚约 80m，为深水陆棚相灰黑色粉砂质页岩、黑色页岩、碳质页岩夹深灰色重力流粉砂岩、钙质结核，代表早寒武世裂陷期最大海侵，电测曲线表现为中—高电阻率、高自然伽马特征，其中底部高自然伽马段厚度为 40m。SQ2厚约 80m，为深水—半深水陆棚深灰色粉砂质页

岩段，水体较 SQ1 明显变浅，电测曲线表现为中—高电阻率、较高自然伽马特征，中部见 20m 高自然伽马页岩段。SQ3 厚 30m，中下部为浅水相深灰色页岩，夹云质粉砂岩，电测曲线表现为中值测井电阻率和中值自然伽马特征；顶部为紫红色砂泥岩（即下红层）、云质粉砂岩夹灰色页岩，电测曲线表现为较高电阻率和中—低自然伽马特征。高自然伽马页岩段分布于 SQ1 和 SQ2，富含长石（钾长石含量为 1.6%～4.9%，斜长石含量为 9.3%～22.8%），表明该区距离西部古陆较近，陆源碎屑输入量大。

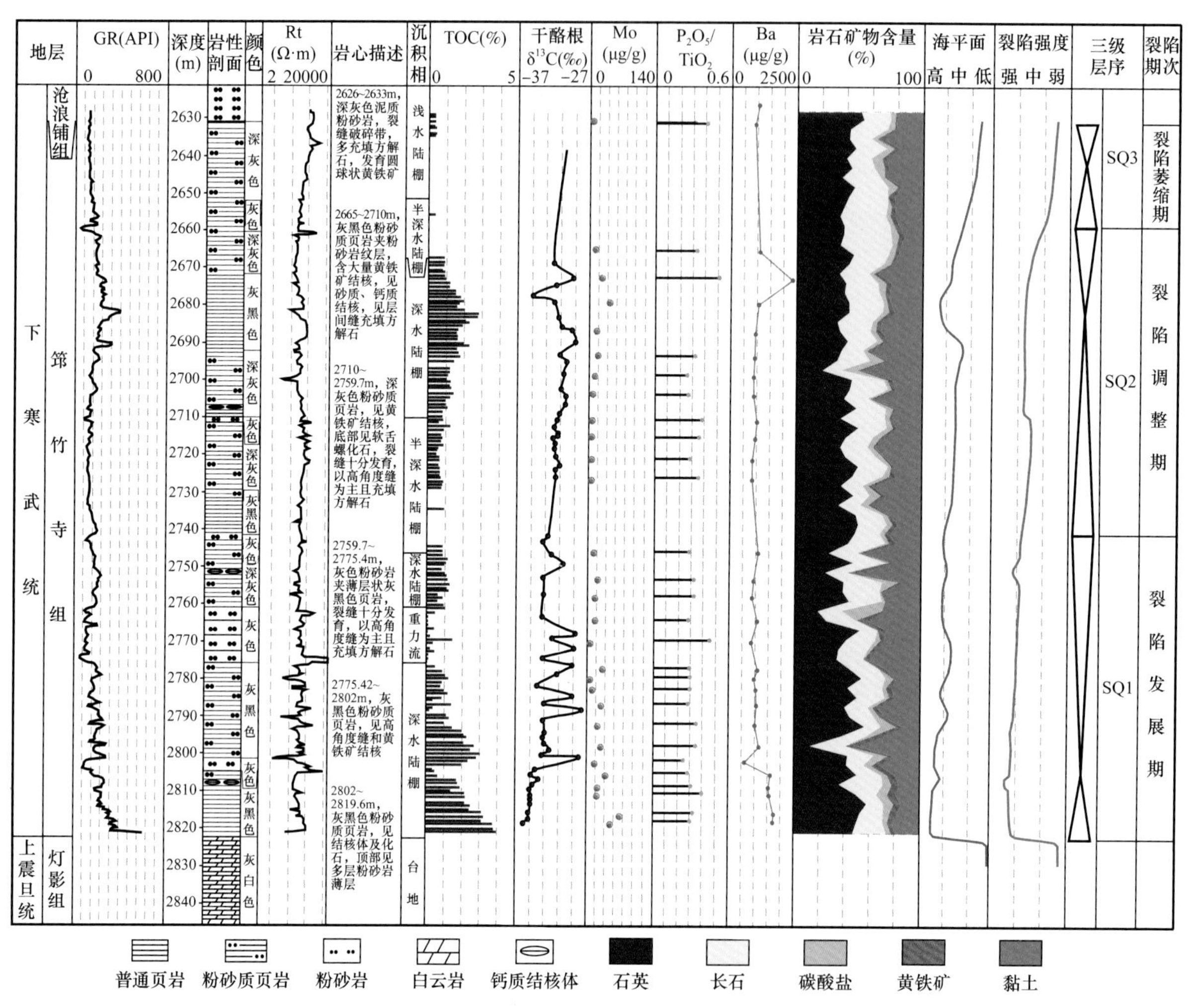

图 1-3　四川盆地 W201 井下寒武统筇竹寺组综合柱状图

在长宁地区，筇竹寺组厚 210m，主体为深色页岩（图 1-4）。SQ1 厚 60m，为深水陆棚相黑色页岩、碳质页岩、含磷质页岩和结核体组合，电测曲线受有机质炭化影响呈超低电阻率、高自然伽马响应特征，底部为高自然伽马（>150API）、富有机质页岩集中段，厚度为 40m。SQ2 厚 80m，下部半旋回为半深水相深灰色页岩夹砂质页岩，电测曲线显示为中—高电阻率、中—高自然伽马幅度值（100～150API）；上部为浅水相深灰色页岩与粉砂质页岩，电测曲线为高电阻率、中自然伽马值。与 SQ1 相比，该段 TOC 值明显下降，由 1% 下降到 0.5% 以下。SQ3 厚 70m，为浅水相灰色页岩和粉砂质页岩，电测曲线表现为高电阻率、中自然伽马（80～110API）特征，TOC 值较 SQ1、SQ2 低，一般在 0.5% 以下。高自然伽马页岩段分布于 SQ1，长石含量一般为 2.5%～9.9%（远低于威远地区），表明该区距离西部古陆较远，陆源碎屑输入量较少。

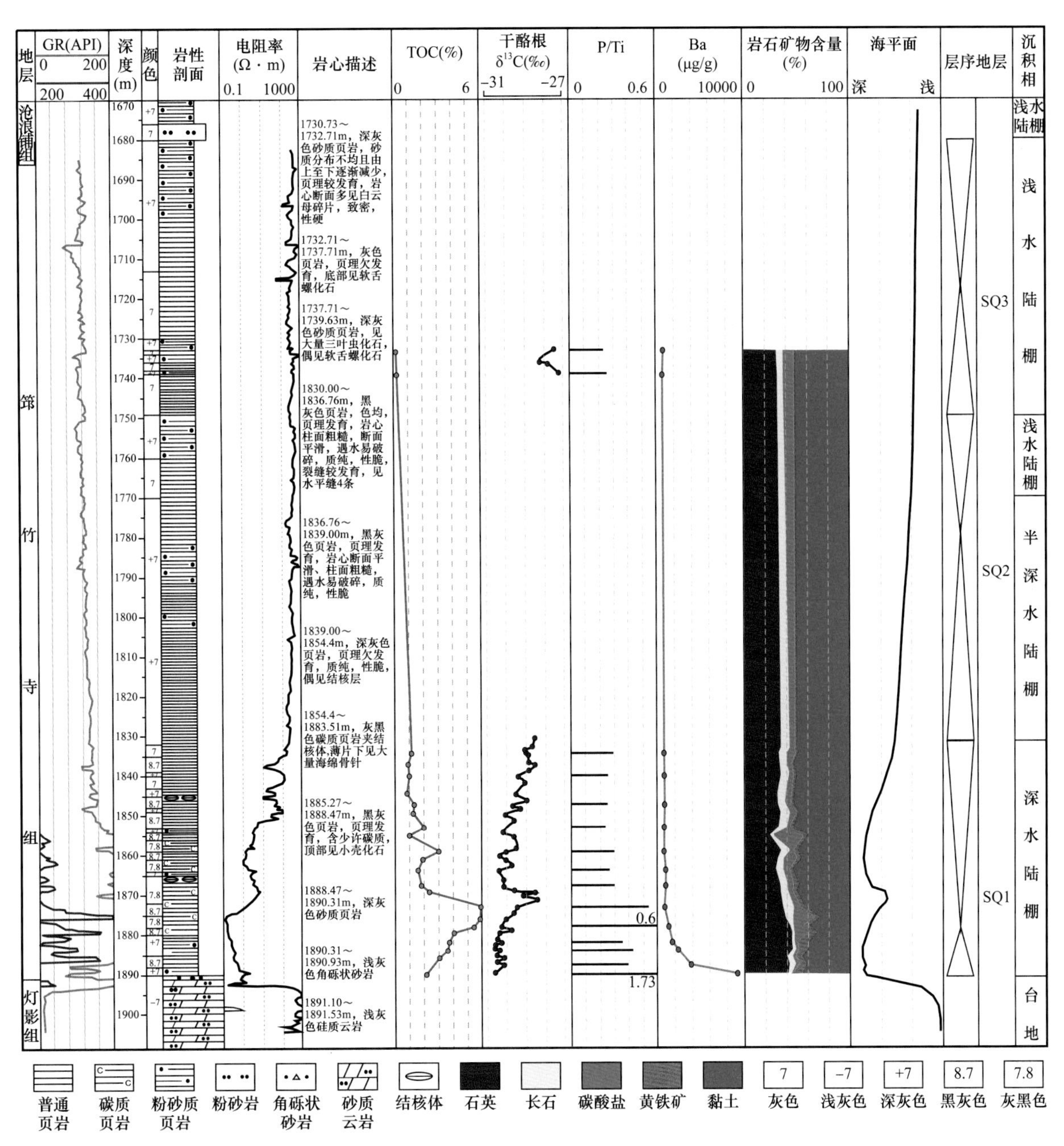

图 1–4　四川盆地 N206 井下寒武统筇竹寺组综合柱状图

1. 页岩岩相类型

本节应用岩石矿物三端元法 + 沉积微相分类方案（王玉满等，2016），将筇竹寺组页岩划分为深水相、半深水相、浅水相等 3 种岩相组合类型（图 1–5），即深水（TOC 值大于 2%）岩相组合，主要为硅质页岩相，含少量黏土质硅质混合页岩相（图 1–5a）；半深水（TOC 值为 1%～2%）岩相组合，为硅质页岩相和黏土质硅质混合页岩相组合（图 1–5b）；浅水（TOC 值小于 1%）岩相组合，为硅质页岩相和黏土质硅质混合页岩相组合（图 1–5c）。3 种组合的镜下特征如图 1–6 所示。

在威远地区，筇竹寺组自下而上主体为硅质页岩相，岩石类型单一（图 1–5、图 1–6g—j）。在长宁地区，筇竹寺组下段主体为深水硅质页岩相（图 1–5a、图 1–6d—f），在局部地区底部见含磷云岩（镜下见大量管状生物化石；图 1-6a—c），中段为半深水—浅水硅质页岩相和黏土质硅质混合页岩相组合（图 1-5b、图 1-6j），上段为浅水硅质页岩相和黏土质硅质混合页岩相组合（图 1-5c）。由此可见，筇竹寺组富有机质页岩主体为深水硅质页岩相，岩石类型较五峰组—龙马溪组简单，后者主要为深水硅质页岩相、钙质硅质混合页岩相和黏土质硅质混合页岩相组合（王玉满等，2016）。

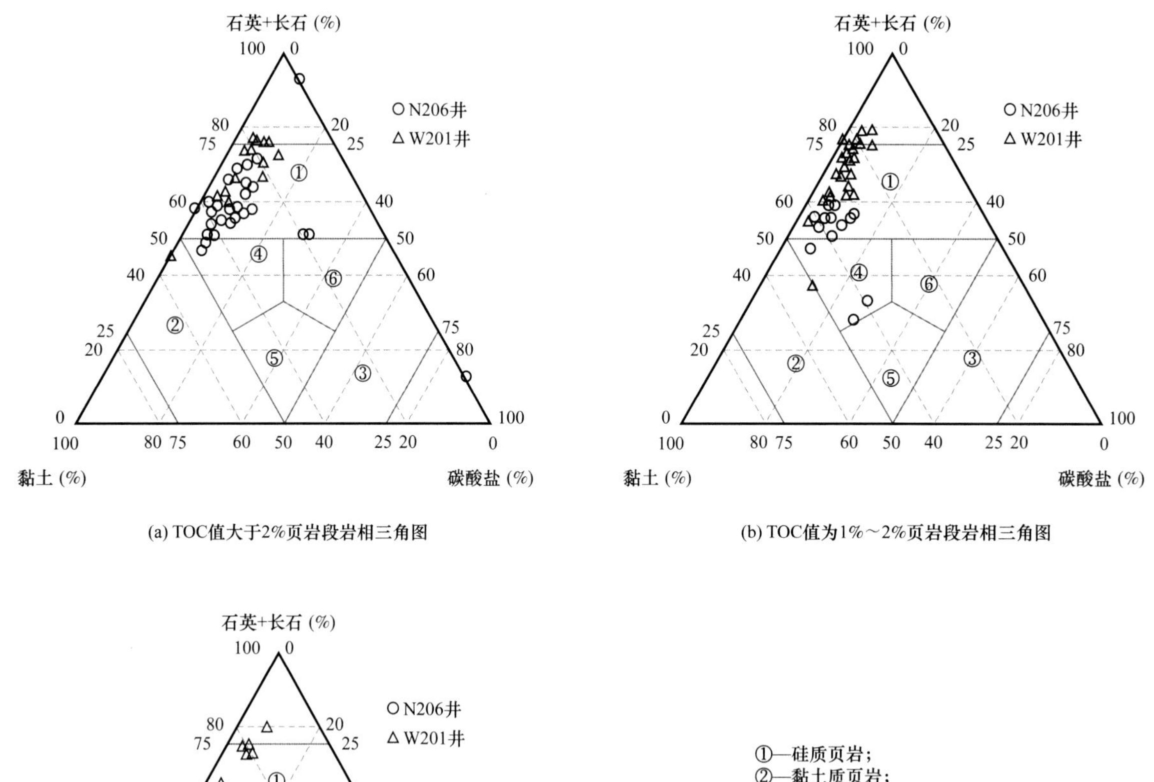

(a) TOC值大于2%页岩段岩相三角图

(b) TOC值为1%～2%页岩段岩相三角图

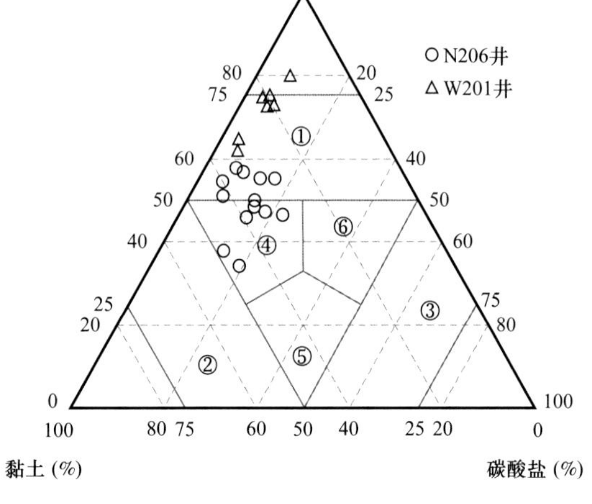

(c) TOC值小于1%页岩段岩相三角图

①—硅质页岩；
②—黏土质页岩；
③—钙质页岩；
④—黏土质硅质混合页岩；
⑤—黏土质钙质混合页岩；
⑥—钙质硅质混合页岩

图 1-5　川南下寒武统筇竹寺组岩相划分图

筇竹寺组富有机质页岩在露头剖面上显示为中厚层—块状，黑色和灰黑色，质地硬而脆。在长宁地区镜下纹层不发育，在威远地区见大量毫米级水平纹层，单层厚 0.2～0.8mm，纹层中亮色颗粒物以浑圆型小球状体为主，主要包括石英、长石、硅质生物骨架颗粒（海绵、骨针等）、黏土质絮凝状颗粒等，粒径一般为 7～92μm，暗色纹层主要为黏土和有机质（图 1-6）。石英 + 长石含量一般为 51.3%～74.6%，方解石和白云石含量一般小于 14%，黏土矿物含量一般为 14.3%～41.9%。有机质丰富，主要以分散状分布于黏土矿物和颗粒物之间，局部呈层状，TOC 值一般为 1.9%～7.1%，在川东—鄂西、湘西、黔北等地区可达 10%～20%。

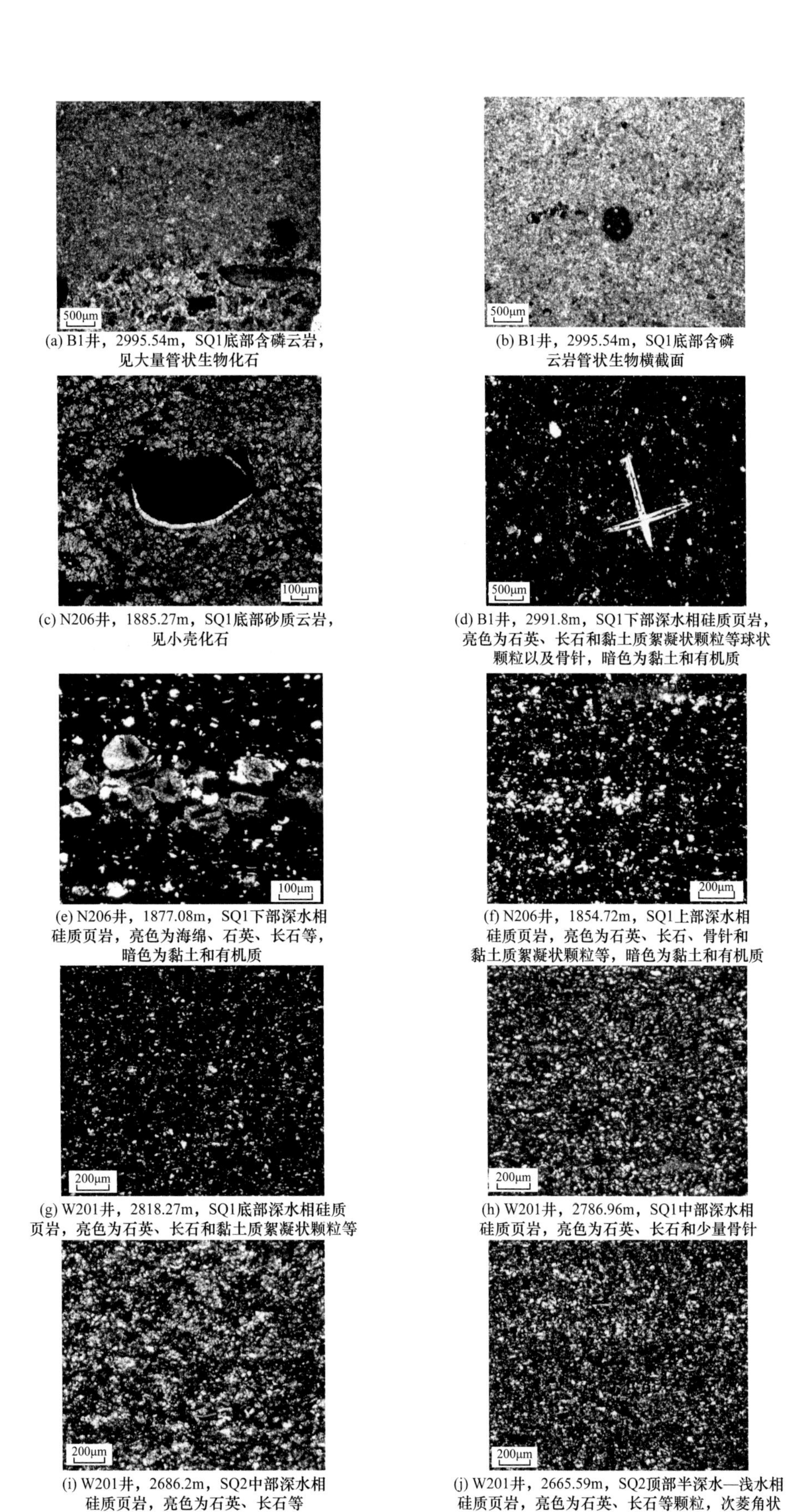

(a) B1井，2995.54m，SQ1底部含磷云岩，见大量管状生物化石

(b) B1井，2995.54m，SQ1底部含磷云岩管状生物横截面

(c) N206井，1885.27m，SQ1底部砂质云岩，见小壳化石

(d) B1井，2991.8m，SQ1下部深水相硅质页岩，亮色为石英、长石和黏土质絮凝状颗粒等球状颗粒以及骨针，暗色为黏土和有机质

(e) N206井，1877.08m，SQ1下部深水相硅质页岩，亮色为海绵、石英、长石等，暗色为黏土和有机质

(f) N206井，1854.72m，SQ1上部深水相硅质页岩，亮色为石英、长石、骨针和黏土质絮凝状颗粒等，暗色为黏土和有机质

(g) W201井，2818.27m，SQ1底部深水相硅质页岩，亮色为石英、长石和黏土质絮凝状颗粒等

(h) W201井，2786.96m，SQ1中部深水相硅质页岩，亮色为石英、长石和少量骨针

(i) W201井，2686.2m，SQ2中部深水相硅质页岩，亮色为石英、长石等

(j) W201井，2665.59m，SQ2顶部半深水—浅水相硅质页岩，亮色为石英、长石等颗粒，次菱角状

图 1-6　川南筇竹寺组主要岩相镜下特征

长宁—昭通地区（N206 井、B1 井）深水相页岩化石丰富，反映水体营养物质丰富，生产力高；威远地区（W201 井）陆源碎屑矿物含量高，深水相页岩化石较少，反映水体营养物质相对较少，生产力相对较低

2. 结核体发育特征及沉积环境意义

结核体是下寒武统页岩中十分常见且复杂的一类沉积构造，在揭示构造活动、古地理、古环境和古物源等方面具有重要意义（王玉满等，2021；张先进等，2013；庞谦等，2017）。近几年来，笔者围绕德阳—长宁、川北—鄂西北、鄂西—渝东—湘黔三大裂陷区开展了大面积野外地质考察以及重点井解剖，在长阳白竹岭、鹤峰白果坪、镇远鸡鸣村、松桃盘石、古丈默戎、旺苍国华、遵义中南村、N206 井、W201 井等资料点均发现结核体，厚度一般为 2～50cm。为了解结核体基本特征，现重点对 8 个资料点结核体出现的层位、尺度、岩相和电性特征及其上下围岩特征进行对比分析（表 1–2）。

1）发育层位与岩相特征

在四川盆地及周缘裂陷区，结核体主要出现于筇竹寺组 SQ1，其次是 SQ2，在 SQ3 未发现，厚度（短轴长）变化大，大多显中—低自然伽马响应特征（表 1–2，图 1–7—图 1–9）。

(a) N206井筇竹寺组下段结核体，位于井深1865.02～1865.24m的碳质页岩中，含钙质，呈椭球状，尺寸为10cm×18cm

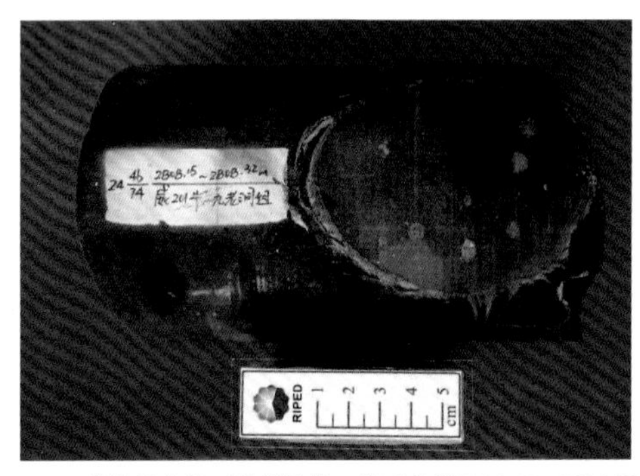

(b) W201井筇竹寺组下段结核体，位于井深2808.15～2808.32m的黑色粉砂质页岩中，含钙质，呈椭球状，尺寸为6cm×10cm

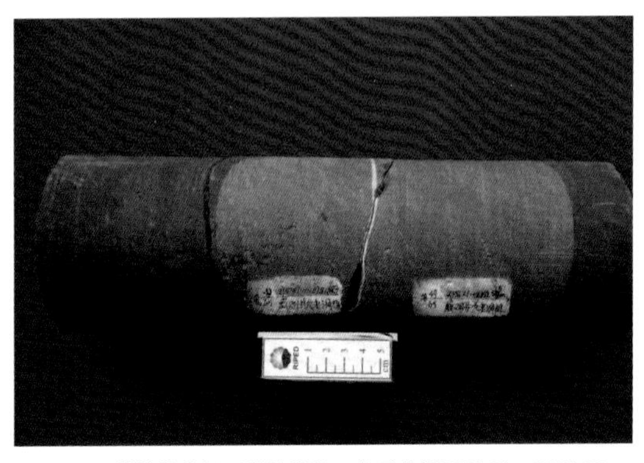

(c) W201井筇竹寺组下段结核体，位于井深2751.21～2751.58m的粉砂质页岩中，含钙质，呈椭球状，尺寸为10cm×20cm

(d) 旺苍国华剖面SQ1下段钙质结核体，GR值为顶底部87～97cps、中心区81～83cps (红点为检测点，地质锤长30cm)

图 1–7　四川盆地及周缘筇竹寺组 SQ1 结核体照片

在长阳白竹岭剖面点，结核层产出于 SQ1 底部 17.5m 的富有机质页岩段，自下而上分别出现于 3 层、4 层、6 层、8 层和 10 层（表 1–2）。3 层结核体呈分散透镜状、椭球状产出，尺度变化大，小者数厘米，大者数十厘米，上下为 TOC 值介于 7.5%～9.1% 的碳质页岩围限且呈突变接触，岩相主体为钙质硅质混合页岩相，中心区钙质含量高（镜下显泥晶结构），断面细腻，颜色较深，显水平层理，向边部黏土质增加，颜色变黑。实验测试显示，结核体岩石矿物组成为石英 20.5%、钾长石 3.2%、斜长石 3.0%、方解石 47.6%、白云石 6.5%、黄铁矿 5.2%、石膏 0.9%、黏土 13.1%，TOC 值为 7.06%（表 1–2）；GR 值为 278～387cps 且自核部向边缘增大，反映黏土质和有机质自核部向

表 1-2　中上扬子地区筇竹寺组结核体地质参数

<table>
<tr><th rowspan="2">资料点</th><th rowspan="2">层序</th><th colspan="7">结核体</th><th colspan="2">围岩</th></tr>
<tr><th>层号 / 井深</th><th>出露形态</th><th>单体尺度大小（cm）</th><th>岩性特征</th><th>GR
（cps）</th><th>TOC
（%）</th><th>岩石矿物组成</th><th>岩相</th><th>地质参数</th></tr>
<tr><td rowspan="4">长阳白竹岭剖面</td><td rowspan="4">SQ1</td><td>3 层</td><td>孤立透镜状、椭球状</td><td>数厘米至数十厘米</td><td>钙质硅质混合页岩相</td><td>278～387</td><td>7.06</td><td>石英 20.5%、钾长石 3.2%、斜长石 3.0%、方解石 47.6%、白云石 6.5%、黄铁矿 5.2%、石膏 0.9%、黏土 13.1%</td><td>碳质页岩</td><td>GR 值为 330～552cps，TOC 值为 7.5%～9.1%，岩石矿物组成为石英 38.2%～60.3%、长石 4.8%～9.6%、方解石 0～6.1%、白云石 0～14.3%、黄铁矿 7.1%～7.8%、黏土 24.1%～25.0%</td></tr>
<tr><td>4 层</td><td>断续透镜状，局部呈层状</td><td>长轴 100～200，短轴 10～30</td><td>硅质页岩相</td><td>356</td><td>7.66</td><td>石英 69.4%、长石 4.2%、黄铁矿 3.7%、石膏 0.9%、黏土 21.8%</td><td>碳质页岩</td><td>GR 值为 330～402cps，TOC 值为 5.3%～9.1%，岩石矿物组成为石英 44.4%～60.3%、长石 4.5%～4.8%、方解石 0～10.4%、白云石 0～8.2%、黄铁矿 5.0%～7.8%、石膏 0.7%～1.2%、黏土 25.9%～26.8%</td></tr>
<tr><td>6 层和 8 层</td><td>断续透镜状，局部呈层状</td><td>长轴 50～100，短轴 15～30</td><td>云质页岩相</td><td>6 层
202～209，
8 层
147～186，</td><td>1.23</td><td>石英 6.3%、长石 0.3%、方解石 16%、白云石 64.9%、黄铁矿 6.5%、黏土 5.1%</td><td>硅质页岩</td><td rowspan="2">GR 值为 203～250cps，TOC 值为 3.3%～5.9%，岩石矿物组成为石英 49.4%～64.4%、长石 5.5%～7.3%、方解石 0～10.4%、白云石 0～8.2%、黄铁矿 1.2%～7.7%、石膏 0～2.1%、黏土 21.7%～37.2%</td></tr>
<tr><td>10 层</td><td>层状为主，局部呈断续透镜状</td><td>长轴 100～200，短轴 15～30</td><td>云质页岩相</td><td>153～156</td><td>2.11</td><td>石英 23%、长石 2.1%、方解石 7.4%、白云石 52%、黄铁矿 4.9%、黏土 10.6%</td><td>硅质页岩</td></tr>
<tr><td>鹤峰白果坪剖面</td><td>SQ1</td><td>2 层</td><td>孤立透镜状、椭球状</td><td>长轴 120～150，短轴 40～50</td><td>钙质硅质混合页岩相</td><td>480～498</td><td></td><td></td><td>硅质页岩</td><td>GR 值为 502～583cps，TOC 值为 5.2%～6.4%，岩石矿物组成为石英 48.4%～50.9%、长石 7%～12.1%、方解石 0～9.5%、黄铁矿 0～6.0%、石膏 0～1.0%、黏土 28.1%～37.0%</td></tr>
</table>

续表

资料点	层序	结核体							围岩	
		层号 / 井深	出露形态	单体尺度大小（cm）	岩性特征	GR（cps）	TOC（%）	岩石矿物组成	岩相	地质参数
镇远鸡鸣村剖面	SQ1	4层	断续透镜状，局部呈层状	长轴 190～230，短轴 30～40	云质页岩相	645～745	3.62	石英 8.7%、长石 8.5%、方解石 5.3%、白云石 21.3%、钡解石 31%、菱碱土矿 20%、石膏 1%、黏土 4.2%	含碳质硅质页岩	GR 值为 900～1134cps，TOC 值为 2.05%～13.06%，岩石矿物组成为石英 56.7%～78.5%、长石 1.5%～9.5%、方解石 0～2.2%、白云石 1.6%～7.3%、黄铁矿 1.6%～3.4%、重晶石 0～1.7%、石膏 0～7.2%、黏土 7.1%～14.2%
		6层		长轴 290，短轴 50	云质页岩相	368～484	4.17	石英 2.7%、长石 2.2%、方解石 18.9%、白云石 69.1%、黄铁矿 1.4%、重晶石 1.2%、石膏 0.4%、黏土 4.1%	含碳质硅质页岩	GR 值为 516～792cps，TOC 值为 2.05%～7.11%，岩石矿物组成为石英 65.3%～78.5%、长石 1.5%～6.8%、方解石 0～2.2%、白云石 0～1.6%、黄铁矿 0～1.6%、石膏 0～13.4%、黏土 7.1%～14.5%
		9层		长轴 180～330，短轴 25～35	泥质白云石	363～387	2.81	石英 6.7%、长石 2.9%、白云石 80.0%、钡解石 1.2%、黄铁矿 2.8%、重晶石 1.2%、石膏 0.5%、黏土 5.9%	碳质页岩	GR 值为 406～455cps，TOC 值为 5.53%～6.53%，岩石矿物组成为石英 51.8%～53.2%、长石 2.9%～6.8%、石膏 7.4%～18.7%、黏土 21.8%～32.0%
		11层、15层		长轴＞190，短轴 25～30	云质页岩相	239～252	0.85	石英 6.1%、长石 1.8%、方解石 20.2%、白云石 55.5%、黄铁矿 11.0%、石膏 0.4%、黏土 5.0%	碳质页岩	GR 值为 265～466cps，TOC 值为 4.19%～5.53%，岩石矿物组成为石英 48.7%～51.8%、长石 8.8%～9.3%、石膏 2.3%～7.4%、黏土 32.0%～39.7%
		15层		长轴＞200，短轴 30	云质页岩相	150～171	1.81	石英 17.4%、长石 4.0%、白云石 53.0%、黄铁矿 6.9%、石膏 0.3%、黏土 18.4%	含碳质黏土质页岩	GR 值为 177～257cps，TOC 值为 0.66%～2.55%，岩石矿物组成为石英 41.4%～46.6%、长石 6.6%～7.3%、黄铁矿 0～4.7%、石膏 0～4.3%、黏土 41.4%～47.7%

续表

资料点	层序	结核体							围岩	
		层号 / 井深	出露形态	单体尺度大小（cm）	岩性特征	GR（cps）	TOC（%）	岩石矿物组成	岩相	地质参数
松桃盘石剖面	SQ1	6 层	断续透镜状	长轴 80～100，短轴 30～40	含钙质硅质页岩相	540			碳质页岩	GR 值为 664～780cps，TOC 值为 5.88%～9.78%，岩石矿物组成为石英 40.9%～51.3%、长石 15.4%～20.4%、方解石 1.9%～4.7%、白云石 3.8%～8.5%、黄铁矿 8.7%～11.8%、石膏 0.5%～0.6%、黏土 10.8%～21.8%
古丈默戎剖面	SQ1	14 层	孤立椭球状	小者 2～5，大者 10～20	硅质岩（燧石），黑色	234～283			硅质页岩	GR 值为 337～505cps，TOC 值为 5.50%～7.67%，岩石矿物组成为石英 47.0%～62.8%、长石 11.8%～14.9%、白云石 7.1%～10.7%、黄铁矿 7.7%～11.5%、石膏 0.5%～0.6%、黏土 10.0%～15.4%
旺苍国华剖面	SQ2	14—17 层	椭球状、饼状，顺层产出，较少切割层理，同层内大小相对均匀	短轴 5～25、长轴 10～40	粉—细晶灰岩，浅灰色	89～92	0.09～0.11	石英 9.8%～10.6%、长石 10.5%～13.0%、方解石 76.4%～79.7%	粉砂质页岩	GR 值为 95～110cps，TOC 值为 0.20%～0.25%，岩石矿物组成为石英 35.8%～36.1%、长石 26.9%～28.5%、方解石 4.7%～9.1%、黄铁矿 2.4%～4.9%、黏土 23.0%～28.6%
		21—30 层	下部呈孤立的椭球状，上部多呈断续层状分布，单个为椭球状、饼状	下部结核体大小为短轴 4～15、长轴 10～25，上部结核体尺寸为短轴 10～25、长轴 15～45	泥灰岩、钙质页岩	140～159	0.32	石英 15%～26%、长石 13.6%～17.5%、方解石 37.4%～60.3%、黄铁矿 2.6%～9.1%、黏土 2.0%～16.5%	粉砂质页岩	GR 值为 155～209cps，TOC 值为 0.73%～1.24%，岩石矿物组成为石英 38.2%～44.3%、长石 22.2%～25.7%、方解石 2.3%～3.9%、黄铁矿 2.9%～6.0%、黏土 24.9%～30.9%

续表

资料点	层序	结核体							围岩	
		层号 / 井深	出露形态	单体尺度大小（cm）	岩性特征	GR（cps）	TOC（%）	岩石矿物组成	岩相	地质参数
N206 井	SQ1	1865.02～1865.24m	呈椭球状	截面尺寸为 10×18	钙质页岩				灰黑色碳质页岩	GR 值为 206～212API，TOC 值为 2.07%～2.15%，岩石矿物组成为石英 33.0%～44.2%、长石 6.9%～10.7%、方解石 5.6%～6.7%、黄铁矿 4.6%～5.9%、黏土 38.7%～43.7%
W201 井	SQ1	2808.15～2808.32m	呈椭球状	截面尺寸为 6×10	钙质页岩	279API			灰黑色碳质页岩	GR 值为 271～280API，TOC 值为 2.44%～3.02%，岩石矿物组成为石英 49.5%～50.3%、长石 16.4%～19.5%、方解石 2.5%～5.2%、白云石 2.5%～3.7%、黄铁矿 5.8%～6.7%、黏土 18.5%～19.4%
		2751.21～2751.58m	呈椭球状	截面尺寸为 10×20	钙质页岩	188～210API			粉砂质页岩	GR 值为 180～215API，TOC 值为 1.25%～1.41%，岩石矿物组成为石英 46.3%～50.0%、长石 13.8%～23.1%、方解石 3.2%～4.8%、白云石 1.2%～3.2%、黄铁矿 3.8%～4.2%、黏土 18.3%～28.1%

注：露头剖面 GR 值为 HD–2000 手持式伽马仪测试结果，单位为计数率 / 秒，即 cps；钻井 GR 值来源于测井资料，单位为 API。

(a) 旺苍国华剖面14—17层SQ2钙质结核体，位于TOC值为0.5%～0.8%的深灰色粉砂质页岩中，结核体呈断续层状分布（箭头所指）

(b) 旺苍国华剖面14层钙质结核体（近照），结核体呈椭球状、饼状，尺寸为短轴5～25cm、长轴10～40cm，GR值为89～92cps

(c) 旺苍国华剖面SQ2结核体薄片（2×），粉—细晶灰岩，主要成分为方解石

(d) 旺苍国华剖面SQ2结核体薄片（20×），细晶、粉晶方解石呈他形，均匀分布，晶间充填黏土矿物

(e) 旺苍国华剖面21层钙质结核体，位于TOC值为0.7%～1.2%的灰黑色粉砂质页岩中，结核体呈孤立椭球状（箭头所指）

(f) 旺苍国华剖面21层结核体薄片，主要为含粉砂粉晶灰岩，钙质以粉晶方解石为主，不均匀分散状分布，粉砂碎屑以石英为主，含少量长石，次棱状，粒径为30～50μm（20×）

图 1–8　四川盆地及周缘筇竹寺组 SQ2 结核体照片

边缘增多的变化特征。4 层为硅质结核体层，结核体多呈透镜状（长轴为 100～200cm、短轴为 10～30cm）且顺层断续分布，局部呈层状，上下为碳质页岩（GR 值为 330～402cps，TOC 值为 5.3%～9.1%）围限且呈突变接触，岩相主体为硅质页岩，不含钙质，断面细腻，灰黑色，GR 值为 356cps，岩石矿物百分含量与围岩相近，TOC 值为 7.66%（表 1–2）。6 层、8 层和 10 层为云质结

核层，结核体多为断续透镜状且顺层分布，局部呈层状，上下为TOC值介于3.3%～5.9%的硅质页岩围限，白云石含量为52.0%～64.9%；其中6层和8层结核体镜下纹层不发育，见骨针化石，GR值6层为202～209cps、8层为147～186cps，TOC值为1.23%；10层主要呈层状，局部呈断续透镜状产出，GR显低谷响应（153～156cps），TOC值为2.11%（表1–2）。总体看来，长阳白竹岭剖面结核体为深水沉积物，岩相复杂多样（包括钙质硅质混合页岩相、硅质页岩相和云质页岩相），与围岩在岩石结构、岩相特征、矿物组成、TOC和GR响应等方面存在差异，尤其上部3层结核体与围岩差异显著；另外，结核体地质特征自下而上发生显著变化，产出特征变化为孤立椭球状→顺层断续透镜状→以层状为主，矿物成分由富钙质、硅质和有机质向富白云质、贫有机质转变，TOC值由7.0%以上下降至1.23%～2.11%，GR响应由高幅度值变为低谷响应（与龙马溪组结核体GR响应基本相似）。

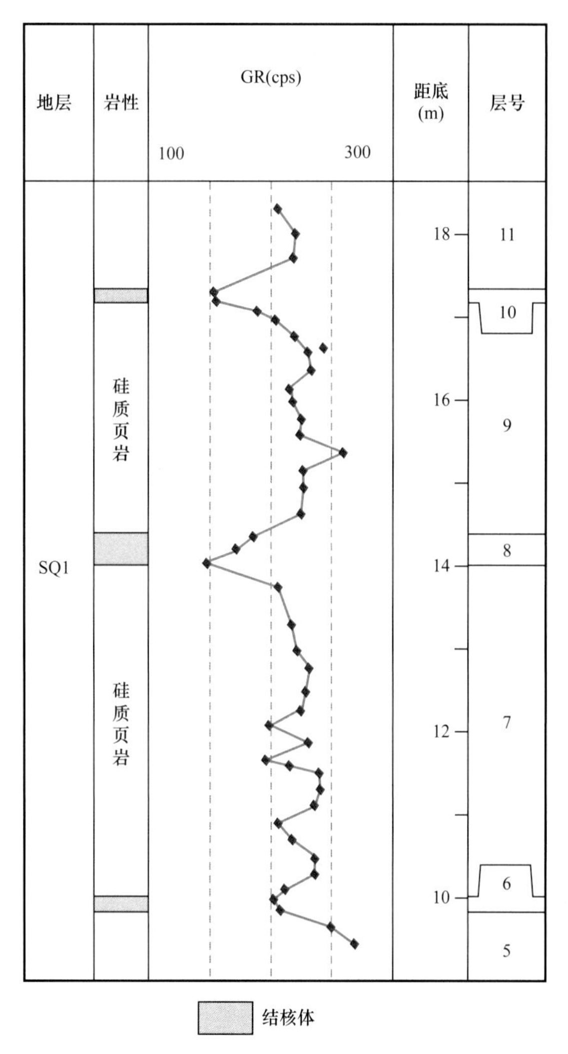

(a) 长阳白竹岭剖面6、8、10层云质结核体

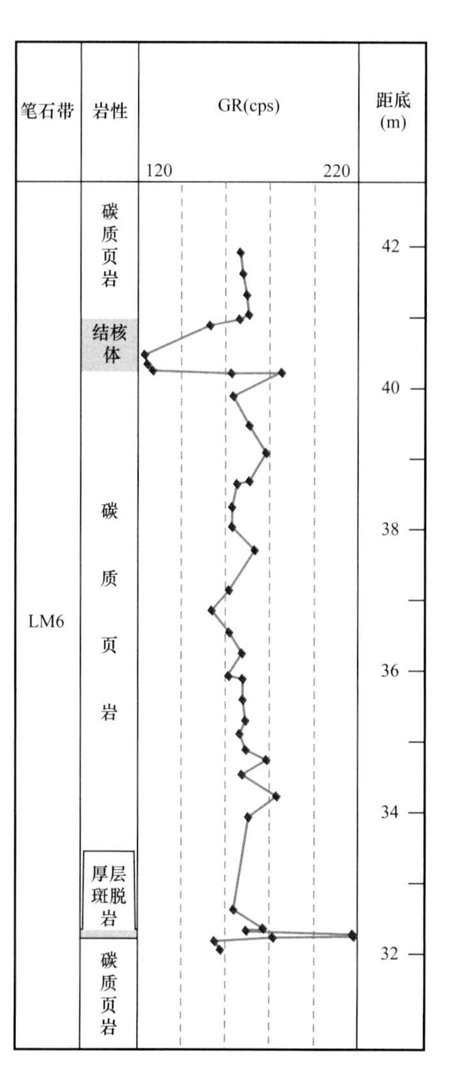

(b) 永善苏田剖面LM6笔石带钙质结核体（据王玉满等，2021）

图1–9　四川盆地及周缘筇竹寺组和龙马溪组结核体典型GR响应

在鹤峰白果坪剖面点，发现1层钙质结核体，出露于SQ1下部，呈孤立的透镜状、椭球状产出，尺度为长轴120～150cm、短轴40～50cm，岩相主体为深水相钙质硅质混合页岩，含钙质，灰黑色，GR值为480～498cps，上下为硅质页岩围限（表1–2）。与结核体相比，围岩地球化学、岩矿等地质参数变化不大（表1–2）。

在镇远鸡鸣村剖面点，SQ1 下段植被覆盖严重，在其中段和上段共发现 5 层白云质结核体，小层编号分别为 4 层、6 层、9 层、11 层和 15 层（表 1–2）。4 层结核体多呈透镜状且顺层断续分布，局部呈层状，上下为高自然伽马含碳质硅质页岩（GR 值为 900～1134cps，TOC 值为 2.05%～13.06%）围限且呈突变接触，尺度为长轴 190～230cm、短轴 30～40cm，岩相主体为云质页岩（白云石含量为 21.3%），灰色，GR 值为 645～745cps，TOC 值为 3.62%（表 1–2）。6 层结核体以断续层状分布于含碳质硅质页岩中，单体呈透镜状，GR 值为 368～484cps，TOC 值为 4.17%，镜下以粉晶白云石为主，显晶粒结构；围岩为 GR 值为 516～792cps、TOC 值为 2.05%～7.11% 的含碳质硅质页岩，与结核体矿物成分差异明显（表 1–2）。9 层结核体为断续顺层分布，单体多呈透镜状、面包状、长条状，岩相为粉晶白云石，GR 值为 363～387cps，TOC 值为 2.81%；围岩主体为碳质页岩，GR 值为 406～455cps，TOC 值为 5.53%～6.53%，不含钙质（表 1–2）。与 9 层相似，11 层结核体同样为断续顺层分布，单体多呈透镜状、长条状，尺度为长轴超过 190cm、短轴 25～30cm，岩相为云质页岩，GR 值为 239～252cps，TOC 值为 0.85%，白云石含量为 55.5%；围岩为黑色碳质页岩，黏土质明显增高，GR 值为 265～466cps，TOC 值为 4.19%～5.53%，黏土含量为 32.0%～39.7%（表 1–2）。15 层结核体呈长条状，尺度为长轴大于 200cm、短轴 30cm，岩相为云质页岩，GR 值为 150～171cps，TOC 值为 1.81%，白云石含量为 53.0%；围岩为含碳质黏土质页岩，黏土质显著增高，GR 值为 177～257cps，TOC 值为 0.66%～2.55%，黏土含量为 41.4%～47.7%（表 1–2）。镇远鸡鸣村剖面点结核体发育特征与长阳白竹岭剖面点 6 层、8 层和 10 层具有相似性，主体为白云岩、白云质页岩且多含重晶石（含量一般为 0～1.2%），产出特征主要为断续透镜状至层状，并与 TOC 值大于 2% 的富有机质页岩（即围岩）共生，表明结核体与优质页岩组合的形成与上升洋流有关。

在松桃盘石剖面 SQ1 底部（6 层），发现 1 层结核体（表 1–2），结核体呈透镜状产出，与围岩突变接触，尺度为长轴 80～100cm、短轴 30～40cm，岩相主体为含钙质硅质页岩相，灰黑色。据野外露头 GR 检测，结核体的响应值为 540cps，低于围岩的 664～780cps。围岩主体为碳质页岩，TOC 值为 5.88%～9.78%（表 1–2）。

在古丈默戎剖面 SQ1 中部（14 层），发现众多大小不一、呈分散状分布的结核体（表 1–2），结核体呈椭球状产出，与围岩突变接触，尺度为小者 2～5cm、大者 10～20cm，岩相主体为硅质岩（燧石），黑色，GR 响应值为 234～283cps；围岩主体为硅质页岩，GR 值为 337～505cps，TOC 值为 5.50%～7.67%（表 1–2）。

在长宁 N206 井 SQ1 下部（埋深 1865.02～1865.24m），发现钙质结核体（表 1–2，图 1–7a），结核体呈椭球状产出，与围岩突变接触，岩心截面尺寸为 10cm × 18cm，岩相主体为钙质页岩，滴酸起泡，深灰色。围岩主体为灰黑色碳质页岩，GR 值为 206～212API，TOC 值为 2.07%～2.15%（表 1–2）。

在威远 W201 井 SQ1 下部（埋深 2808.15～2808.32m）和上部（埋深 2751.21～2751.58m），发现 2 层钙质结核体（表 1–2，图 1–7b、c），结核体呈椭球状产出，与围岩突变接触，GR 响应值分别为下部 279API、上部 188～210API。下部围岩主体为灰黑色碳质页岩，GR 值为 271～280API，TOC 值为 2.44%～3.02%（表 1–2）。上部围岩为粉砂质页岩，GR 值为 180～215API，TOC 值为 1.25%～1.41%（表 1–2）。

在川北旺苍国华剖面 SQ1 底部和 SQ2，均有结核体产出。在 SQ1 下部高自然伽马页岩段，发育多层（椭）球状结核体（图 1–7d），但受护坡覆盖无法勘测。SQ2 中段出露较好，是勘测的重点层段。经勘测发现，SQ2 中部 45m（距底 255～300m）为结核体集中发育段（图 1–8、图 1–10），共发现分散状和断续层状结核层 10 余层，主要分布于 14—17 层和 21—30 层。14—17 层结核体全部为椭球状、饼状钙质结核体，尺度为短轴 5～25cm、长轴 10～40cm，具有顺层产出、较少切割层理和同层内大小相对均匀等特点，显差异压实特征，岩相主要为浅灰色粉—细晶灰岩，断面显均质层理，GR 为低值响应（一般为 89～92cps），TOC 值为 0.09%～0.11%，方解石含量为 76.4%～79.7%（表 1-2）；与结核体相比，围岩为深灰色粉砂质页岩，富含石英、长石、黏土等陆源碎屑，GR 值为 95～110cps，TOC 值为 0.20%～0.25%（表 1-2），显示沉积区水体较浅，距离物源区较近，陆源碎屑输入量大。21—30 层结核体以泥灰岩、钙质页岩为主，断面多为均质层理，镜下见大量粉晶方解石，GR 为中低幅度值响应（一般为 140～159cps，与龙马溪组结核体相近），

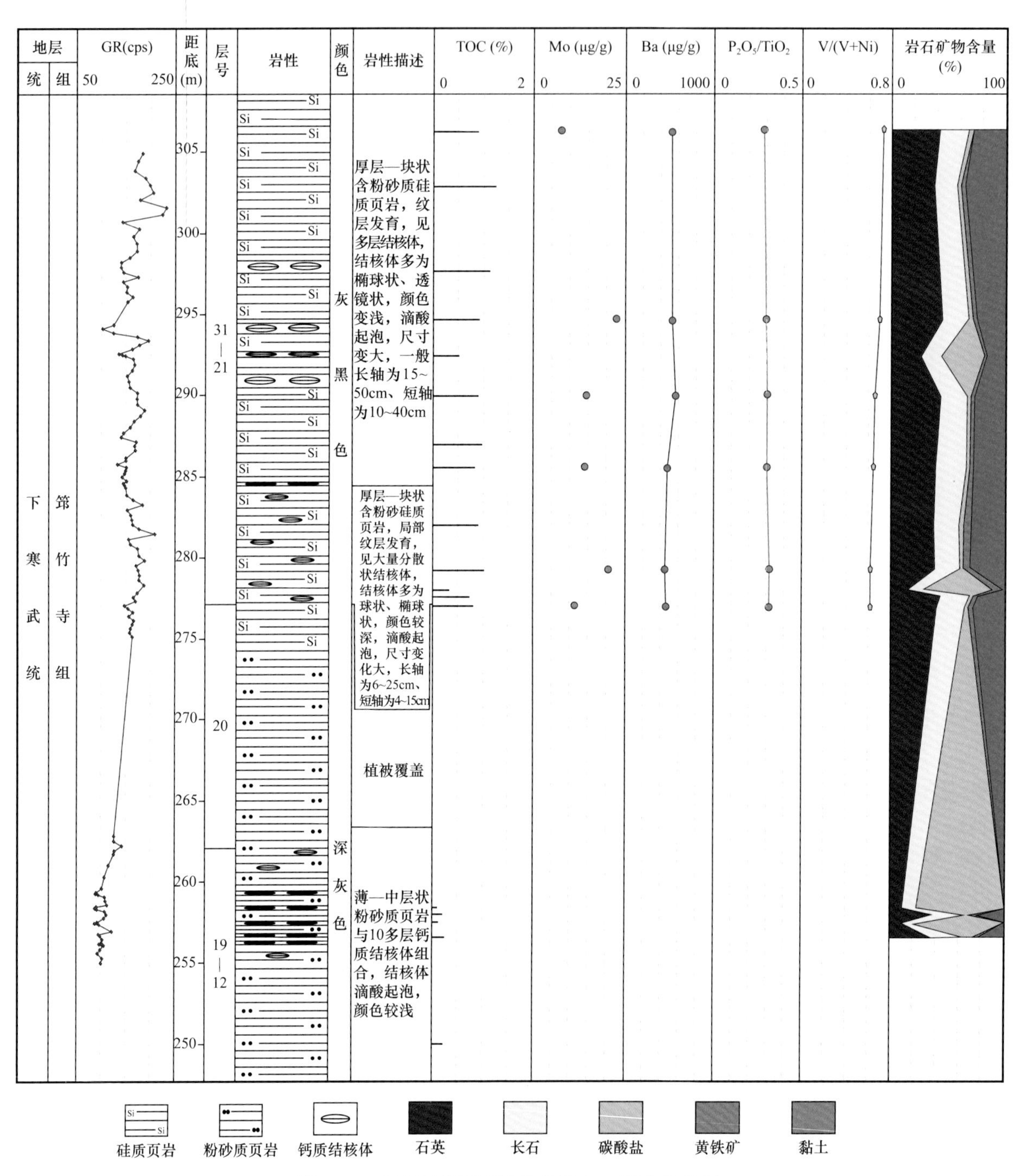

图 1-10　旺苍国华剖面筇竹寺组 SQ2 综合柱状图

TOC 值为 0.32%，方解石含量下降至 37.4%～60.3%。下部（21—23 层）呈孤立的（椭）球状产出，个体较小，上部（24—30 层）产出特征多呈断续层状分布，单个为椭球状、饼状，个体较大（表 1-2，图 1-8e、图 1-8f、图 1-10）；围岩为灰黑色粉砂质页岩，富含石英、长石、黏土等陆源碎屑，GR 为中等幅度值响应（一般为 155～209cps），TOC 值为 0.73%～1.24%（表 1-2，图 1-8e、图 1-8f、图 1-10），显示沉积区水体显著加深（为半深水陆棚沉积），陆源碎屑输入量较大，与龙马溪组结核体沉积环境相似（王玉满等，2019）。

从上述 8 个资料点分析情况看，筇竹寺组结核体产出层位与岩相特征区域差异大。在川东—鄂西—湘黔和川南坳陷区，结核体主要发育于 SQ1 深水相富含有机质的碳质页岩和硅质页岩中，并以钙质硅质混合页岩相、硅质页岩相、云质页岩相和白云岩相为主（其中上部结核体多为云质页岩相和白云岩相），含海绵骨针化石，黏土含量普遍在 25% 以下且明显低于围岩，TOC 自下而上与围岩变化趋势一致，显示下部核体高、上部核体低。在川中—川北坳陷区，结核体发育于 SQ1、SQ2 两段的粉砂质页岩中，并且以钙质页岩相和泥灰岩相为主，钙质（主要为方解石）明显高于围岩，黏土质较围岩显著降低，TOC 总体较低（0.09%～1.50%）。受结核体内岩石矿物成分差异影响，GR 值大多表现为在结核体中央区为相对低值响应、在结核体边缘响应值明显升高的显著特征（即 GR 曲线出现相对低谷响应特征；图 1-9a），这反映了钙质、硅质等脆性矿物主要富集于结核体中心区，黏土质和有机质则富集于结核体边缘的分异特征。与龙马溪组结核体基本特征相似，筇竹寺组大部分结核体与围岩在岩相、沉积构造、地球化学等地质特征方面存在明显差异，显示其所在页岩段岩相组合趋于复杂。

2）空间分布特征

为了解筇竹寺组结核体区域展布规律，本章以上述资料点为基础，补充重点钻井和露头剖面，建立了川中—川南—黔北—湘西、鄂西—湘西—黔北、川北—川东北—鄂西北等 3 条 GR 曲线大剖面（图 1-11—图 1-13），以深入了解结核体在四川盆地及周缘裂陷区的分布特征，下面分段进行描述。

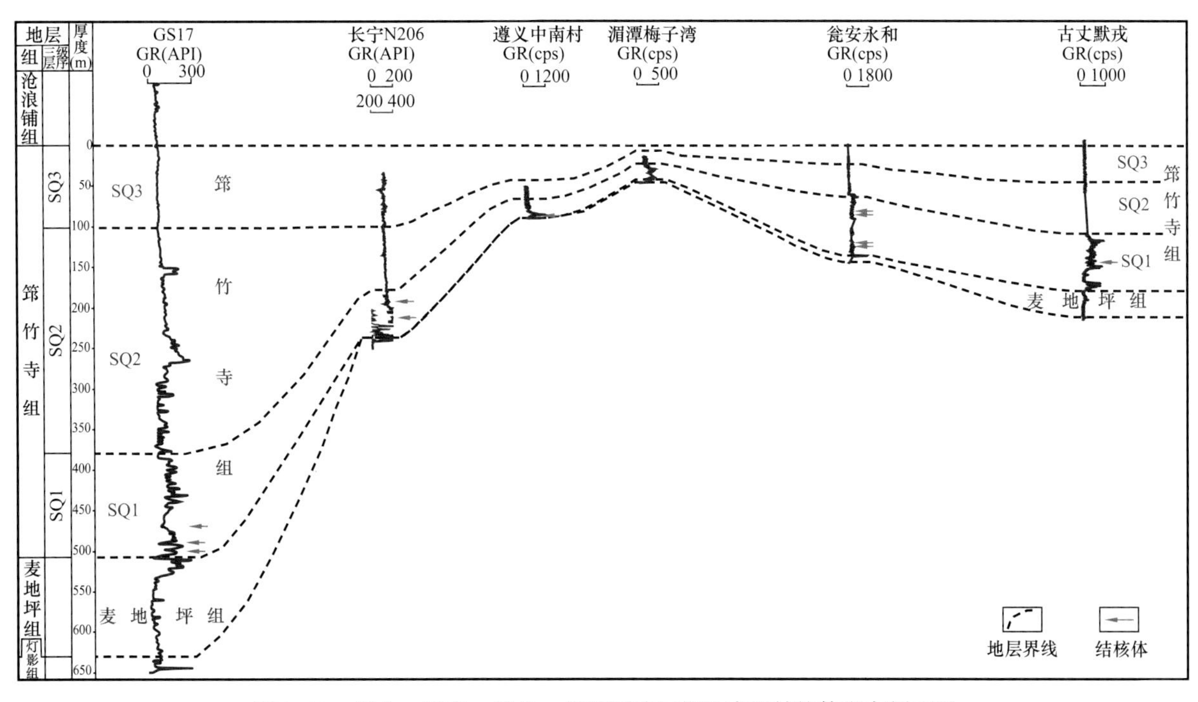

图 1-11　川中—川南—黔北—湘西裂陷区筇竹寺组结核体发育剖面图

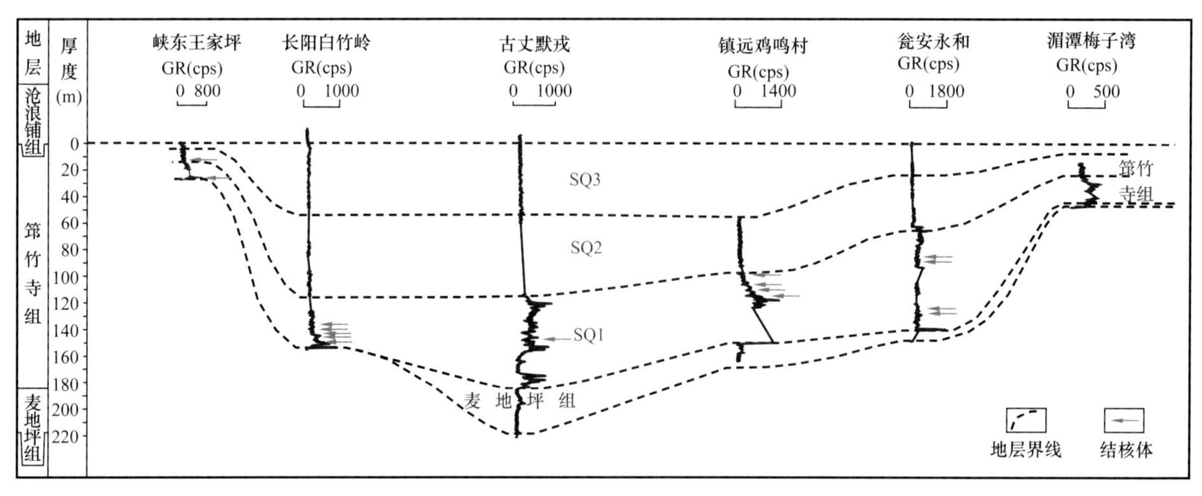

图 1-12 鄂西—湘西—黔北裂陷区筇竹寺组结核体发育剖面图

SQ1 结核体在 GR 曲线上大多呈相对低谷响应，产出层数较多，一般少至 1 层，多至 10 层以上，并且分布广泛（几乎出现于所有裂陷区），但分布不均匀。在邻近古陆（物源区）的裂陷区，结核体出现的层数多（一般在 2 层以上）、集中发育段厚（一般在 10m 以上），如长阳白竹岭、镇远鸡鸣村、瓮安永和、W201、GS17、广元三龙村、旺苍国华、城口新军村等资料点（图 1-11—图 1-13）。在远离古陆（物源区）的深陷区和斜坡带，结核体出现的层数总体较少，一般在 2 层以下，如遵义中南村（1 层）、湄潭梅子湾（无）、古丈默戎（1 层）等。另外，在盆地中央和边缘的浅水区不发育结核体，如秭归九曲垴。

SQ2 结核体在 GR 曲线上普遍显低谷响应，分布范围局限，主要出现于川北、鄂西北等紧邻古陆（物源区）边缘的裂陷区，如旺苍国华、南江沙滩、神农架古庙垭等剖面点，但在黔北—渝东南、湘鄂西和川南地区消失或较少出现（图 1-11—图 1-13）。SQ2 结核体纵向上主要分布于 SQ2 黑色页岩段（即海侵体系域）。

筇竹寺组结核体普遍赋存于 TOC 值在 0.7% 以上的碳质页岩、粉砂质页岩和硅质页岩中（在 SQ1 主要赋存于 TOC 值大于 2.0% 的碳质页岩和硅质页岩中），在 TOC 值大于 0.2% 的深灰色粉砂质页岩中偶尔产出，说明结核体与深色页岩（尤其是优质页岩）具有共生关系（即主体为深水沉积产物）。因此，在中上扬子地区筇竹寺组地质评价工作中，将结核体与黑色页岩相结合，对开展优质页岩分布研究具有重要的参考价值。

3）沉积环境意义

前人研究认为，海相页岩中的结核体多为同生结核（结核体与沉积物同期形成），其中钙质结核主要为深水相同生结核、浅水相差异压实结核等两种成因类型，前者为深水沉积物在成岩早期还原菌降解有机质而形成（Astin，1986；Alessandretti 等，2015；Gaines 等，2016；Mozley 等，1993；Bojanowski 等，2014），即在成岩早期的微生物降解带，埋深一般为几十米至数百米（Mozley 等，1993；Bojanowski 等，2014），硫酸盐还原菌降解有机质并产生 HCO_3^-、Mg^{2+} 和 Ca^{2+} 与 HCO_3^- 结合，进而产生钙质沉淀（即形成结核），后者为浅湖（或浅海）碳酸盐在同生胶结过程中受到上覆和下伏泥质沉积物持续差异压实作用下形成（刘万洙等，1997）；硅质结核多为同沉积结核，即富硅软泥在同生—成岩初期经差异压实和硅质沉淀而形成（张先进等，2013）。筇竹寺组结核体多具水平纹层或均质层理，与围岩相互不切割层理且呈突变接触，较少具圈层结构，因此为同沉积或早期成岩过程中形成。

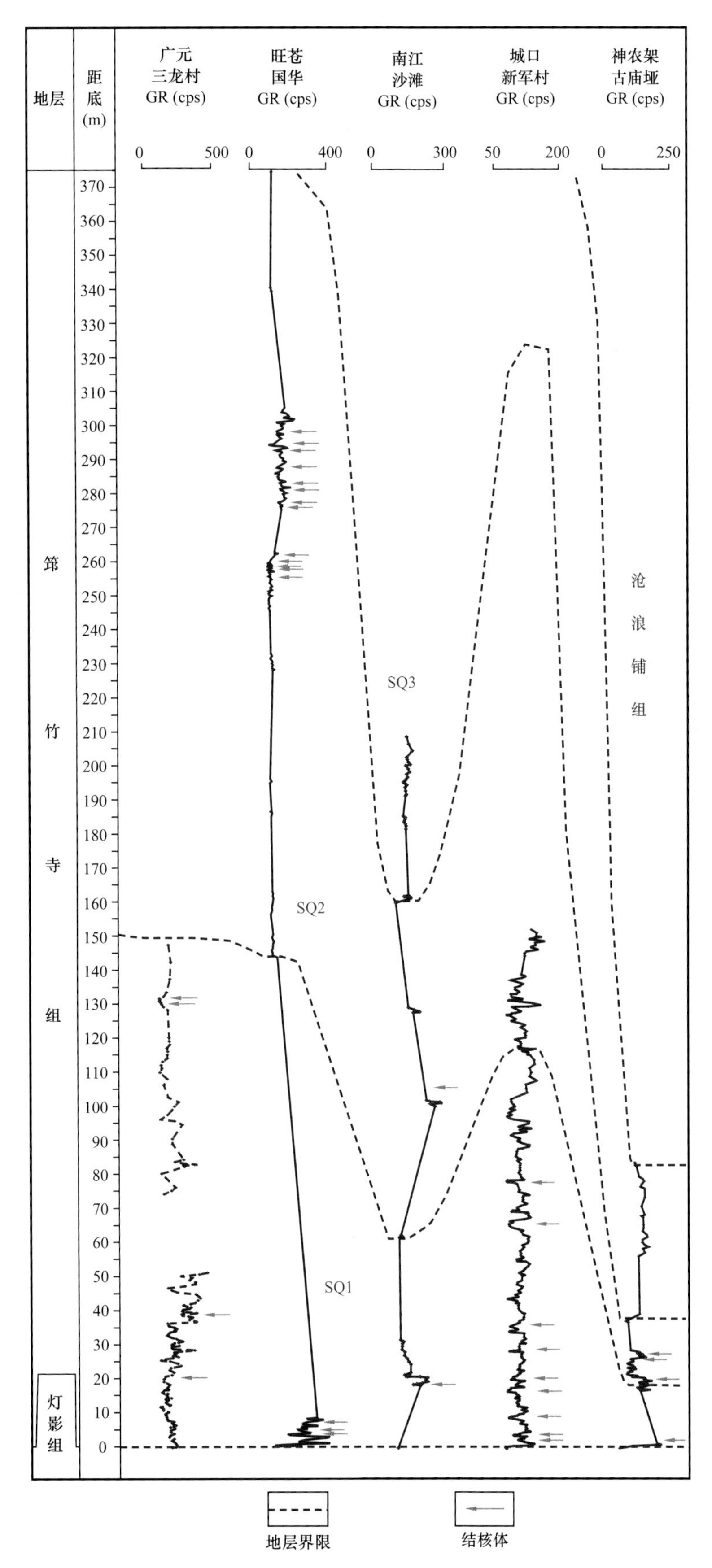

图 1-13　川北—川东北—鄂西北裂陷区筇竹寺组结核体发育剖面图

研究证实，龙马溪组结核体主体为深水相同生结核，并且主要形成于早志留世埃隆期LM6笔石带厚层斑脱岩出现以后，与扬子海盆北部上升洋流大规模活动同期出现，并且主要分布于台盆中央区（川南、川东坳陷）的碳质页岩和黏土质页岩（TOC值介于0.8%～2.4%）中（王玉满等，2021），其分布和形成环境具有邻近古陆（即物源区）、长于深水区、发育于前陆期（即扬子海盆活动期）的显著特征（王玉满等，2021），即龙马溪组结核体的发育需具备三个沉积要素：（1）处于奥陶纪—志留纪之交的扬子海盆活动期，华南板块与扬子板块碰撞、拼合作用强烈，导致物源输入稳定性变差（陆源碎屑和古陆周缘浅水区碳酸盐物质供给常常发生阵发性、短暂性改变，由黏土质输入为主转为以碳酸盐、石英等脆性物质输入为主），确保短期内水体和沉积物中Ca^{2+}、Mg^{2+}、石英富集；（2）水体较深（深水—半深水陆棚，水深超过60m）且较安静，在海底形成还原环境，有机质较富集，具有硫酸盐细菌还原有机质的物质基础（王玉满等，2021）；（3）邻近古陆，陆源碎屑输入量大，沉积速度较快（沉积速率远高于五峰组和鲁丹阶，一般为16.20～51.56m/Ma，平均为31.18m/Ma），确保结核体Ca^{2+}、Mg^{2+}、石英、有机质等沉积物快速进入埋深几十米至数百米的微生物降解带（Mozley等，1993；Bojanowski等，2014），有利于硫酸盐细菌还原有机质，促进钙质、硅质在短期内规模沉淀（即结核快速生长）。

筇竹寺组SQ1和SQ2高TOC值（大于0.7%）页岩段结核体的岩相特征及其形成和分布环境与四川盆地龙马溪组前陆沉积期（即早志留世埃隆期）基本相似（王玉满等，2021）。这说明，筇竹寺组黑色页岩段中结核体主要形成于海盆活动期（即裂陷活动期），主体系深水相同生结核，为深水—半深水陆棚相较快沉积（沉积速率与埃隆阶基本接近，应介于16.00～55.00m/Ma，平均为32.00m/Ma）的产物，因此是反映扬子海盆裂陷活动频次和强度、物源输入稳定性变化的重要标志。

川北筇竹寺组低TOC值（小于0.5%）粉砂质页岩中结核体尽管形成规模较小，但其发育特征和形成背景与松辽盆地嫩江组（坳陷调整期浅湖相沉积层序）白云岩结核（刘万洙等，1997）具有相似性，钙质含量高（平均高于75%），推测为浅水相差异压实型结核，是裂陷活动由发展期转入调整期、沉积水体由深变浅、陆源碳酸盐阵发性显著增高的重要标志。

可见，上述深水型和浅水型两种结核均与筇竹寺组沉积期海盆活动强度变化和碳酸盐物质供给阵发性、短暂性改变相对应；在邻近古陆（即物源区）的坳陷区，结核体出现层数越多，说明海盆裂陷活动频率越高，裂陷强度较大，陆源输入阵发性改变的频次越高。

3. 筇竹寺组沉积演化与富有机质页岩发育模式

根据筇竹寺组结核体纵向和区域发育特征，并结合黑色页岩纵向分布和上扬子克拉通内裂陷研究成果（杜金虎等，2016；周慧等，2015），本节系统分析了川中、川南、川北和鄂西等重点探区筇竹寺组优质页岩沉积环境（图1-3、图1-4、图1-10、图1-14），将筇竹寺组沉积期扬子海盆的构造活动划分为裂陷发展期（SQ1沉积期）、裂陷调整期（SQ2沉积期）和裂陷萎缩期（SQ3沉积期）等3个期次（图1-3、图1-4），并针对3个阶段开展岩相古地理编图（图1-15—图1-17），揭示不同阶段的沉积要素变化特征和优质页岩分布规律。

1）裂陷发展期

即SQ1沉积期，扬子地台在经历麦地坪组沉积期的局部裂陷后快速进入全域大规模拉张裂陷阶段，裂陷活动频次高且强度大，导致钙质矿物输入发生多次间歇性增高并出现大量结核体生长。经过多频次、高强度裂陷改造，在台盆区形成德阳—长宁（杜金虎等，2016；周慧等，2015）、川北—

鄂西北、川东—鄂西—湘黔三大深水坳陷，受滇中、康定、摩天岭、汉南和鄂中等周缘古陆围限，在扬子海盆形成了开口向东南和东北的弱封闭海湾（图 1–15），沉积速率介于 16.00～55.00m/Ma（平均为 32.00m/Ma）。根据长阳地区 SQ1 下段结核体发育层数（超过 5 层）判断，鄂西地区在 SQ1 沉积早期至少发生 5 次以上高强度裂陷活动，导致海洋环境发生巨变，如 $\delta^{13}C$ 值发生大幅度负漂移，一般为 –32.52‰～–31.56‰，显示海平面飙升至高水位；在裂陷强烈活动期（即结核体形成期），鄂中古陆周缘浅水区高浓度碳酸盐物质间歇性进入该海域，促进了多层钙质结核体的规模生长（表 1–2）。

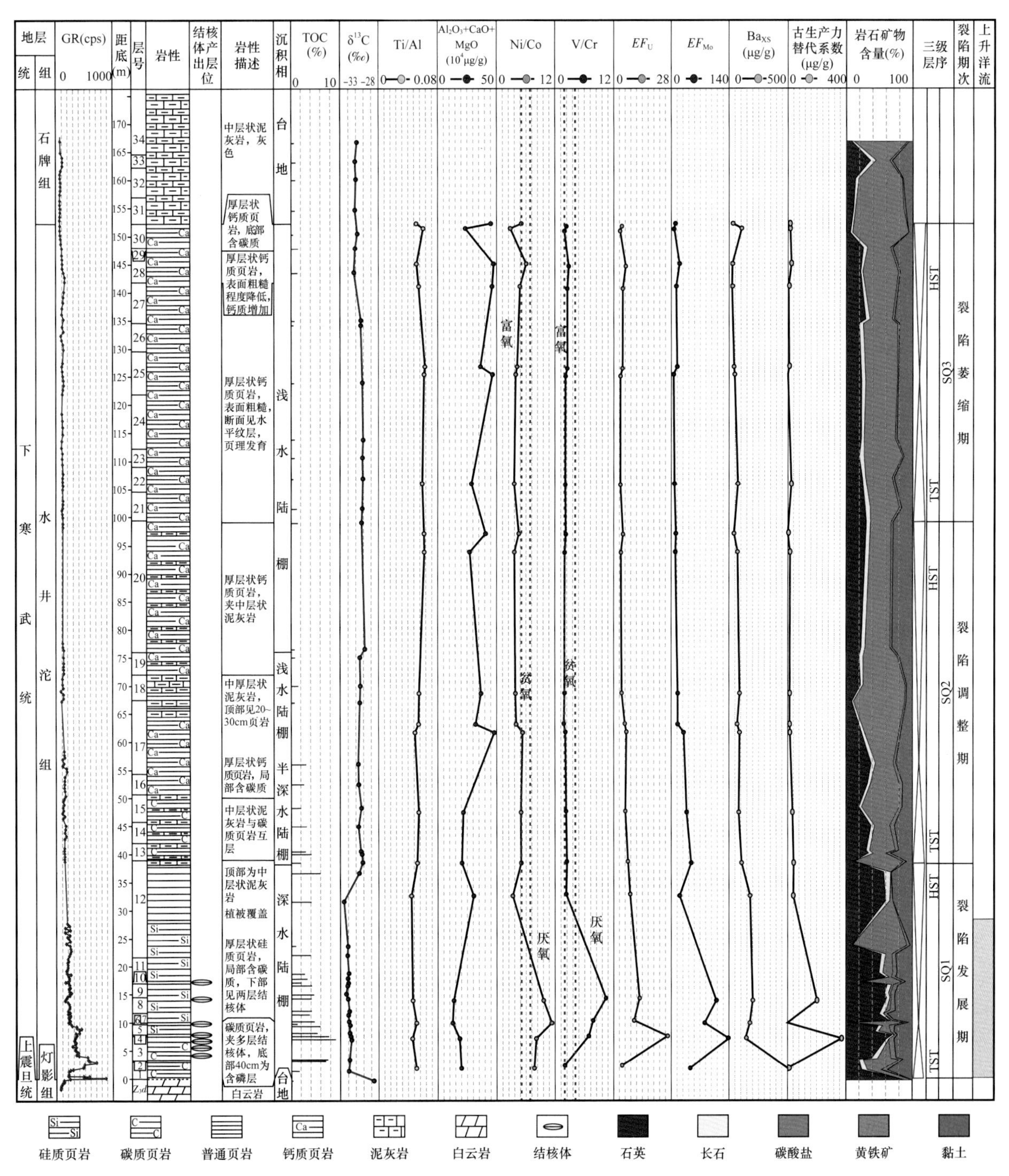

图 1–14　长阳白竹岭下寒武统水井沱组古环境指标综合柱状图

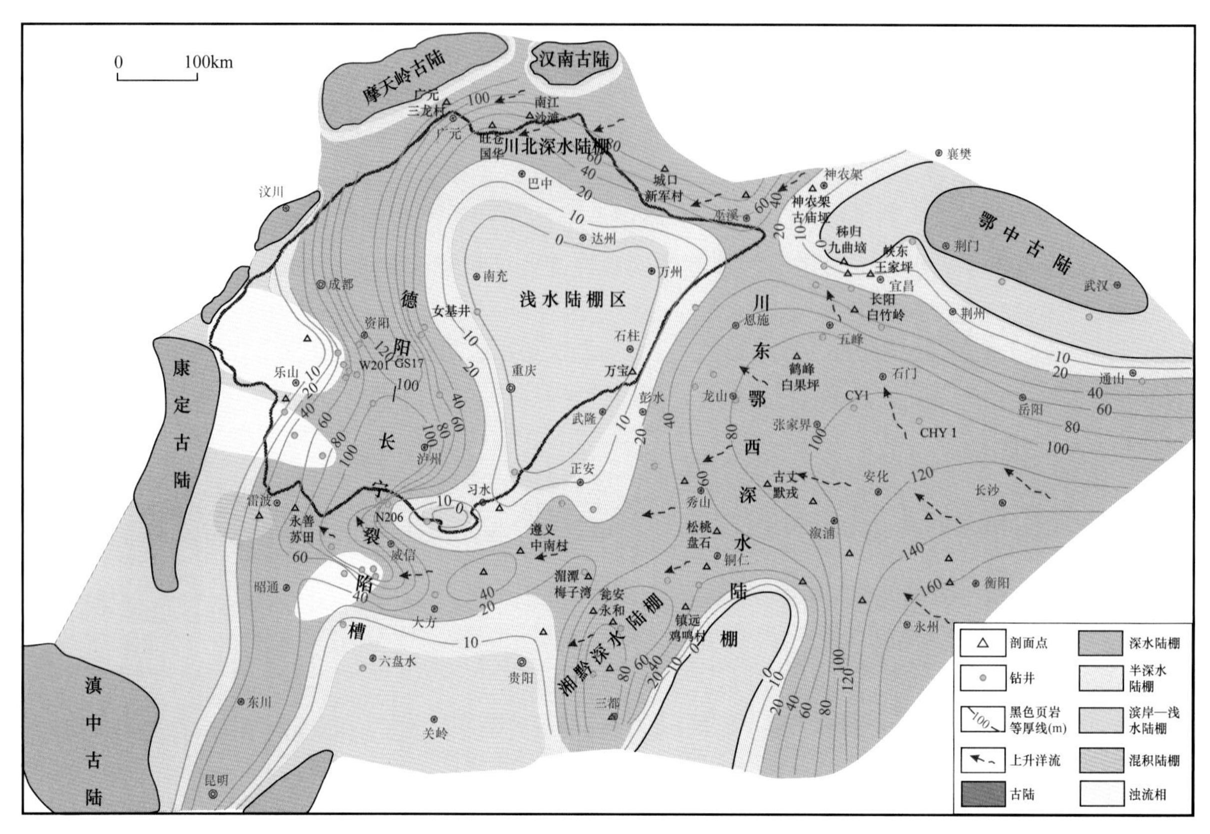

图 1–15　中上扬子地区下寒武统筇竹寺组 SQ1 沉积相与重要资料点分布图

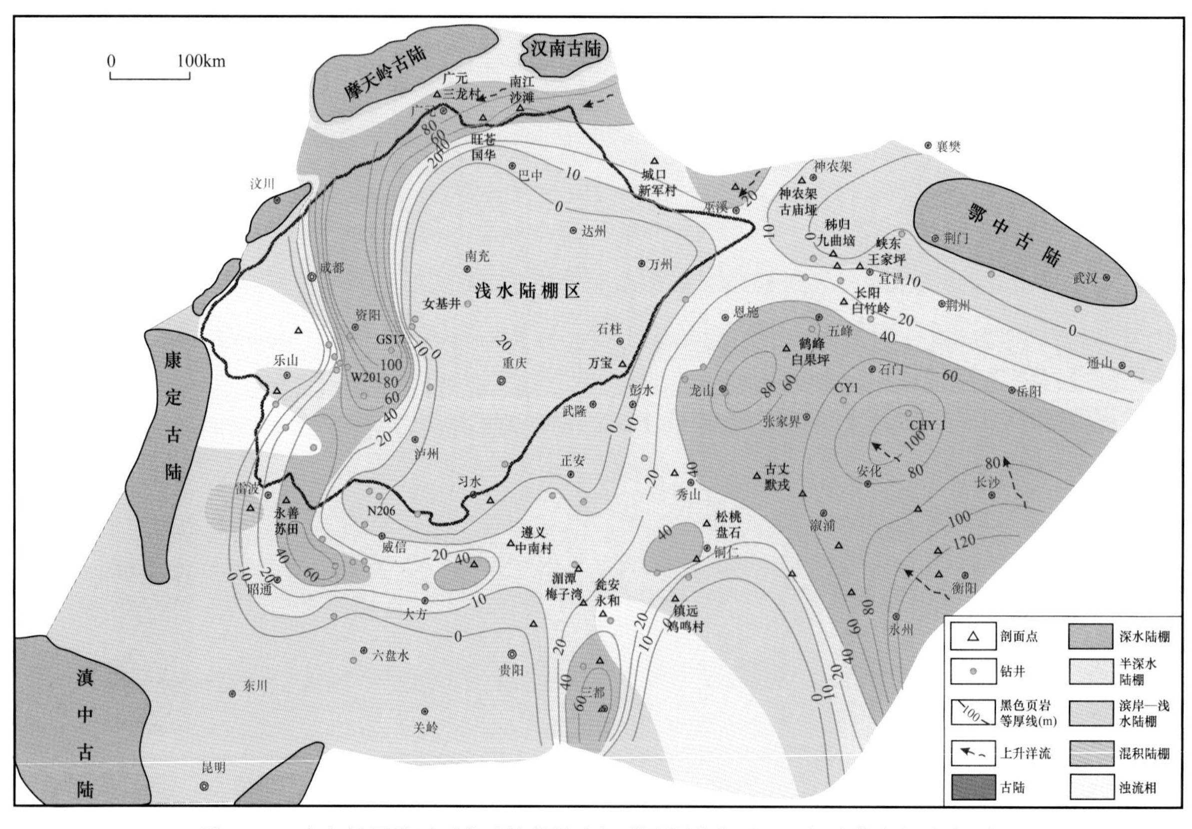

图 1–16　中上扬子地区下寒武统筇竹寺组裂陷调整期（SQ2 沉积期）沉积相图

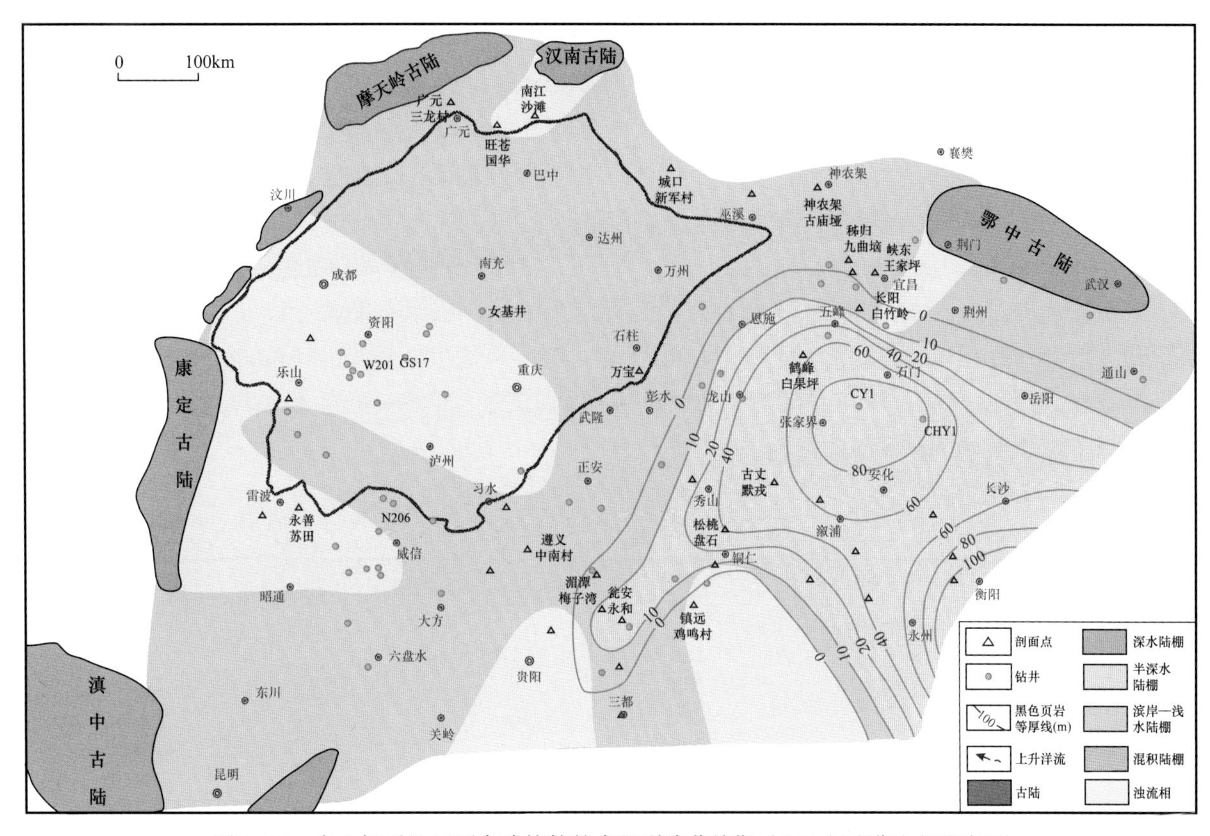

图 1–17 中上扬子地区下寒武统筇竹寺组裂陷萎缩期（SQ3 沉积期）沉积相图

根据长阳白竹岭剖面元素分析资料（图 1–14），扬子海盆处于被动大陆边缘（长阳海域 $EF_{\mathrm{Mo}} \times EF_{\mathrm{U}}$ 值在 0.4 附近，低于 0.5，显示为被动大陆边缘沉积），经过高强度裂陷后封闭性突然变弱，上升洋流自东南、东北两个方向大规模涌入台盆区，控制渝东、湘鄂西、黔北、滇东—川南南区和川北—鄂西北等裂陷区，面积超过 $25 \times 10^4 \mathrm{km}^2$（图 1–15、图 1–18）。在洋流控制区，海水中 Ba、P、Si 等营养物质含量异常丰富，古生产力高，沉积黑色页岩有机质丰度高，以长阳海域为例，$\mathrm{Ba_{XS}}$ 平均值为 3381.30μg/g，古生产力替代系数平均值为 108.65μg/g，P_2O_5/TiO_2 比值一般为 0.26～1.95（局部达到 13.57～105.69），硅质含量为 38.0%～82.1%（平均为 54.4%），沉积速率高于五峰组和鲁丹阶下段（一般低于 10m/Ma），主体介于 16.00～55.00m/Ma，沉积厚度近 40m 的碳质页岩、硅质页岩和结核体组合，TOC 值一般为 0.96%（结核体）～9.06%（黑色页岩），平均为 4.33%。在川西—川南坳陷区，海域为弱—半封闭深水海湾，洋流在南区活跃、在北区相对较弱，表层水体营养丰富，藻类、海绵、骨针等浮游生物出现高生产，生物碎屑颗粒、有机质和黏土矿物等复合体以“海洋雪”方式缓慢沉降，沉积一套厚层硅质页岩夹多层结核体，TOC 峰值在南区为 7.1%、在北区为 3.5%（图 1–3，图 1–4）。可见，上升洋流、优质页岩和钙质结核体是台盆裂陷活动期的典型产物。

2）裂陷调整期

即 SQ2 沉积期，在扬子海盆大部分地区的拉张活动趋弱，周围古隆起开始扩张，海平面下降，但在川中、川北等坳陷区仍出现较大规模的裂陷活动并伴有结核体生长。台盆三大裂陷区由深水陆棚转入半深水—浅水陆棚，海域封闭性增强，上升洋流已退至海盆东南缘和东北缘（图 1–16、图 1–18）。在鄂西海域，裂陷活动明显趋弱，$\delta^{13}C$ 值正漂移至 −30.57‰～−30.11‰，显示海平面大幅度下降并处于中等水位，$\mathrm{Ba_{XS}}$ 值下降为 416.19～893.48μg/g 和古生产力替代系数平均值下降为 17.03μg/g，P_2O_5/TiO_2 比值下降为 0.18～0.56（平均为 0.27），硅质含量为 9.2%～37.9%（平均为

27.2%），显示初始生产力已出现明显下降；有机质丰度普遍降低，TOC 值一般为 0.76%～4.20%，平均为 2.15%，其中中部 10m 可能为 TOC 值大于2% 的富有机质页岩集中段，上部因水体变浅 TOC 平均值在 1% 左右。在川北（旺苍、南江），区域拉张活动再次增强并出现第 2 幕裂陷活动，但规模总体较 SQ1 沉积期小，陆源钙质输入出现多次间断性增高（含量高达 60.3%～79.7%），海平面再次上升至中高水位，Ba_{XS} 平均值下降至 879.0μg/g，P_2O_5/TiO_2 比值保持在 0.30～0.32，硅质含量为 37.1%～44.3%，显示初始生产力仍出现较高水平，TOC 平均值为 1.00%（旺苍）～3.00%（城口），并发育多层结核体。川西—川南深水坳陷缩减至绵阳—威远—窝深 1 以及昭通—大方一带，形成半封闭海湾，半深水陆棚区面积约 $4\times10^4km^2$，Ba_{XS} 平均值下降至 421.0μg/g，TOC 值下降至 0.5%～2%。威远以西和窝深 1 井区则为浅水陆棚—滨岸沉积，陆源碎屑主要来自西部的康滇古陆，岩性以灰色、灰绿色粉砂质页岩与泥质粉砂岩为主。

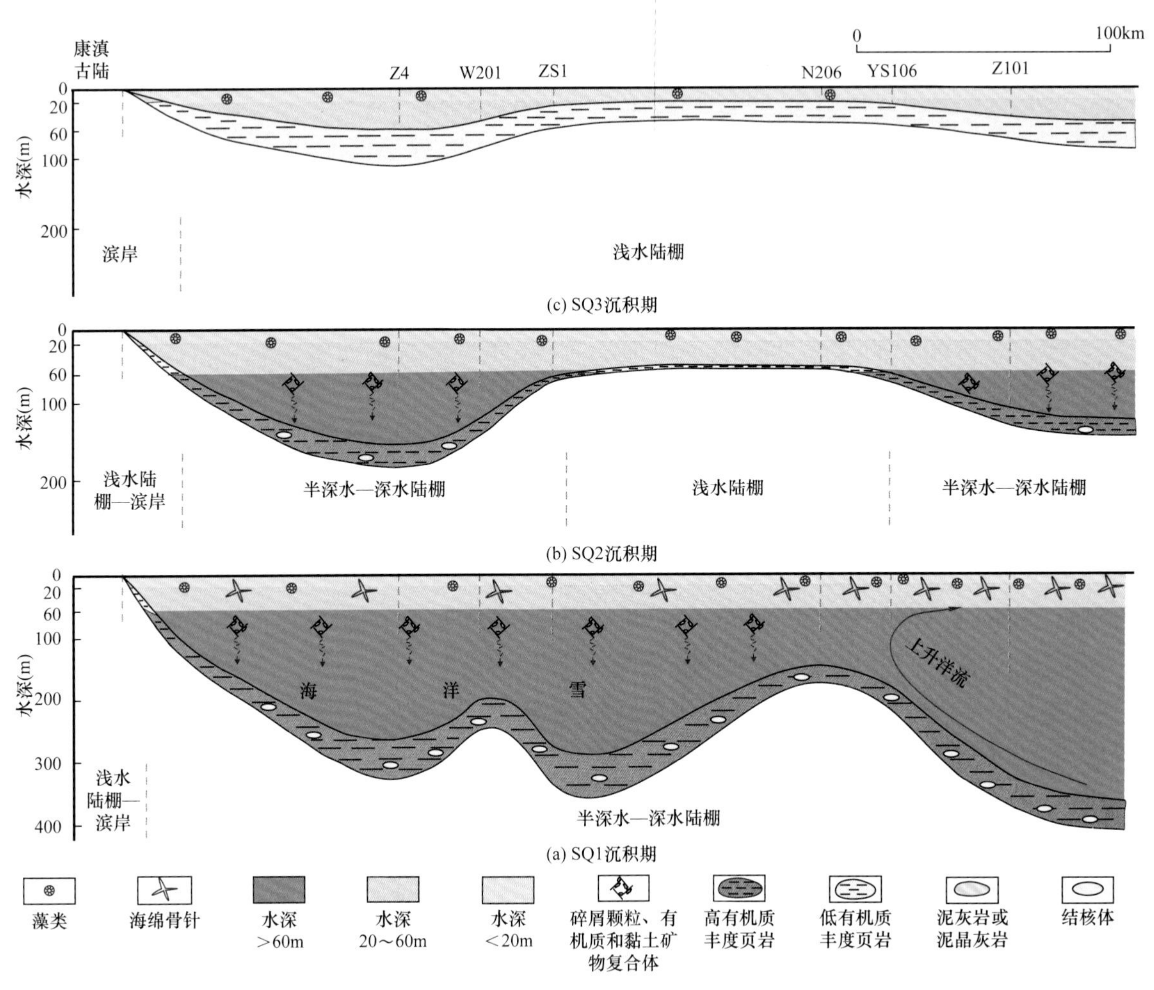

图 1-18　川西—川南筇竹寺组沉积期沉积演化剖面图

3）裂陷萎缩期

即 SQ3 沉积期，扬子海盆拉张活动基本停止，西部整体抬升东倾，古地理格局为西高东低，海平面大幅度下降至中低水位，深水区退至湘鄂西—黔东北，来自西北、西部等隆起区的碎屑物质大量输入台盆区（图 1-17、图 1-18）。在川中和鄂西海域，$\delta^{13}C$ 值呈小幅度正漂移，一般为 -30.2‰～-29.8‰，显示海平面下降至中低水位，长石、钙质等陆源物质大量输入，有机质丰度普遍降至 1% 以下，结核体基本不发育（图 1-3、图 1-4、图 1-11、图 1-12、图 1-13）。

综上所述，受 SQ1 沉积期大规模裂陷作用和上升洋流活动共同控制，扬子海盆富有机质页岩和结核体广泛发育于筇竹寺组下部（图 1-14、图 1-18），即在裂陷发展期，在多期次区域拉张应力场作用下，台盆区发生大面积裂陷并伴随物源供给发生短暂性改变，导致扬子地台东南缘与华南洋快速连通，海平面飙升至高位，上升洋流大规模涌入台盆坳陷区，并带来 P、Ba、Si 等丰富的营养物质，促进表层海水藻类、海绵、骨针等浮游生物大量繁殖，在海底则出现有利于有机质保存的缺氧环境，沉积速率高于五峰组—鲁丹阶，沉积厚度介于 40～100m 的富有机质页岩和结核体组合。在裂陷调整期和萎缩期，随着裂陷活动减弱和萎缩，构造活动以区域抬升为主，水体变浅，洋流活动向东南方向退却，富有机质页岩和结核体组合在台盆区主体沉积结束，仅在少部分裂陷区出现小规模沉积。

可见，构造活动、海平面变化、上升洋流、古生产力和古地理环境等是筇竹寺组黑色页岩发育的重要控制因素，与龙马溪组沉积要素相比既存在共性，又具有特色。本章通过对川南两套优质页岩沉积要素对比（表 1-3），进一步分析海相优质页岩沉积主控因素，为页岩气勘探评价和“甜点”区选择提供依据。

表 1-3　四川盆地筇竹寺组和五峰组—龙马溪组富有机质页岩沉积要素对比表

要素	长宁筇竹寺组	长宁五峰组—龙马溪组	川中筇竹寺组	威远五峰组—龙马溪组
厚度（m）	40	40～50	50～140	30～40
发育层位	筇竹寺组下段	五峰组—鲁丹阶中段	筇竹寺组中—下段	鲁丹阶—埃隆阶
构造背景	拉张型裂陷边缘	挤压型坳陷区	拉张型裂陷区	古隆起斜坡
岩相古地理	深水陆棚边缘	深水陆棚区	深水陆棚区	半深水陆棚边缘
海平面	海侵，高海平面	海侵，高海平面	海侵，高海平面	海侵，中高海平面
上升洋流	活跃	不活跃	不活跃	不活跃
海域封闭性	弱封闭	弱—半封闭	半封闭	半封闭
古生产力（P/Ti）	0.23～1.73	0.17～0.61	0.24～0.39	0.20～0.55
沉积速率（m/Ma）	16.0～55.0/32.0	2.3～9.3	16.0～55.0/32.0	6.7～15.2

注：表中数值区间表示为最小值～最大值 / 平均值，五峰组—龙马溪组资料引自文献（邹才能等，2015；王玉满等，2021）。

两套层系富有机质页岩沉积环境均为海侵、中高海平面和弱—半封闭水体，但在构造背景、上升洋流作用等方面显示出多样性特征，既有拉张型裂陷（筇竹寺组），又有挤压型坳陷和古隆起斜坡（龙马溪组），既存在上升洋流不活跃区（龙马溪组、威远筇竹寺组），又存在上升洋流活跃区（长宁—黔北筇竹寺组、川东—湘鄂西筇竹寺组）。拉张型坳陷形成的富有机质页岩规模大，例如川中 W201—Z4 井区筇竹寺组富有机质页岩厚度可达 50～140m。

这表明，在四川盆地大部分地区，筇竹寺组有机质富集机制与龙马溪组基本相似，即富有机质页岩形成主要受缓慢沉降的稳定海盆、相对较高的海平面、弱—半封闭水体和相对低沉积速率（低于 55.00m/Ma）等四大因素控制，但在盆地南缘、东缘、东南缘和北缘，上升洋流是形成筇竹寺组高有机质丰度页岩的重要控制因素，龙马溪组则基本不具备此项条件。缓慢沉降的稳定海盆和相对较高的海平面是海水底层大面积缺氧、有机质有效保存的基本沉积条件，弱—半封闭水体和上升洋流有助于海水交换和营养物质的充分补给，是表层浮游生物高生产力的重要保障，相对低沉积速率则是有机质和生物硅质高效聚集的有利条件。受上述要素控制，富有机质页岩在扬子海盆半深水—

深水区呈多层叠置、大面积连片分布。

二、揭示关键地球化学指标区域变化特征，为页岩气战略选区和勘探评价提供地质依据

针对下寒武统页岩气勘探和选区而言，筇竹寺组有机质丰度和热成熟度无疑是地质评价的关键地球化学指标，本章基于大量露头剖面和钻井资料对筇竹寺组下段（SQ1）、中段（SQ2）和上段（SQ3）进行 TOC 系统编图（图 1-19—图 1-21），基本揭示了四川盆地及周缘下寒武统关键层段有机质丰度区域变化趋势。

筇竹寺组下段为裂陷发展期的沉积响应，有机质丰度值整体呈裂陷区高、隆起区低、洋流控制区高、洋流不活跃区低的显著特征（图 1-19）。在德阳—成都—长宁裂陷区，受邻近西部康定古陆、陆源碎屑输入量较大、沉积速率较快、上升洋流不活跃等因素影响，TOC 平均值一般介于 1%～3.0% 且向裂陷中心区增高。川东—鄂西—湘黔坳陷区为上升洋流控制区，TOC 值普遍较高，一般介于 2.0%～8.0% 且自西向东增加，高值区位于常德—鹤峰—龙山—秀山—松桃—古丈一带（平均值介于 6.0%～8.0%）。川北—川东北裂陷区总体较窄，受摩天岭、汉南等古陆陆源碎屑输入影响，TOC 平均值一般介于 2.0%～3.0%。在中央隆起区（重庆—万州—南充一带），裂陷活动较弱，水体较浅，TOC 平均值一般在 1.0% 以下。

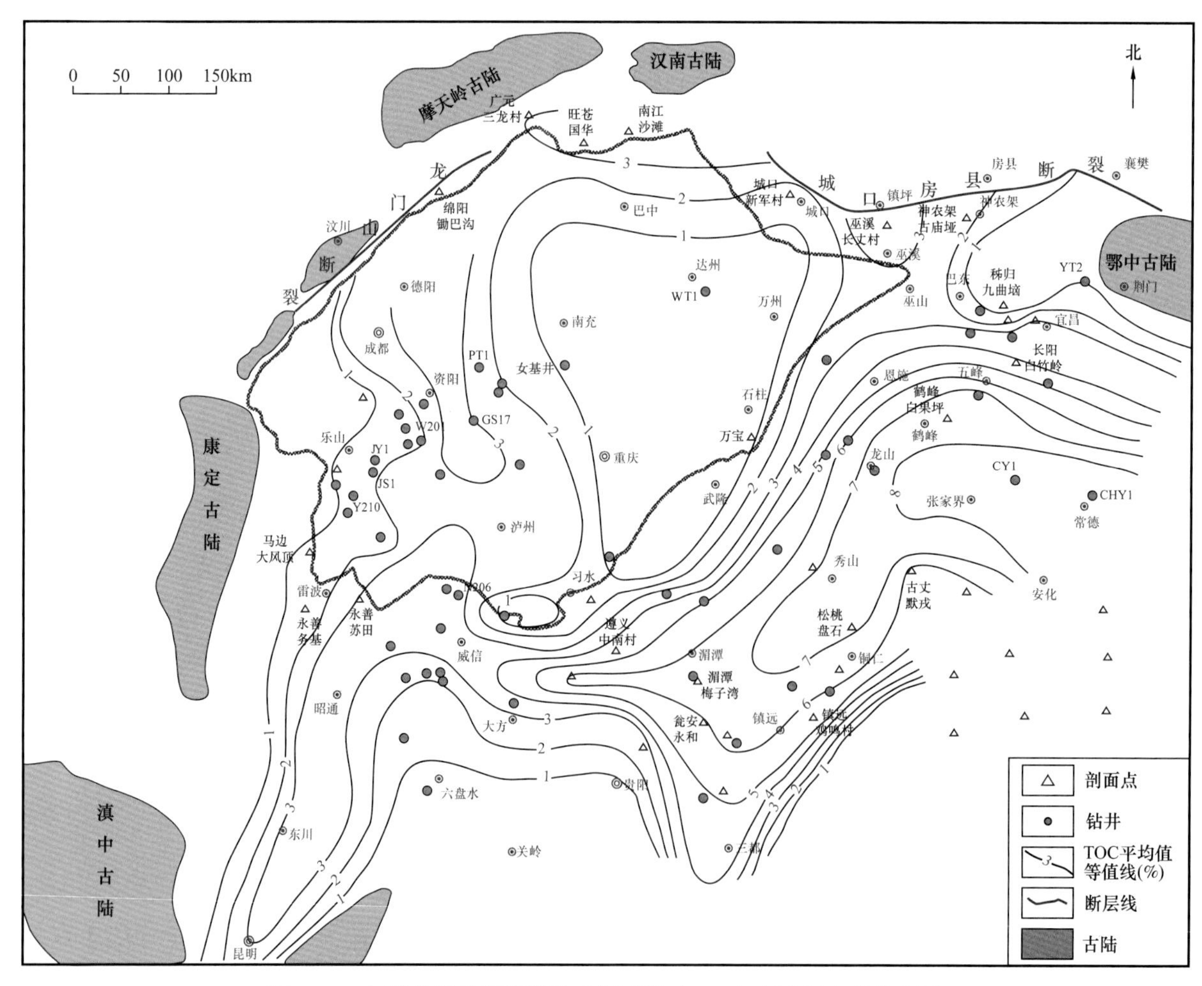

图 1-19　四川盆地及周缘筇竹寺组下段（SQ1）有机质丰度分布图

筇竹寺组中段为裂陷调整期的沉积响应，有机质丰度值区域变化特征与筇竹寺组下段基本相似，同样呈裂陷区高、隆起区低、洋流控制区高、洋流不活跃区低的显著特征，但平均值整体较低（图 1–20）。在德阳—成都—长宁裂陷区，受陆源碎屑大量输入、沉积速率快等因素影响，TOC 平均值下降至 0.5%～1.5%。在川东—鄂西—湘黔坳陷区，TOC 值普遍下降至 1.0%～2.5%，在常德—鹤峰—龙山—秀山—松桃—古丈一带平均值仅 1.5%～2.5%。在川北—川东北裂陷区，受陆源碎屑大量输入影响，TOC 平均值介于 0.5%～1.5%。在中央隆起区，TOC 平均值一般在 0.5% 以下。

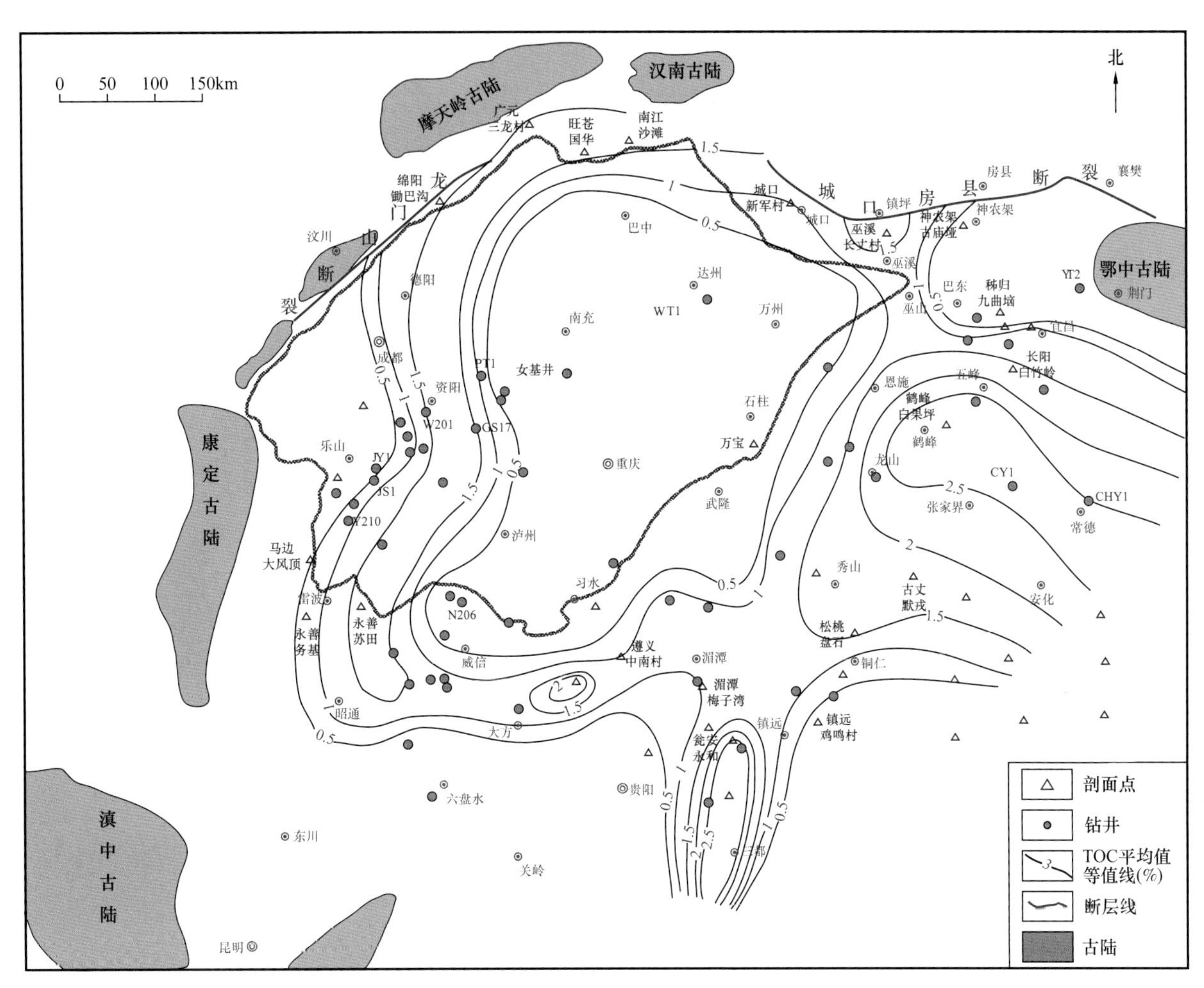

图 1–20　四川盆地及周缘筇竹寺组中段（SQ2）有机质丰度分布图

筇竹寺组上段为裂陷萎缩期的沉积建造，四川盆地及周缘主体为浅水陆棚沉积，有机质丰度值普遍在 0.5% 以下（图 1–21），仅在鄂西—湘黔局部地区尚保留深水相，TOC 值为 1.0%～1.5%。

三、揭示四川盆地及周缘海相页岩有机质炭化区分布规律与主控因素，为页岩气勘探部署提供科学依据

高—过成熟页岩有机质炭化是中国南方海相页岩气勘探面临的主要地质风险（王玉满等，2018；蒋珊等，2018）。目前，随着四川盆地页岩气勘探不断向深层和盆缘复杂地区拓展，勘探和研究人员对下寒武统和下志留统两套页岩有机质炭化点（区）分布规律和主控因素的认识尚不完全清楚，导致在众多炭化区（点）投入的无效勘探工作在不断增多。因此，开展海相页岩有机质炭化区分布规律和主控因素研究仍为页岩气勘探面临的重要课题。

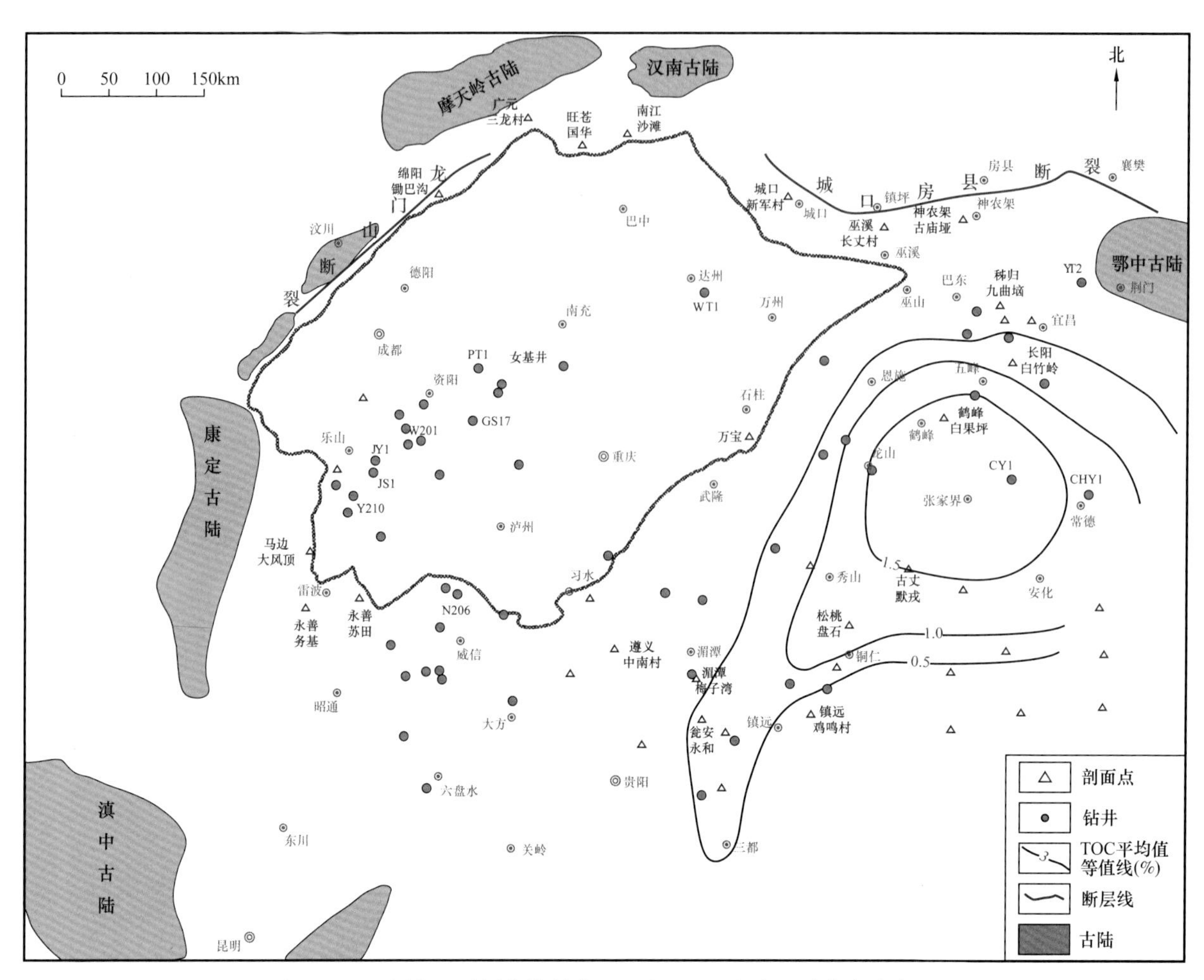

图 1–21　四川盆地及周缘筇竹寺组上段（SQ3）有机质丰度分布图

近几年来，众多学者以中国南方下志留统和下寒武统页岩为主要研究对象，开展了有机质炭化基本特征描述、识别方法研究、评价标准建立和重点地区分布区预测等大量卓有成效的工作（王玉满等，2014，2018，2020，2021；刘德汉等，2013；蒋珊等，2018），取得的主要成果和认识如下。

（1）基本形成了一套有机质炭化识别和评价的有效方法，主要包括光学识别法、电学识别法、物性分析法等 3 种常用方法（王玉满等，2014，2018，2020，2021；刘德汉等，2013；蒋珊等，2018）。光学识别法主要利用激光拉曼、透射电镜、X 射线衍射等技术，对固体有机质进行光学成像，并依据特定光谱特征识别石墨或类石墨物质，并计算有机质成熟度和石墨含量，常用的方法为有机质拉曼光谱分析法，此检测方法基于固体有机质拉曼峰（主要包括 D 峰、G 峰和 G′ 峰）的形态和位移能够充分反映芳香碳环结构中原子和分子的震动信号与样品热演化程度的关系，即 D 峰和 G 峰的峰间距与峰高比一般随着热演化程度升高而增加，G′ 峰（即石墨峰）在无烟煤阶段出现并随着石墨化程度加剧而增高（刘德汉等，2013）。刘德汉等（2013）提出了利用固体有机质拉曼光谱参数（即 D 峰和 G 峰的峰间距或峰高比）计算泥页岩样品成熟度的相关计算公式，并在地质学研究领域得到了广泛应用，此方法核心在于：在 G′ 峰出现以前，主要依据峰间距计算 R_o 值；在 G′ 峰出现以后，则主要依据峰高比计算 R_o 值（王玉满等，2018；刘德汉等，2013）。电学识别法是基于固体有机质石墨化后具有良好导电能力的岩石物理特性，采用电阻率测井、岩石干样电阻率测试等手段获得泥页岩低电阻率响应值并判断泥页岩有机质炭化程度，此方法反应灵敏、准确率高且检测结果可直接用于勘探评价（王玉满等，2014，2018，2020；蒋珊等，2018），因此成为最常用、最主要的识别方法。物性分析法是基于固体有机质石墨化后有机质孔隙大量减少的显著特点可间接判断泥页岩有机质炭化程度，一般辅助使用。

（2）确定了海相页岩有机质炭化的成熟度门限和评价标准。王玉满等（2018，2020，2021）以中国南方下寒武统和下志留统页岩炭化区精细解剖为基础，通过建立海相页岩激光拉曼光谱、测井电阻率响应等基本属性的自然演化序列，研究确定Ⅰ—II_1型有机质炭化的R_o门限值为3.5%，并形成了海相页岩有机质炭化评价标准：富有机质页岩段显低阻响应特征，Rt值在严重炭化阶段普遍低于2Ω·m，在弱炭化阶段一般介于2～8Ω·m，在非炭化阶段在8Ω·m以上；拉曼光谱异常，在弱炭化阶段，G′峰位置出现低幅度石墨峰，D峰与G峰峰高比普遍大于0.63，在严重炭化阶段，峰高比远大于0.63，甚至出现D峰高于G峰。

（3）预测海相页岩有机质炭化区分布。蒋珊等（2018）应用测井电阻率曲线、激光拉曼光谱等资料预测了川中古隆起及周缘下寒武统页岩有机质炭化区，确定四川盆地筇竹寺组有机质炭化的最大深度下限为磨溪—高石梯地区5200m、威远地区4000m，并初步预测了四川盆地主体为炭化区，非炭化区仅分布于威远—犍为、磨溪—高石梯两个区块。王玉满等（2020）针对中上扬子地区龙马溪组开展有机质炭化研究，发现了川东—鄂西、鄂西北部、川南西部和长宁构造东侧等四个炭化区，面积超过35000km^2。

上述成果和认识对四川盆地及周缘海相页岩气勘探部署和潜力评价具有重要意义，也为本章研究提供了方法和地质依据。为揭示海相页岩有机质炭化区分布规律和主控因素，本章围绕四川盆地及周缘下寒武统和下志留统页岩，应用有机质激光拉曼和电阻率响应等有效方法，以大量典型剖面详测和重点炭化区精细解剖为基础，通过对两套页岩有机质炭化区全域分布预测和成熟度区域进行编图，探索两套层系有机质炭化区分布规律和主控因素，为四川盆地深层和外围页岩气勘探部署和选区提供地质依据。

1. 龙马溪组有机质炭化区解剖

前人对龙马溪组炭化点（区）分布做过大量研究，发现永善—绥江、川东—鄂西、仁怀、南漳李庙等四个有机质炭化区，并依据区内重点井和露头资料对四个重点区进行精细解剖（王玉满等，2020，2021），资料详实且证据可靠。笔者对川南西部峨眉玄武岩分布区、四川盆地深层等新区开展野外地质考察和重点井解剖，发现峨边—马边、渝西南JYT1井区等两个探区龙马溪组也出现有机质炭化特征，炭化区面积较前人认识明显扩大，现重点对这两个探区进行解剖。

1）峨边—马边探区

峨边—马边探区位于川中古隆起西南斜坡带，面积约2500km^2（图1-22），区内缺失五峰组—鲁丹阶中段，仅沉积鲁丹阶上段和埃隆阶页岩（即仅沉积龙马溪组上段；图1-23），龙马溪组沉积厚度为25～200m，并且自北向南增厚。区内钻井资料少，仅有峨边黑竹沟、马边长河碥等露头资料点。

根据峨边黑竹沟资料，该地区鲁丹阶（仅*Coronograptus cyphus*笔石带）厚度为1.14m，其下部为碳质页岩夹5层斑脱岩（斑脱岩密集段③），中部为钙质页岩、泥灰岩夹碳质页岩组合，上部为碳质页岩；埃隆阶出露厚度为24m，主要为厚层状含钙质硅质页岩、碳质页岩和钙质页岩，局部夹斑脱岩，见钙质结核体呈分散状和顺层状分布，笔石丰富，见大量单笔石、耙笔石、冠笔石、锯笔石和盘旋喇嘛笔石（图1-23）。龙马溪组TOC值一般为0.5%～6.68%，平均值为2.79%（图1-23），总体呈现自下而上减少的趋势，即底部1.5m岩相较复杂，TOC值变化大，在碳质页岩段为6.53%～6.68%，在钙质页岩、泥灰岩段为0.50%～0.65%；向上23.5m（即埃隆阶厚层斑脱岩以上）为TOC值大于2%的富有机质页岩集中段，TOC值一般为1.66%～6.37%（大多介于1.90%～3.50%），平均为2.62%。可见，在峨边地区，龙马溪组富有机质页岩段（TOC值大于2%）总厚度应超过24.0m。

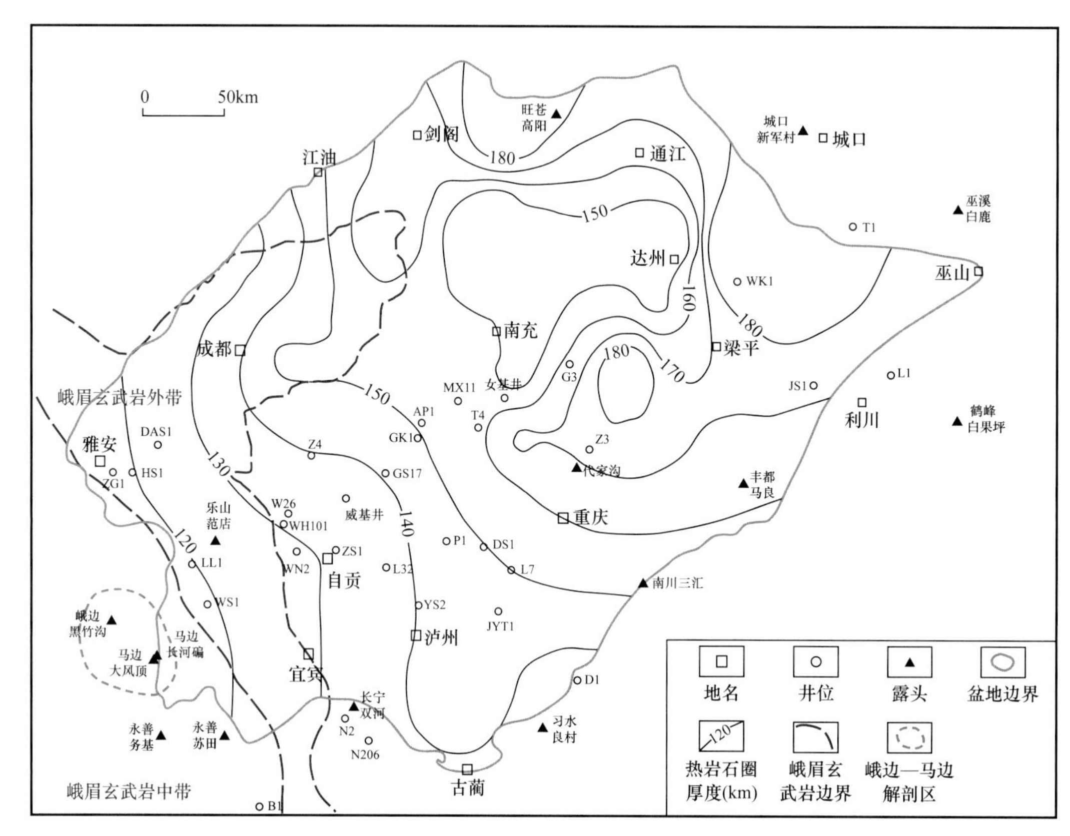

图 1–22　四川盆地热岩石圈厚度分布图

热岩石圈为岩石圈上地幔段某个特定等温面以上的热传导层（刘绍文等，2003；汪洋等，2013；魏国齐等，2019），等值线根据文献（魏国齐等，2019）修改

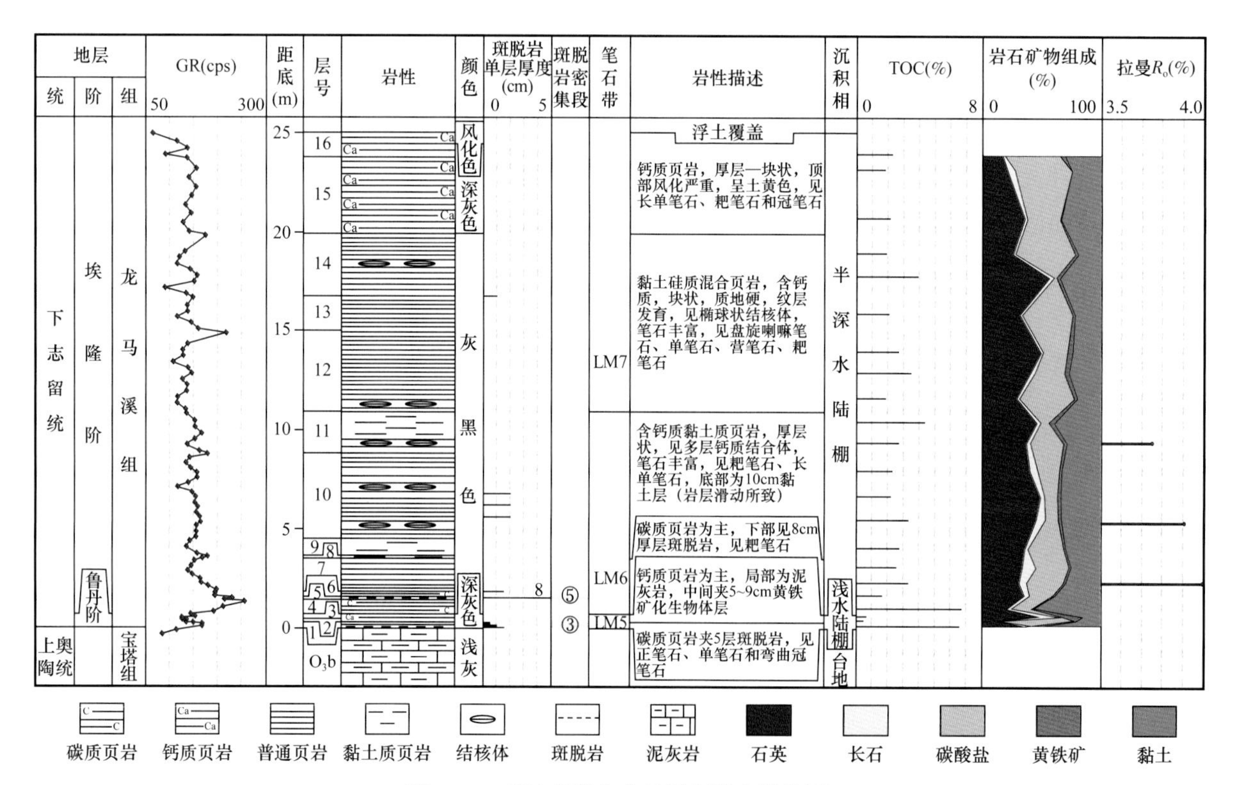

图 1–23　峨边黑竹沟龙马溪组综合柱状图

LM5—*Coronograptus cyphus* 带；LM6—*Demirastrites triangulatus* 带；LM7—*Lituigrapatus convolutus* 带

根据有机质激光拉曼测试资料（图 1–24），峨边地区龙马溪组 D 峰与 G 峰峰间距和峰高比分别为 249.94～260.02cm^{-1} 和 0.84～1.05，在 G′ 峰位置（对应拉曼位移 2689.48cm^{-1}）出现高幅度石墨峰（图 1–24a），计算拉曼 R_o 为 3.74%～3.98%（平均为 3.9%），远高于长宁气田 N203 井拉曼 R_o 3.42%～3.47%（王玉满等，2018）。马边长河碥龙马溪组有机质拉曼光谱特征与峨边黑竹沟相似（图 1–24b），D 峰与 G 峰峰间距和峰高比分别为 255.12～272.57cm^{-1} 和 0.91～0.98，在 G′ 峰位置出现高幅度石墨峰，计算拉曼 R_o 为 3.82%～3.90%（平均为 3.86%），高于盐津地区的 B1 井（图 1–24c）。说明峨边—马边探区龙马溪组热成熟度高（R_o 较长宁气田高 0.41%～0.45%），并已进入有机质严重炭化阶段，有机质炭化程度和热成熟度与长宁 N206 井筇竹寺组相当，页岩基本不含气，勘探潜力差。

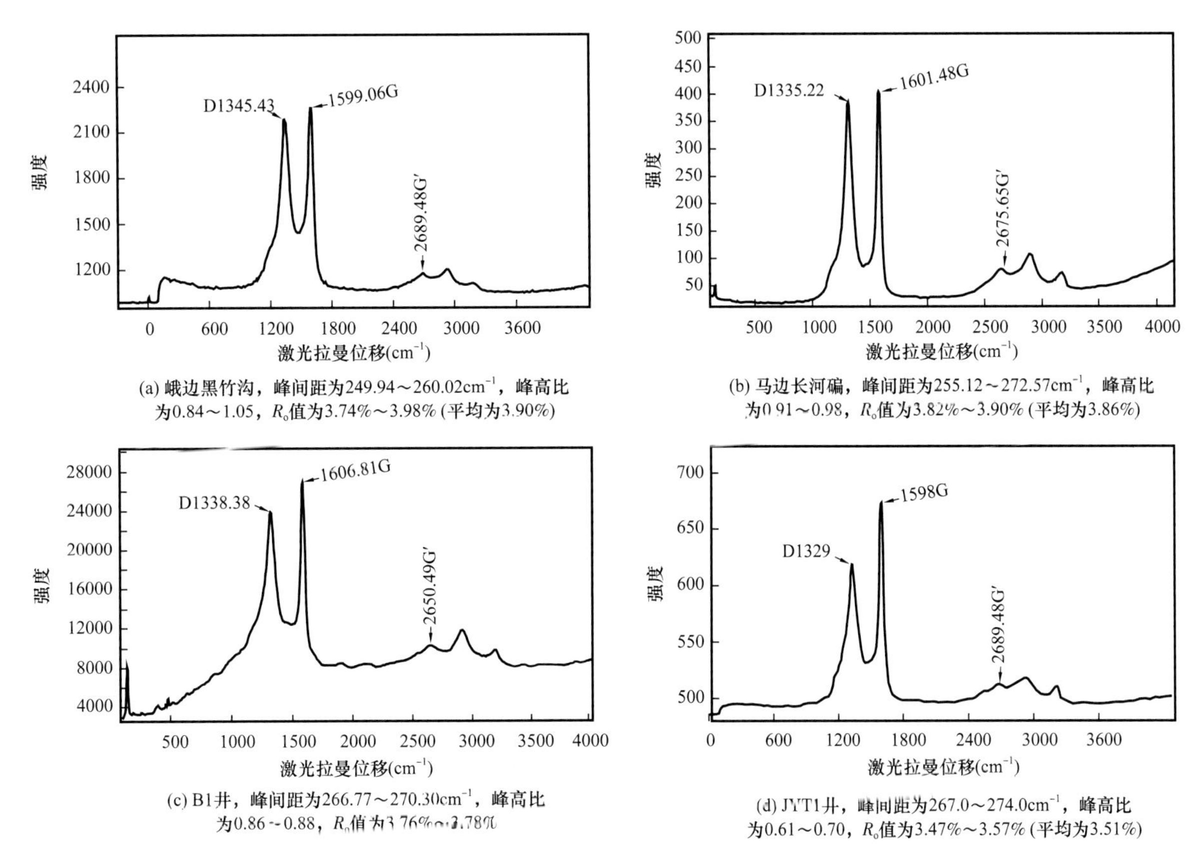

(a) 峨边黑竹沟，峰间距为249.94～260.02cm^{-1}，峰高比为0.84～1.05，R_o值为3.74%～3.98%（平均为3.90%）

(b) 马边长河碥，峰间距为255.12～272.57cm^{-1}，峰高比为0.91～0.98，R_o值为3.82%～3.90%（平均为3.86%）

(c) B1井，峰间距为266.77～270.30cm^{-1}，峰高比为0.86～0.88，R_o值为3.76%～3.78%

(d) JYT1井，峰间距为267.0～274.0cm^{-1}，峰高比为0.61～0.70，R_o值为3.47%～3.57%（平均为3.51%）

图 1–24　川南龙马溪组典型炭化区有机质激光拉曼图谱

钻探和研究证实，峨边—马边位于四川盆地热岩石圈厚度最薄处和峨眉玄武岩中带（图 1–22，表 1–4），区内热岩石圈厚度小于 120km，上二叠统火山岩以大规模裂隙式喷发为主，主体为溢流相玄武岩，厚度高达 300～700m 且呈大面积分布，说明该地区龙马溪组严重的有机质炭化现象可能与晚二叠世的极热事件（即岩浆烘烤和高地温场作用）直接相关。因此，通过对峨边黑竹沟龙马溪组详测，可以了解峨眉地裂运动对海相页岩气勘探潜力的影响。

2）渝西南 JYT1 井区

渝西南 JYT1 井位于川南坳陷深层探区东南部，五峰组和龙马溪组为连续沉积，笔石发育齐全，见观音桥段介壳层（厚 36cm，为含介壳硅质页岩,GR 显 290～315API 的峰值响应），黑色页岩厚度超过 100m，其中 TOC 值大于 2% 的页岩集中段位于五峰组中段—埃隆阶底部，厚度超过 40m（图 1–25）。

表 1-4　川南西部峨眉火山岩厚度统计表

区块	上二叠统火山岩厚度（m）	参考资料
绥江—永善	221～341	罗志立等，1988
盐津	295～345	刘建清等，2020；马健飞等，2019
屏山	50～100	朱江，2019
天宫堂	100～150	李天元，2020
沐川	120～160	程文斌等，2019
峨边	250～350	朱江，2019
马边	360～700	杨辉等，2018
雷波	430～560	杨辉等，2018
威信石子沟	300	周叔齐，2019
珙县西	81.2	罗志立等，1988
水富	160	罗志立等，1988

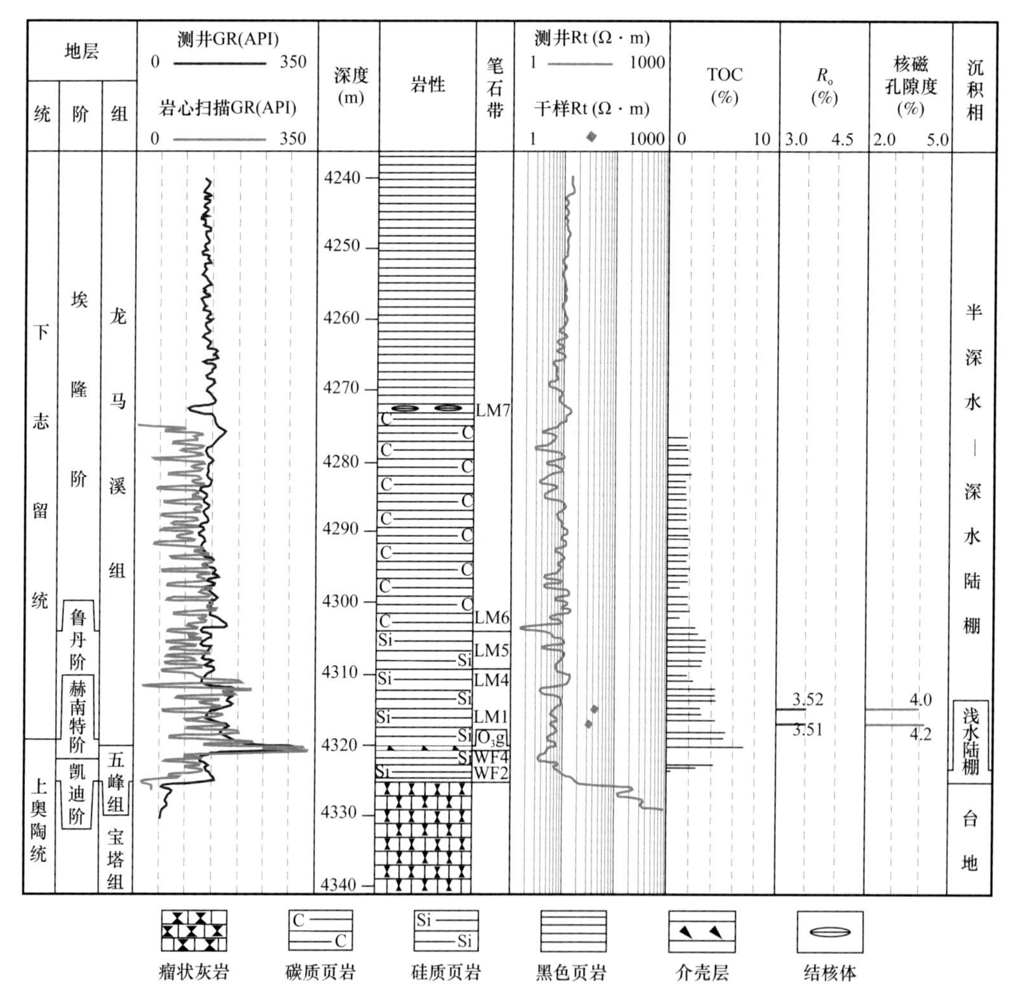

图 1-25　渝西南 JYT1 五峰组—龙马溪组综合柱状图

WF2—*Dicellograptus complexus* 带；WF4—*Normalograptus extraordinarius* 带；O_3g—*Hirnantia*；LM1—*Normalograptus persculptus* 带；LM4—*Cystograptus vesiculosus* 带

根据测井资料显示，JYT1 井下部黑色页岩段（4260～4324m）整体为低阻特征，电阻率一般介于 1.7～14.3Ω·m（平均为 8.3Ω·m），其中五峰组中上段—鲁丹阶（4303.25～4324m，即富有机质页岩段）电阻率一般介于 1.7～13.1Ω·m（平均为 7.6Ω·m，其中观音桥段介壳层电阻率为 5.1～5.9Ω·m），与巫溪 X202 井（王玉满等，2018，2021）相近，已达到海相页岩有机质弱炭化的电阻率标准（2.0～8.0Ω·m；王玉满等，2020，2021）。

根据 4314.9～4317m 实验分析测试资料（表 1-5，图 1-25），TOC 值介于 3.93%～4.29%，测井电阻率介于 5.8～7.8Ω·m，实测干样电阻率介于 32.4～42.1Ω·m（与 N206 井筇竹寺组富有机质页岩相当），显示有机质已出现良好导电性，龙马溪组低阻特征与地层水、黄铁矿等导电介质无关，仅与有机质良好导电能力有关。另据有机质激光拉曼图谱检测结果（图 1-24d），D 峰与 G 峰峰间距和峰高比分别为 267.0～274.0cm^{-1}、0.61～0.70，在 G′ 峰位置（对应拉曼位移 2689.48cm^{-1}）出现微幅度石墨峰，计算 R_o 值为 3.47%～3.57%（平均为 3.51%），略低于昭通探区的 B1 井（图 1-24c），即有机质出现弱石墨化特征。

表 1-5　渝西南 JYT1 井龙马溪组与长宁 N206 井筇竹寺组测试数据对比表

井名	层位	井深（m）	TOC（%）	测井电阻率（Ω·m）	实验测试项目		
					干样电阻率（Ω·m）	核磁孔隙度（%）	拉曼 R_o（%）
JYT1	龙马溪组	4314.90	4.29	6.5～7.5	42.1	4.0	3.49～3.57/3.52
	龙马溪组	4317.00	3.93	5.8～6.5	32.4	4.2	3.47～3.54/3.51
N206	筇竹寺组	1860.96	2.71	1.3	51.4	0.11～1.75/0.50	3.86～4.09
	筇竹寺组	1879.12	6.62	0.2	6.0		
	筇竹寺组	1884.20	3.09	0.3	21.5		
	筇竹寺组	1886.40	3.96	0.3	47.4		

注：表中数值区间表示为最小值～最大值 / 平均值。

根据电阻率和拉曼特征综合判断，JYT1 井龙马溪组已显示出有机质弱炭化的典型特征，与巫溪探区（王玉满等，2021）基本相似，是川南深层弱炭化区的典型代表；JYT1 井远离峨眉玄武岩分布区（图 1-22），区内龙马溪组有机质炭化与晚二叠世极热事件作用无关，应主要受地史中深埋作用控制。另外，根据核磁检测结果，JYT1 井龙马溪组孔隙度保持在 4.0%～4.2% 之间（图 1-25），说明 JYT1 井富有机质页岩尚未完全致密化，与川东—鄂西、川东北、仁怀、川南西部等主要炭化区物性显著变差（表 1-6）形成强烈反差。目前，关于 JYT1 井有机质炭化与岩石致密化并不完全同步的现象还需进一步研究。

2. 下寒武统有机质炭化区解剖

鉴于筇竹寺组钻井较少且分布局限，关于有机质炭化区分布规律尚未形成整体认识。笔者围绕四川盆地周缘开展 16 个野外露头勘测和 4 口重点井解剖（表 1-7），在川南、黔北、湘鄂西、川北—川东北和川西地区发现了大量有机质炭化区（点），现对这些资料点进行详细解剖（图 1-26，表 1-7）。

表 1-6 四川盆地及周缘龙马溪组主要炭化区地质参数（据王玉满等，2020，2021）

井号或剖面	区块	埋深（m）	TOC（%）	拉曼 R_o（%）	孔隙度（%）	自然伽马（API）	电阻率（Ω·m）	含气量（m^3/t）	有机质炭化程度	保存条件
LY1	鄂西	2790～2830	1.1～6.0	3.56～3.73	1.90～4.77/2.76	150～270	0.1～0.9	0.13～0.48	严重炭化	盆外向斜区，保存条件较好
HY1	鄂西	2142～2166	1.5～5.3	3.80～4.00		150～270	0.01～0.30/0.2	微气	严重炭化	盆外向斜区，保存条件较好
X202	川东北	1965～1989	0.5～6.4	3.48～3.51	2.40～8.78/3.85	145～300	3～7	1.38～3.00，试产为微气	弱炭化	盆外褶皱带，龙马溪组具自封盖性，保存条件中等
TY1	川东	＞3900	2.0～5.0	3.50～3.55		150～350	2～6/4	微气，压力系数小于 1	弱炭化	盆地内，保存条件好
YYY1	川南西部	2900～3070	1.9～9.0	3.6～3.9		120～250	0.12～0.30	＜0.2	严重炭化	盆内向斜区，保存条件较好
Y201	川南西部	3500～3660		3.60～3.80	1.2	160～300	0.6～2.0		严重炭化	位于盆地内，保存条件好
RY1	仁怀	4030～4055	1.9～6.5	3.50～3.60	0.50～2.30/0.74	180～250	1.8～8.0	0.51	弱炭化	盆地内，保存条件好
城口明中	川东北	露头	1.7～6.1		0.26～2.63/0.80	180～521			弱炭化	位于盆地外，保存条件差
巫溪白鹿	川东北	露头	1.9～8.0		0.66～1.58/1.05	180～310			弱炭化	位于盆地外，保存条件差

注：表中数值区间表示为最小值～最大值 / 平均值。

马边大风顶位于川南西部峨眉玄武岩中带（图 1–22），下寒武统出露地层为麦地坪组硅质岩夹碳质页岩组合，厚度超过 40m。根据麦地坪组碳质页岩有机质激光拉曼测试结果，D 峰与 G 峰峰间距和峰高比分别为 248.95～256.66cm^{-1}、1.6～1.88，在 G′ 峰位置（对应拉曼位移 2684.90cm^{-1}）出现高幅度石墨峰，计算 R_o 值为 4.62%～4.94%（平均为 4.70%；图 1–26a，表 1–7）。说明该地区下寒武统页岩已出现有机质严重炭化特征，热成熟度 R_o 为四川盆地最高，显示出地史中长期深埋和峨眉地裂时期地温骤升两因素叠加是导致该地区有机质严重炭化的主要推手。

永善务基位于川南西部峨眉地裂腹部南区（图 1–22，表 1–7），峨眉火山岩沉积厚度为 221～341m（较峨边—马边略薄），晚二叠世的高地温场对该地区下伏页岩影响较大。下寒武统筇竹寺组出露完整，地层厚度为 377m，下段富有机质页岩厚度为 28m。根据筇竹寺组底部硅质页岩有机质激光拉曼测试结果，D 峰与 G 峰峰间距和峰高比分别为 246.01～259.94cm^{-1}、1.00～1.47，在 G′ 峰位置（对应拉曼位移 2664.44cm^{-1}）出现高幅度石墨峰（见第四章第二节），计算 R_o 值为 3.92%～4.48%（平均为 4.20%；表 1–7）。说明该地区筇竹寺组已出现有机质严重炭化特征，热成熟度 R_o 略低于马边大风顶，同样显示出地史中长期深埋与峨眉地裂时期地温骤升叠加是导致该地区有机质严重炭化的主要原因。

表 1-7　四川盆地及周缘下寒武统页岩重点露头剖面地质参数表

剖面或井号	层位	地层厚度（m）	埋深（m）	富有机质页岩基本地质参数			有机质激光拉曼谱参数			有机质炭化程度
				厚度（m）	TOC（%）	测井电阻率（Ω·m）	峰间距（cm^{-1}）	峰高比	拉曼 R_o（%）	
马边大风顶	麦地坪组	>40		2			248.95～256.66	1.60～1.88	4.62～4.94/4.70	严重炭化
永善务基	筇竹寺组	377		28	0.56～4.83/2.80		246.01～259.94	1.00～1.47	3.92～4.48/4.20	严重炭化
遵义中南村	筇竹寺组	40		>30	0.31～12.79/4.92		265.39～268.23	0.76～0.78	3.64～3.67	严重炭化
湄潭梅子湾	牛蹄塘组	>32		23	1.08～7.17/4.03		266.81	0.71	3.40	未炭化
瓮安永和	牛蹄塘组	135		111	0.56～8.26/5.39		256.87	0.67	3.10	未炭化
镇远鸡鸣村	牛蹄塘组	>110		52.5	0.85～13.06/4.92		262.55	0.69	3.44	未炭化
松桃盘石	牛蹄塘组	>100		>30	1.34～12.01/7.65		263.97～272.48	0.78～0.89	3.67～3.80/3.70	严重炭化
古丈默戎	牛蹄塘组	217		>50	1.72～7.87/5.40		262.18～274.80	0.83～0.87	3.72～3.77/3.75	严重炭化
鹤峰白果坪	水井沱组	>200		>30	1.38～9.11/4.54		249.56～253.77	0.94～1.10	3.86～4.04/3.95	严重炭化
峡东王家坪	水井沱组	26.66		17.3	0.88～4.68/3.33		250.97～259.38	0.62～0.63	2.90～3.20	未炭化
长阳白竹岭	水井沱组	152.3		55	1.23～9.06/4.10		274.80～277.61	0.67～0.70	3.55～3.58	弱炭化
YT2	水井沱组	59	5001～5060	3		3.0～6.0			3.50～3.55	弱炭化
巫溪长丈村	筇竹寺组	>200					269.74～278.26	0.70～0.77	3.58～3.65/3.62	严重炭化
城口新军村	筇竹寺组	300		155	0.27～6.01/2.23		268.00～274.00	0.62～0.71	3.48～3.58/3.53	弱炭化
WT1	筇竹寺组	120	7172～7292	24		1.2～2.0			3.60～3.80	严重炭化
南江沙滩	筇竹寺组	>210		41	1.00～4.78/3.16		271.16～272.58	0.73～0.80	3.52～3.69/3.60	严重炭化
广元三龙村	筇竹寺组	>500		>170	1.74～3.43/2.81		241.34～244.18	1.10～1.42	4.04～4.42/4.32	严重炭化
JT1	筇竹寺组		7045～7419	7		0.1～0.8			>3.7	严重炭化
绵阳锄巴沟	麦地坪组	>80		>10			264.14～266.34	0.55～0.68	3.40～3.55	弱炭化
GS17 井	筇竹寺组	495	4820～5315	120		5200m 以深为 1～90（局部 1～2）；5200m 以浅大于 10	273.70～275.79	0.68～0.70	3.49～3.55/3.52	5200m 以深弱炭化，5200m 以浅未炭化
N206 井	筇竹寺组	200	1685～1891	31	1.9～7.1	0.1～1.9/0.5	163.22～261.21	0.84～1.15	3.74～4.09/3.92	严重炭化

注：表中数值区间表示为最小值～最大值 / 平均值。

遵义中南村位于黔北裂陷区，距离川南西部峨眉玄武岩分布区较远，筇竹寺组黑色页岩出露厚度超过40m，TOC值一般为0.31%～12.79%，平均为4.92%。根据筇竹寺组有机质激光拉曼测试结果，D峰与G峰峰间距和峰高比分别为265.39～268.23cm^{-1}、0.76～0.78，在G′峰位置（对应拉曼位移2658.77cm^{-1}）出现高幅度石墨峰（见第三章第五节），计算R_o值为3.64%～3.67%（表1–7）。说明该地区筇竹寺组已出现有机质严重炭化特征，成熟度R_o介于瓮安—镇远与泸州—习水，显示出地史中长期深埋是导致该地区有机质炭化的主控因素。

镇远鸡鸣村位于黔东北铜仁地区，区内牛蹄塘组出露厚度超过110m，其中富有机质页岩厚度为52.5m，TOC值一般为0.85%～13.06%，平均为4.92%（表1–7）。根据有机质激光拉曼测试结果，D峰与G峰峰间距和峰高比分别为262.55cm^{-1}和0.69，在G′峰位置（对应拉曼位移2639.74cm^{-1}）出现平台但尚未成峰（见第三章第二节），计算的拉曼R_o为3.44%，显示该地区牛蹄塘组尚未进入有机质炭化阶段，仍处于有效生气窗内。另外，在位于该剖面点以西的瓮安永和、湄潭梅子湾两个露头点，牛蹄塘组激光拉曼光谱也未出现炭化特征，计算的拉曼R_o分别为3.1%和3.40%(表1–7)。这说明，在黔东北湄潭、瓮安和镇远一带，牛蹄塘组存在一个连片的非炭化区。

松桃盘石位于湘黔裂陷区，牛蹄塘组黑色页岩出露厚度超过100m，其中底部富有机质页岩出露厚度为30m，TOC值一般为1.34%～12.01%，平均为7.65%。根据筇竹寺组有机质激光拉曼测试结果，D峰与G峰峰间距和峰高比分别为263.97～272.48cm^{-1}、0.78～0.89，在G′峰位置（对应拉曼位移2660.19cm^{-1}）出现高幅度石墨峰（见第三章第三节），计算R_o值为3.67%～3.80%（平均为3.70%；表1–7）。说明该地区牛蹄塘组已出现有机质严重炭化特征，成熟度R_o介于瓮安—镇远与泸州—习水，与遵义中南村相近。

古丈默戎位于湘西裂陷区，牛蹄塘组黑色页岩出露厚度为217m，其中下部富有机质页岩出露厚度超过50m，TOC值一般为1.72%～7.87%，平均为5.4%。根据筇竹寺组有机质激光拉曼测试结果，D峰与G峰峰间距和峰高比分别为262.18～274.80cm^{-1}、0.83～0.87，在G′峰位置（对应拉曼位移2659.16cm^{-1}）出现高幅度石墨峰（见第二章第三节），计算R_o值为3.72%～3.77%（平均为3.75%；表1–7）。说明该地区牛蹄塘组已出现有机质严重炭化特征，成熟度R_o略高于松桃盘石。

鹤峰白果坪为川东—鄂西水井沱组重点剖面，地层厚度超过200m，下部高GR段出露厚度超过30m。根据水井沱组下段有机质激光拉曼测试结果，D峰与G峰峰间距和峰高比分别为249.56～253.77cm^{-1}、0.94～1.10，在G′峰位置（对应拉曼位移2673.18cm^{-1}）出现高幅度石墨峰，计算R_o值为3.86%～4.04%（平均为3.95%；图1–26b，表1–7）。说明该地区水井沱组已出现有机质严重炭化特征，为川东—鄂西R_o高值区并与长宁筇竹寺组相当。

长阳白竹岭为鄂西宜昌地区水井沱组重点剖面，南距长阳页岩气探区40km，地层厚度为152.3m，下部TOC值大于2%的页岩段厚度为55m。根据该剖面水井沱组下段有机质激光拉曼测试结果，D峰与G峰峰间距和峰高比分别为274.80～277.61cm^{-1}、0.67～0.70，在G′峰位置（对应拉曼位移2668.97cm^{-1}）出现低幅度石墨峰（见第二章第一节），计算R_o值为3.55%～3.58%（表1–7）。说明该地区水井沱组已出现有机质弱炭化特征，成熟度R_o低于鹤峰白果坪。

峡东王家坪为宜昌页岩气勘探区块内重点露头剖面，位于西陵峡莲沱镇至宜昌市区的沿江省道边，距离长阳白竹岭约60km，水井沱组厚26.66m，下部TOC值大于2%的页岩段厚度为17.3m（表1–7）。根据激光拉曼检测结果，该地区水井沱组D峰与G峰峰间距和峰高比分别为250.97～259.38和0.62～0.63，在G′峰位置（对应拉曼位移2668.97cm^{-1}）呈斜坡状（即未出现石墨峰，见第二章第二节），计算的拉曼R_o为2.9%～3.2%，说明水井沱组未出现有机质炭化特征，处于有效生气窗内。另外，在位于该剖面点以东的YT2井，水井沱组厚约60m，埋深为5000～5060m，底部高自然伽马段仅3m，但其测井电阻率为3～6Ω·m，计算R_o为3.50%～3.55%（表1–7），与JYT1井龙马溪组相当，显示该井已出现有机质弱炭化特征。这说明，宜昌水井沱组勘探区块向东至YT2井、向南至长阳白竹岭均已出现炭化特征。

巫溪长丈村为川东北筇竹寺组典型剖面，地层厚度超过200m。根据该剖面下段有机质激光拉曼测试结果，筇竹寺组D峰与G峰峰间距和峰高比分别为269.74～278.26cm^{-1}、0.70～0.77，在G′峰位置（对应拉曼位移2640.88cm^{-1}）出现低幅度石墨峰，计算R_o值为3.58%～3.65%（平均为3.62%；图1–26c，表1–7）。说明该地区筇竹寺组已出现有机质严重炭化特征，R_o值低于鹤峰白果坪但高于长阳白竹岭。

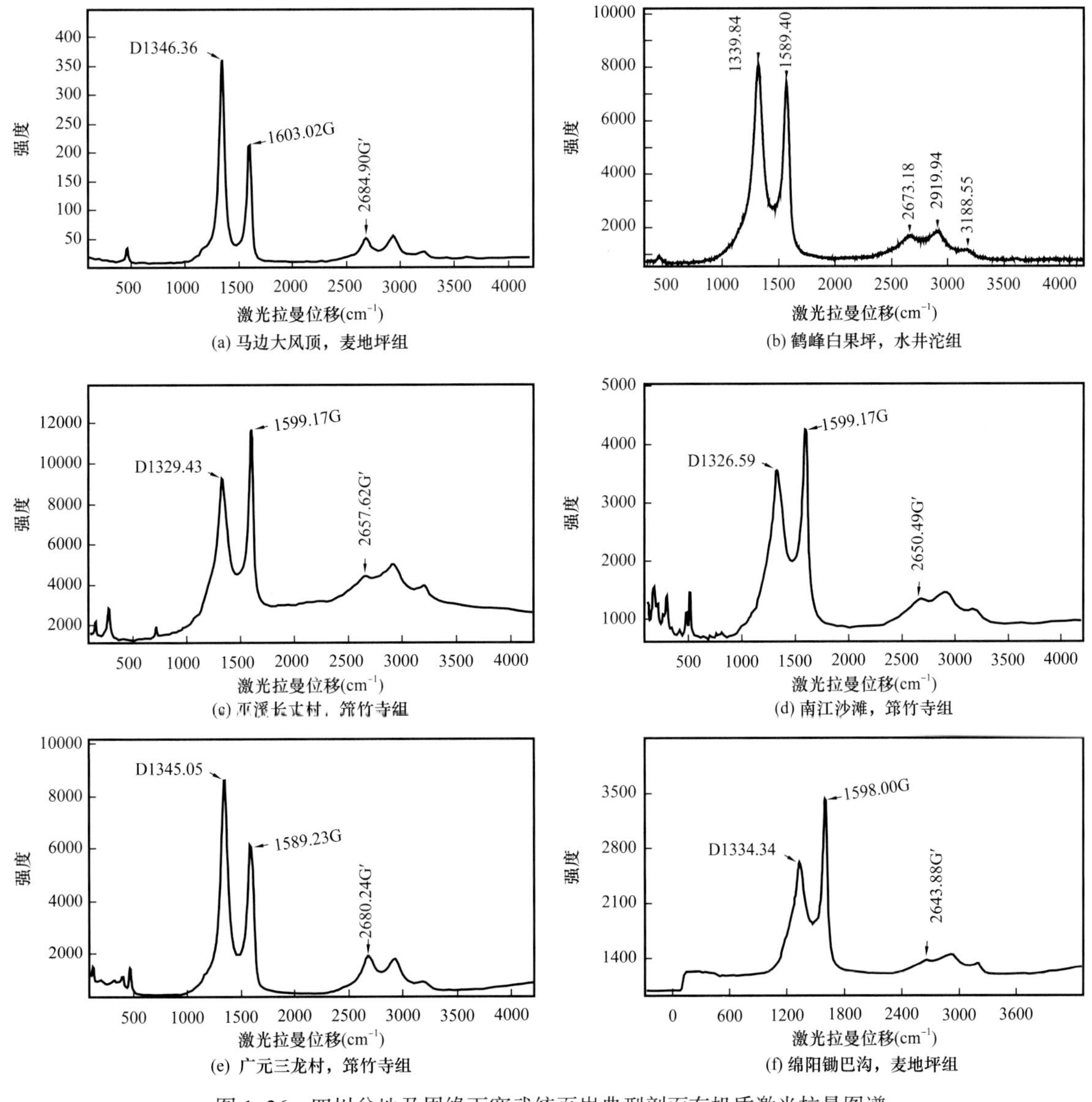

图1–26　四川盆地及周缘下寒武统页岩典型剖面有机质激光拉曼图谱

城口新军村为川北—鄂西北筇竹寺组典型剖面，地层厚约300m，其中—下段黑色页岩出露厚度为155m，TOC值一般为0.27%～6.01%（平均为2.23%）。根据该剖面下段有机质激光拉曼测试结果，筇竹寺组D峰与G峰峰间距和峰高比分别为268.00～274.00cm^{-1}、0.62～0.71，在G′峰位置

（对应拉曼位移 2640.88cm^{-1}）出现微幅度石墨峰（见第五章第一节），计算 R_o 值为 3.48%～3.58%（平均为 3.53%；表 1–7），说明该地区筇竹寺组已出现有机质弱炭化特征，R_o 平均值介于 3.50%～3.60%。另外，在位于该剖面点西南的 WT1 井（位于四川盆地内川东北区块），筇竹寺组厚约 120m，埋深为 7172～7292m，下部高自然伽马段仅 24m，但其测井电阻率为 1.2～2.0Ω·m，计算 R_o 为 3.60%～3.8%，说明四川盆地川东北地区已出现有机质严重炭化特征。

南江沙滩为川北筇竹寺组典型剖面，地层厚度超过 210m，其中下部富有机质页岩厚度为 41m，TOC 值一般为 1.00%～4.78%（平均为 3.16%）。根据该剖面下段有机质激光拉曼测试结果，筇竹寺组 D 峰与 G 峰峰间距和峰高比分别为 271.16～272.58cm^{-1}、0.73～0.80，在 G′ 峰位置（对应拉曼位移 2650.49cm^{-1}）出现低幅度石墨峰，计算 R_o 值为 3.52%～3.69%（平均为 3.6%；图 1–26d，表 1–7）。说明该地区筇竹寺组已出现有机质严重炭化特征，R_o 值略高于城口新军村、巫溪长丈村。

广元三龙村为川西北筇竹寺组典型剖面，地层厚度超过 500m，其中下段黑色页岩出露厚度在 170m 以上，TOC 值一般为 1.74%～3.43%（平均为 2.81%）。根据该剖面有机质激光拉曼测试结果，筇竹寺组 D 峰与 G 峰峰间距和峰高比分别为 241.34～244.18cm^{-1}、1.10～1.42，在 G′ 峰位置（对应拉曼位移 2680.24cm^{-1}）出现高幅度石墨峰，计算 R_o 值为 4.04%～4.42%（平均为 4.32%；图 1–26e，表 1–7）。说明该地区筇竹寺组已出现有机质严重炭化特征，炭化程度仅次于峨边—马边地区（峨眉玄武岩核心区），与永善务基基本相当。另外，在位于该剖面点以南的 JT1 井（紧邻川中隆起北缘），筇竹寺组底界埋深为 7419m，底部高自然伽马段仅 7m，但其测井电阻率为 0.1～0.8Ω·m，估算 R_o 值在 3.7% 以上，钻探为微气显示（表 1–7），说明川西北坳陷已出现有机质严重炭化特征。

绵阳锄巴沟麦地坪组为川西龙门山东缘下寒武统重点剖面，出露地层厚 80m，其中 TOC 值大于 2% 的页岩厚度在 10m 以上。根据该剖面有机质激光拉曼测试结果，麦地坪组 D 峰与 G 峰峰间距和峰高比分别为 264.14～266.34cm^{-1}、0.55～0.68，在 G′ 峰位置（对应拉曼位移 2643.88cm^{-1}）出现微幅度石墨峰，计算 R_o 值为 3.40%～3.55%（图 1–26f，表 1–7）。说明该地区下寒武统已出现有机质弱炭化特征，炭化程度仅次于城口新军村。

高石梯 GS17 井区是四川盆地内下寒武统页岩钻遇有机质炭化深度线的典型实例，筇竹寺组 5200m 以浅厚 350m（TOC 值为 0.2%～4.3%，缺少激光拉曼 R_o 数据），呈正常电性特征（图 1–27a），电阻率曲线与 W201 井相似，呈中低幅度“扁平型”，电阻率测井值一般为 10～30Ω·m，未显示有机质炭化特征；筇竹寺组 5200m 以深至下寒武统麦地坪组上段厚 150m，TOC 值为 1.4%～5.0%，激光拉曼 R_o 平均值达到 3.52%，电阻率曲线出现高幅度差的“细脖子型”特征（图 1–27a），测井电阻率值普遍为 1～90Ω·m（局部为 1～2Ω·m），并且与 TOC 值负相关（图 1–27b），显示该页岩段有机质已出现炭化特征并具导电性。从电性特征判断，GS17 井筇竹寺组距顶 350m 附近（即埋深 5200m）是该探区下寒武统烃源岩有机质炭化的深度界限。

长宁 N206 井已证实为有机质严重炭化区的典型代表（王玉满等，2014），筇竹寺组富有机质页岩为硅质页岩、碳质页岩和粉砂质页岩组合，R_o 值达 3.74%～4.09%（平均为 3.92%），电阻率曲线出现严重的“细脖子型”特征且一般低于 1Ω·m，电阻率与有机质丰度呈明显负相关性，即电阻率随 TOC 值增大而降低（图 1–27b），显示其有机质已出现严重炭化特征。

从上述资料点炭化特征来看，四川盆地周缘下寒武统页岩已出现大面积连片炭化，其中川南西部炭化程度最高，其次依次为川西北、川东—鄂西—湘黔、川北、川西等，仅宜昌和黔东北等局部地区尚未出现有机质炭化。

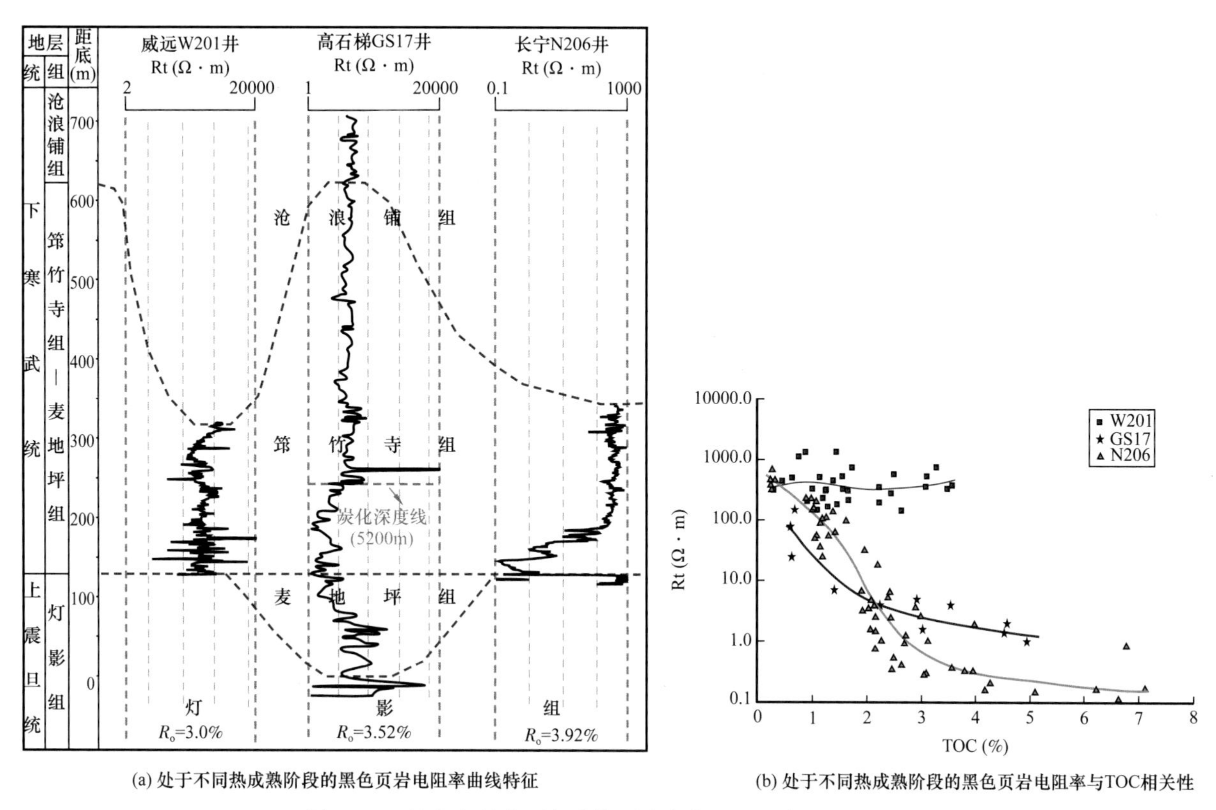

图 1-27　长宁和川中下寒武统页岩炭化区电阻率响应特征图

3. 下志留统和下寒武统页岩成熟度区域分布

下志留统和下寒武统页岩成熟度区域分布研究是南方海相页岩气选区和勘探评价的难点和重点，主要原因是利用笔石体、沥青体和镜质体等常规介质确定反射率可靠性较差（王玉满等，2018）。为科学编制两套页岩成熟度区域分布图，必须确定可靠的编图依据和方法。笔者确定以钻井电阻率测井资料、野外露头或岩心有机质激光拉曼测试数据作为编图依据，原因有两点：（1）海相页岩低电阻率特征（“甜点层”电阻率小于 8Ω · m）与烃源岩高—过成熟（R_o≥3.5%）具有高度相关性，是判断有机质炭化程度的“金标准”（王玉满等，2018；蒋珊等，2018），因此可以成为编制 R_o 平面分布图的重要参考依据；（2）激光拉曼光谱是计算高—过成熟海相页岩 R_o 值的有效方法（刘德汉等，2013），可以弥补利用笔石体、沥青体和镜质体等常规介质确定反射率的不足。在编制过程中，考虑勘探程度、资料点丰富程度和炭化区研究深度等因素，确定了先龙马溪组、后筇竹寺组的编图程序。

笔者首先以上述重点地区龙马溪组精细解剖为基础，结合前人关于龙马溪组炭化区分布预测和有机质炭化程度的研究成果和认识（王玉满等，2018，2020，2021），并依据 60 余口钻井资料和 20 多个露头拉曼光谱测试数据，编制龙马溪组 R_o 平面分布图（图 1-28），以此揭示下志留统页岩炭化区（点）分布规律。通过编图发现，在龙马溪组分布区存在川东—鄂西、鄂西北部、川南西部和长宁构造东侧（即仁怀—渝西南）等 4 个 R_o 超过 3.5% 的高—过成熟区（即炭化区），面积近 40000km^2，其中川南西部炭化区主体位于峨眉玄武岩分布区，其他三个炭化区处于峨眉地裂以外区域（图 1-22、图 1-28）。考虑到中上扬子龙马溪组炭化区（R_o 超过 3.5%）与筇竹寺组严重炭化区和成熟度高值分布区应高度一致，因此图 1-28 的编制无疑为四川盆地及周缘筇竹寺组成熟度评价提供了重要参考。

鉴于筇竹寺组钻井较少且分布局限，笔者围绕四川盆地及周缘开展了20多个野外露头激光拉曼测试和重点地区筇竹寺组炭化特征精细解剖，结合前人关于筇竹寺组有机质炭化的研究成果和认识（王玉满等，2014；蒋珊等，2018），并依据40余口重点探井电阻率测井资料，同时参考龙马溪组成熟度区域分布规律（图1–28），编制了四川盆地及周缘筇竹寺组下段 R_o 平面分布图（图1–29）。编图发现，在中上扬子筇竹寺组下段分布区，炭化区（R_o 在3.5%以上）为分布区主体，面积占比超过80%，非炭化区（R_o 值低于3.5%）仅分布于威远—资阳（R_o=3.2%～3.5%，面积为7300km^2）、磨溪—高石梯（R_o=3.4%～3.5%，面积为9700km^2）、宜昌（R_o=3.3%～3.5%，面积为15600km^2）和瓮安—镇远（R_o=3.3%～3.5%，面积为30000km^2）等4个区块，总面积约62600km^2（图1–29）。

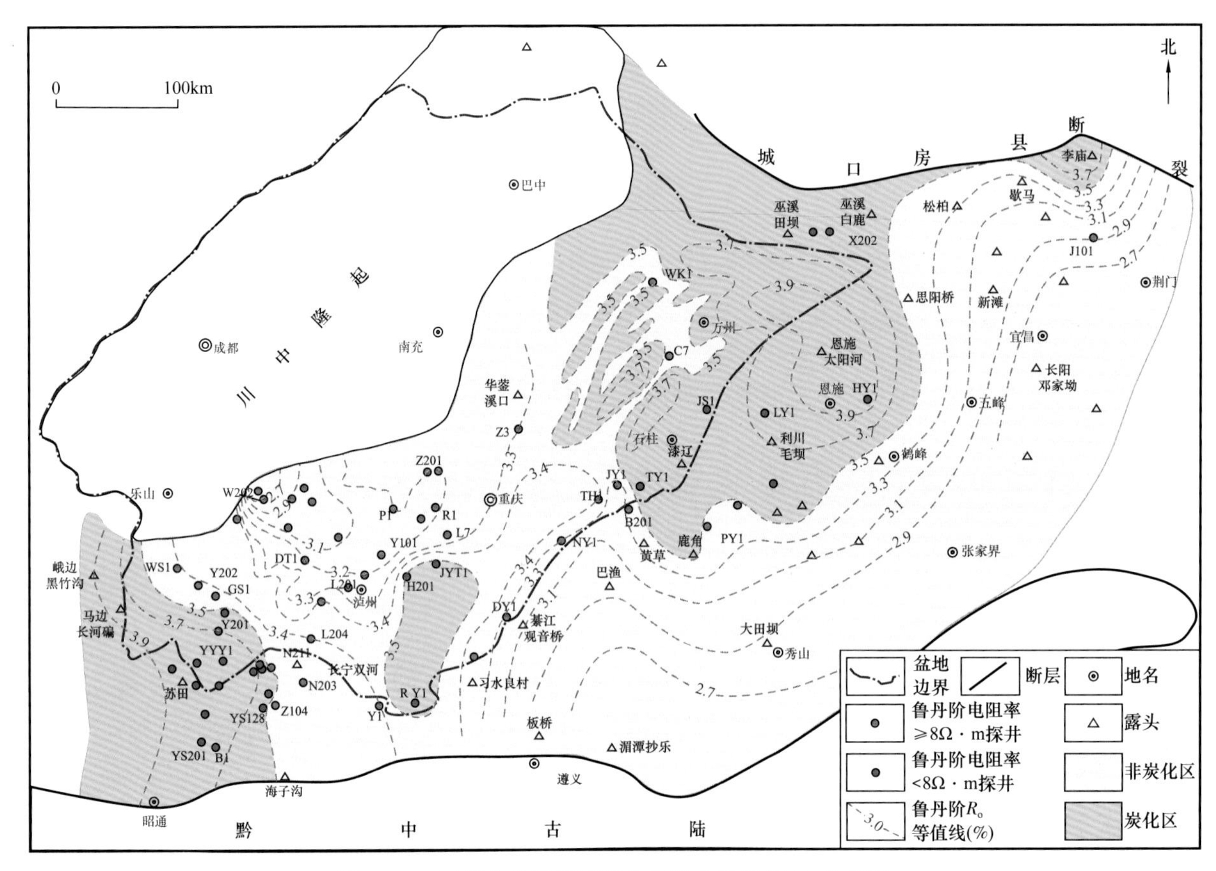

图1–28　四川盆地及周缘下志留统龙马溪组 R_o 分布图

4. 海相页岩有机质炭化主控因素

四川盆地为发育有海相、海陆过渡相到陆相地层的大型叠合盆地，五峰组—龙马溪组和筇竹寺组地层时代老，在地史演化中经历的重大热事件与深埋史对富有机质页岩成熟度和生烃潜力具有至关重要的控制作用，因此也被认为是两套页岩地层有机质炭化（或有机质高—过成熟演化）的关键控制因素，在此剖析如下。

1）重大热事件

中上扬子地区在显生宙以来经历的重大热事件无疑是峨眉火成岩省（LIP）事件，即峨眉地裂或峨眉玄武岩喷溢（徐义刚等，2013；何斌等，2003）。传统意义上的峨眉玄武岩是指分布于云南、四川和贵州三省境内的上二叠统玄武岩，喷发年龄和持续时间分别为259Ma前后、1—0.66Ma，出

露面积超过 2.5×10^5km²，自喷溢中心向外缘分为内、中、外 3 个带，内带位于康滇裂谷，玄武岩厚度一般为 1000～3500m（徐义刚等，2013；何斌等，2003），中带自西向东延伸至四川盆地西南缘（包括峨边、马边、永善和盐津地区），玄武岩厚度一般为 200～1000m，外带则覆盖到长宁以西地区，包括犍为、宜宾西和珙县西等页岩气探区（图 1–22），玄武岩厚度变化大且一般在 200m 以下，在外带以外则无玄武岩规模沉积，仅在局部地区发生短暂的断裂和热液活动，如川东—鄂西地区。其成因主要为裂谷成因说和地幔柱说，目前以地幔柱说为主流观点（魏国奇等，2019；徐义刚等，2013；何斌等，2003）。

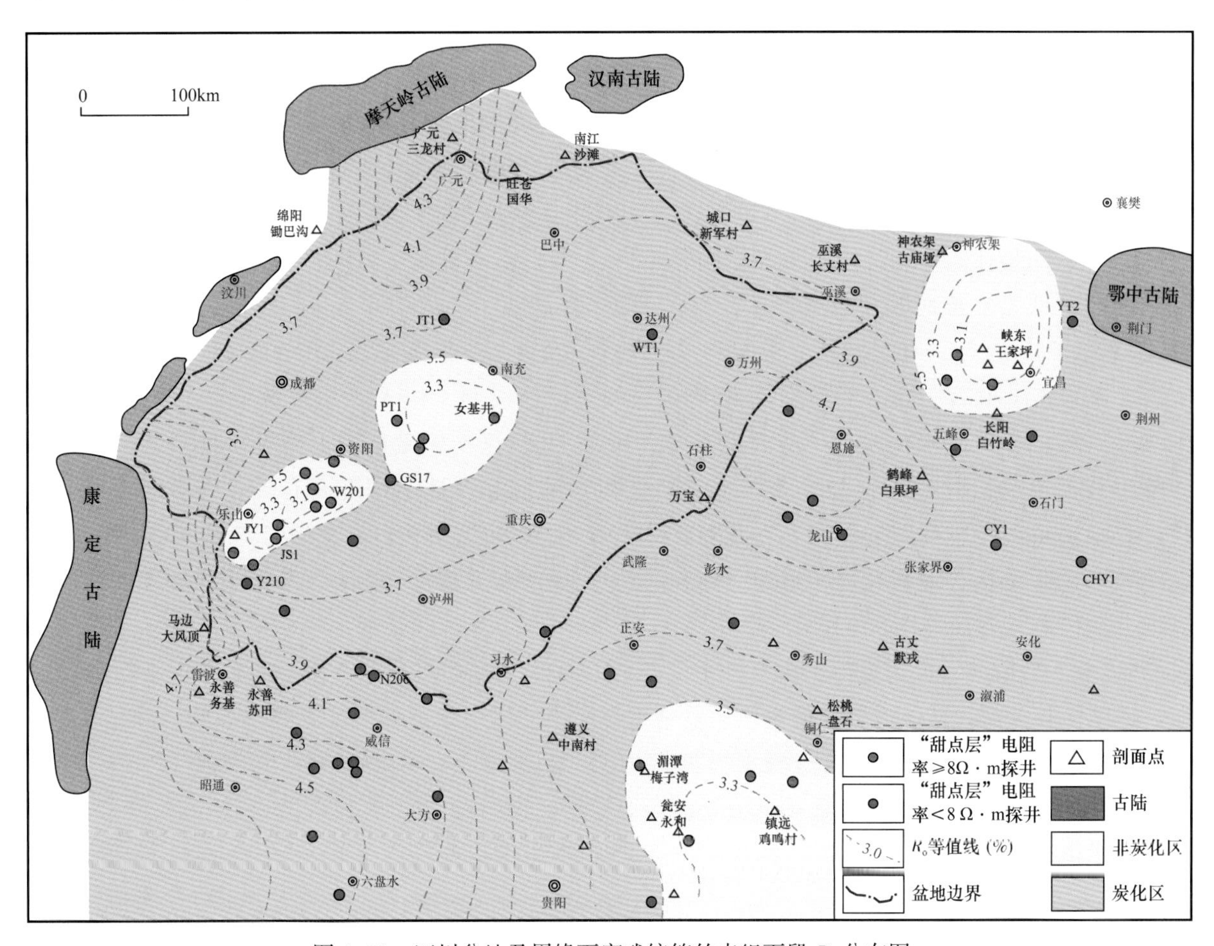

图 1–29　四川盆地及周缘下寒武统筇竹寺组下段 R_o 分布图

在峨眉火成岩省形成时期，随着地幔柱的隆升与发展，受地壳骤然减薄（图 1–22）、热岩石圈供热作用迅猛增强和炙热的岩浆烘烤等综合作用影响，四川盆地中西部及周缘古地温场发生突变，导致前二叠系地温梯度大幅度升高，并且热效应从内带到外带呈由强到弱的分区变化。据王一刚等（1998）测算，四川盆地中部下志留统在晚二叠世地温梯度快速升高至 5.2℃ /100m，远高于 2.6℃ /100m 的现今值，由此推测，川南西部（尤其是峨眉玄武岩中带）龙马溪组在晚二叠世地温梯度应远高于 5.2℃ /100m，如此高古地温场对该地区前二叠系海相烃源岩热演化无疑会产生影响。魏国奇等（2019）研究了峨眉地幔柱对盆地内中二叠统以下古生界烃源岩热演化的影响，其结果表明四川盆地的热流值在加里东期之前较低，在海西期开始逐渐增大，在距今 259Ma 前后达到峰值（最高古热流值在多数井区为 60～80mW/m²，在少数井区超过 100mW/m²，并且由峨眉地幔柱中带向外带、外带以外的川东北—鄂西地区逐渐减小），在距今 90Ma 时降低至 50～60mW/m²，中—

新生代至今差别不大；中二叠统及下伏烃源岩的热演化受峨眉地幔柱影响巨大，并且具有地区差异性，即在靠近峨眉地幔柱中心区域，有机质迅速成熟并达到其成熟度的最高值（以 HS1 井为代表），古生界烃源岩迅速进入过成熟，此后未有二次生烃；而在远离峨眉地幔柱的盆地大部分地区，古生界烃源岩在二叠纪以来具有多次生烃过程。目前关于峨眉火成岩省事件对川南页岩气富集区影响的研究几乎为空白，随着大量低电阻探井出现于上述地区（王玉满等，2020，2021），开展长宁以西峨眉玄武岩分布研究，探究地裂活动、岩浆溢流、古地温骤升等事件与前二叠系海相页岩低电阻率、成熟度的相关关系，已成为川南坳陷西部页岩气勘探与潜力评价的重要课题。

根据龙马溪组 R_o 平面分布图和钻井资料（图 1–23、图 1–28），在川南西部龙马溪组黑色页岩分布区，有机质炭化区（即 R_o>3.5% 区域）全部位于峨眉玄武岩分布区（大部分位于中带，少部分位于外带），并且 R_o 高值区与中带高度重合，具体表现为拉曼 R_o 值呈现自东（威远—自贡）向西（马边—峨边）和自北（威远）向南（长宁—昭通）升高的趋势，即在川西峨眉玄武岩分布区，龙马溪组已出现有机质炭化连片分布，R_o 值普遍介于 3.5%～3.9% 且向玄武岩中带增高；大量低—超低电阻率井集中出现在长宁以西地区（图 1–28），并且富有机质页岩段低电阻率响应特征自东南和东部向西部（永善地区）趋于严重，即从 N203 井的 20.0～80.0Ω·m 到 B1 井的 0.8～8.0Ω·m 再到 YYY1 井的 0.1～0.3Ω·m，从 GS1 井的 10～20Ω·m 再到 Y201 井的 0.6～2.0Ω·m 再到 YYY1 井的 0.1～0.3Ω·m（王玉满等，2020，2021）。这说明，位于峨眉玄武岩中带的龙马溪组主体进入有机质严重炭化阶段（R_o 普遍在 3.70% 以上），这与中带热岩石圈薄、地裂活动和玄武岩喷溢规模普遍较大（图 1–22，表 1–4）、岩浆烘烤强烈和古地温梯度高有关；在峨眉玄武岩外带，龙马溪组炭化程度差异较大，在 YS128 井—Y201 井区为炭化区（R_o 介于 3.5%～3.70%），在 GS1 井—WS1 井区为非炭化区（R_o 低于 3.5%，电阻率响应正常），显示外带张裂活动和玄武岩喷溢规模较中带显著减小且区域变化大，在 YS128 井—Y201 井区的张裂活动和玄武岩喷溢规模可能较 GS1 井—WS1 井区大。另外，自晚二叠世以来，川东—鄂西地区虽发生短暂的断裂、热液活动，但该地区海相地层古地温总体保持在四川盆地最低水平，以川东—鄂西下二叠统为例，古地温在距今 275Ma、260Ma、250Ma 和现今分别为 20～50℃、50～70℃、50～60℃和 70～90℃（魏国奇等，2019），说明断裂和热液活动对该地区龙马溪组 R_o 值的影响小，可以忽略不计。

在川南筇竹寺组页岩分布区，拉曼 R_o 值区域变化规律与龙马溪组基本相似，总体表现为自东（威远）向西（马边—峨边）升高、自北（威远）向南（长宁—昭通）升高，峨边—马边为最高值分布区（R_o 平均值为 4.70%；图 1–29）。

从川南西部下志留统和下寒武统页岩拉曼谱特征以及 R_o 值平面分布看，两套页岩有机质炭化程度（R_o 值）与峨眉地裂活动、玄武岩分布和热岩石圈厚度变化趋势具有高度相关性（图 1–22、图 1–30），主要表现为马边—峨边位于峨眉玄武岩厚度高值区和热岩石圈分布较薄区域，也是有机质炭化程度最高区域（明显高于南区和东区）；自马边—峨边向南和向东，龙马溪组有机质炭化程度逐渐减弱，并转入非炭化区，R_o 平均值由 3.90% 下降至 3.40%～3.50%，筇竹寺组 R_o 平均值由 4.70% 下降至 3.70%～3.90%。与长宁气田 R_o 值（3.4%～3.5%）和 N206 井筇竹寺组 R_o 值（3.8%～4.1%）相比，由峨眉地裂活动引起的高温烘烤作用导致川南西部龙马溪组和筇竹寺组 R_o 值分别升高 0.2%～0.4%、0.2%～1.0%。目前，有关川南西部峨眉地裂体系、火山岩发育规模、岩相、喷溢方式和分布规律等精细研究成果总体较少且认识不足，关于极热事件对该地区不同区块前二叠系黑色页岩的烘烤机理和加热差异性还需进一步研究。

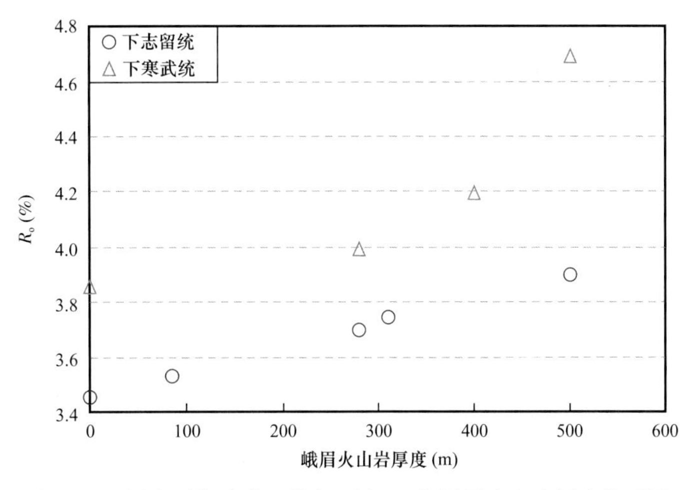

图 1-30 川南西部炭化区海相页岩 R_o 与峨眉火山岩厚度关系图

2）深埋背景

在古老海相页岩分布区，开展富有机质页岩深埋背景研究对高—过成熟、低电阻率区（或有机质炭化区）分布预测具有重要的地质意义。

根据龙马溪组 R_o 值区域分布特征（图 1-28），川东—鄂西、鄂西北部和长宁以东深层 3 个炭化区（即 R_o>3.5% 区域）均处于峨眉地裂控制区以外，其龙马溪组高—过成熟与重大热事件关系不大，应为长期深埋所致。笔者通过对长宁双河（位于峨眉火山岩分布区以外）龙马溪组和筇竹寺组开展埋藏史和古地温史分析发现，龙马溪组在三叠纪—中白垩世处于深埋期，历经 160Ma 以上，在中白垩世经历最大埋深为 6500m，古地温（根据气态烃相伴生的盐水包裹体均一温度确定）在侏罗纪初期和末期分别达到 116℃（对应埋深为 3380m）、143℃（对应埋深为 4730m；图 1-31、图 1-32），在中白垩世达到最大值 189℃，测算 R_o 值普遍介于 3.4%～3.5%，例如 N203 井 R_o 为 3.42%～3.47%（王玉满等，2018）；筇竹寺组在二叠纪—中白垩世处于深埋期，历经 210Ma 以上，经历最大古埋深约 9000m，最大古地温超过 250℃，R_o 普遍介于 3.8%～4.1%（据 N206 井数据；图 1-32）。若以长宁双河龙马溪组埋藏史作为对比判断标准，川东—鄂西龙马溪组在地史演化中经历的最大古埋深为 9000m（图 1-33），古地温为 210℃以上（刘成林等，2002；曹环宁等，2016），深埋时间超过 240Ma，此二项参数值均远大于长宁双河地区，说明深埋背景是导致其大面积炭化、R_o 值普遍较高的主要控制因素；仁怀—渝东南龙马溪组在地史演化中经历的最大古埋深应在 6500m

(a) 长宁双河剖面，气态烃包裹体，单偏光镜下为黑色串珠状，伴生盐水包裹体均一温度为116.0°C

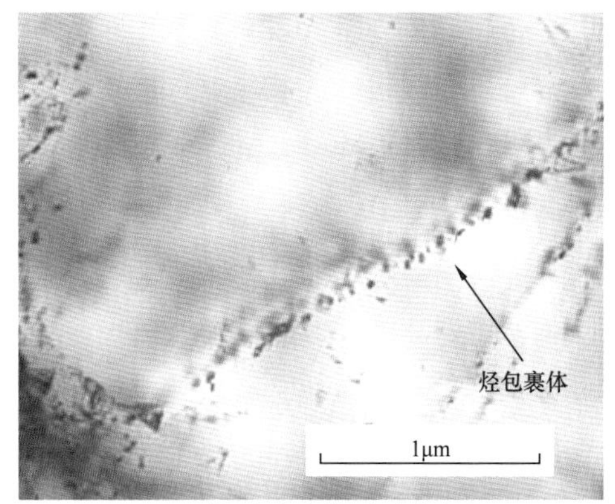

(b) N211井，烃包裹体，灰色串珠状，伴生盐水包裹体均一温度为143.0°C

图 1-31 长宁地区龙马溪组烃包裹体

以深，加之长期处于 4000m 以下深层，其 R_o 值略高于长宁气田并进入弱炭化状态，也是深埋背景所致；鄂西北部远离峨眉玄武岩分布区，其龙马溪组 R_o 超过 3.5% 无疑也是长期深埋所致；在川南西部峨眉火山岩分布区，龙马溪组经历的最大古埋深与长宁双河地区差异不大，但峨眉玄武岩的高温烘烤作用使其 R_o 值分别升高了 0.2%～0.4%，进而导致了川南西部龙马溪组出现大面积炭化，显示出长宁以西炭化区受深埋背景和晚二叠世的热事件双重因素控制，若没有深埋背景，仅靠热事件仍无法实现大面积炭化的现实格局。

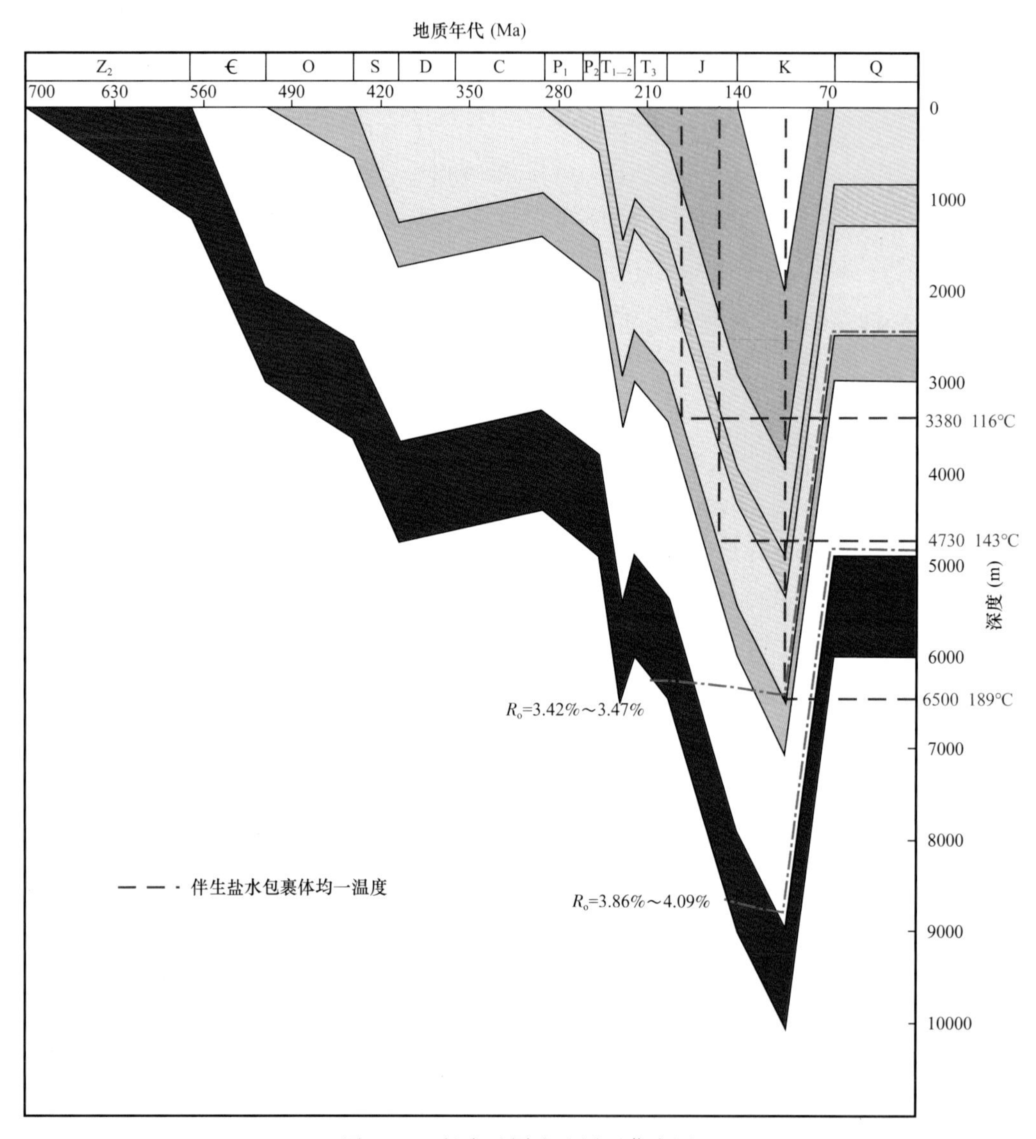

图 1-32　长宁及周边地层埋藏史图

下寒武统页岩有机质炭化控制因素相对较简单，根据下寒武统 R_o 值区域分布规律（图 1-29），大部分区域为 $R_o \geqslant 3.5\%$ 的炭化区，而 $R_o < 3.5\%$ 的非炭化区仅分布于威远—资阳、磨溪—高石梯、宜昌和瓮安—镇远等 4 个区块。若以长宁双河龙马溪组埋藏史作为对比判断标准，筇竹寺组炭化区在地史演化中经历的最大古埋深和古地温应分别为 7000m 以深、200℃以上，说明深埋背景是导致筇竹寺组出现大面积炭化、R_o 值普遍较高的主控制因素。在川南西部峨眉玄武岩分布区，筇竹寺组 R_o 平均值普遍介于 3.7%～4.7%，除去晚二叠世的岩浆烘烤作用（导致 R_o 值升高 0.2%～1.0%），大部分区域 R_o 仍将超过 3.5%（即已炭化），说明晚二叠世的热事件只是使该地区筇竹寺组炭化程度更加严重。

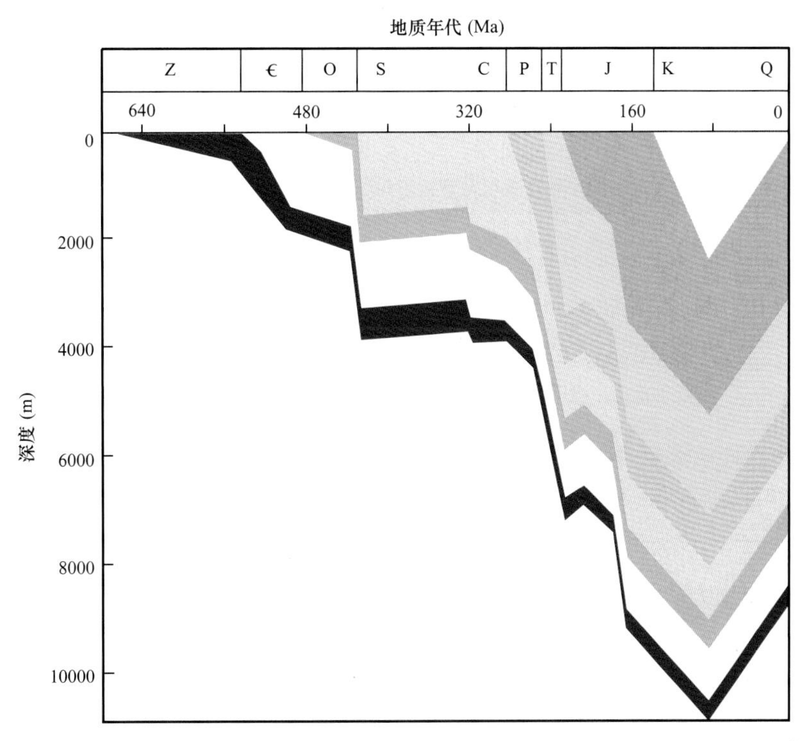

图 1–33　川东—鄂西地区地层埋藏史图（据刘成林等，2002；曹环宇等，2016，修改）

综合上述分析，下志留统与下寒武统页岩有机质炭化的主控因素既存在相似之处，也存在微小差异。下寒武统页岩有机质炭化的主控因素为长期的深埋背景，晚二叠世的热事件仅使局部地区炭化程度更加严重。下志留统页岩有机质炭化主控因素相对复杂，在峨眉火山岩分布区以外受深埋背景控制，在川南西部峨眉火山岩分布区则受深埋背景和晚二叠世的高温烘烤作用双重控制。

四、揭示古老海相页岩储集特征，为页岩气富集机理研究提供科学依据

四川盆地及周缘下寒武统页岩为全球最古老的页岩气勘探层系之一，其储集特征和含气能力是勘探界十分关注的课题。本章以露头和钻井资料为基础，系统分析筇竹寺组储集空间类型、基本构成和孔径分布特征，探索高—过成熟海相页岩孔隙演化规律，为页岩气富集机理研究提供科学依据。

1. 筇竹寺组储集空间类型

通过对四川盆地周边重点露头、N206 井、W201 井等重要资料点的电镜和岩石薄片资料进行观察，总体认为下寒武统页岩储集空间主要为基质孔隙、裂缝的双孔隙类型，与四川盆地下志留统页岩（王玉满等，2021）类似。按照储集空间成因分类，下寒武统页岩基质孔隙大致包括残余原生孔隙、不稳定矿物溶蚀孔、黏土矿物晶间孔和有机质孔隙等主要类型（表 1–8），裂缝以微裂缝为主。

通过普通扫描电镜与场发射扫描电镜的观察，下寒武统筇竹寺组页岩孔隙以纳米级基质孔隙为主，主要包括残余原生孔隙、不稳定矿物溶蚀孔、黏土矿物晶间孔、微裂缝和少量有机质孔隙（图 1–34—图 1–38），总体以黏土矿物晶间孔为主，有机质孔总体不发育，具体说明如下。

表 1-8 中国南方海相页岩基质孔隙成因类型

孔隙类型	地质成因	主要特征	发育程度
残余原生孔隙	脆性矿物颗粒支撑，颗粒间未被充填的原生孔；脆性矿物分散于片状黏土矿物，颗粒与黏土之间存在残余孔	在地质演化历史中，随压实和成岩作用增强而减少，直径为 1～3μm	很少
不稳定矿物粒内孔、溶蚀孔	钙质、长石、生物碎屑等不稳定矿物粒内孔、因溶解（或溶蚀）作用而形成的次生溶孔等	见于矿物颗粒间或粒内，孔径变化大（30～720nm），连通性差	发育
黏土矿物晶间孔	在成岩阶段，黏土矿物发生脱水转化而析出大量的结构水，在层间形成微裂隙	以伊利石、绿泥石层间缝为主，缝宽多为 50～300nm，连通性相对较好	发育
有机质孔隙	在高—过成熟阶段，有机质因热降解而发生大量生排烃，进而形成微孔	呈蜂窝状、线状、多边形、不规则形或串珠状孔，直径为 5～750nm，平均为 100nm	在未炭化有机质中发育，在炭化有机质中较少

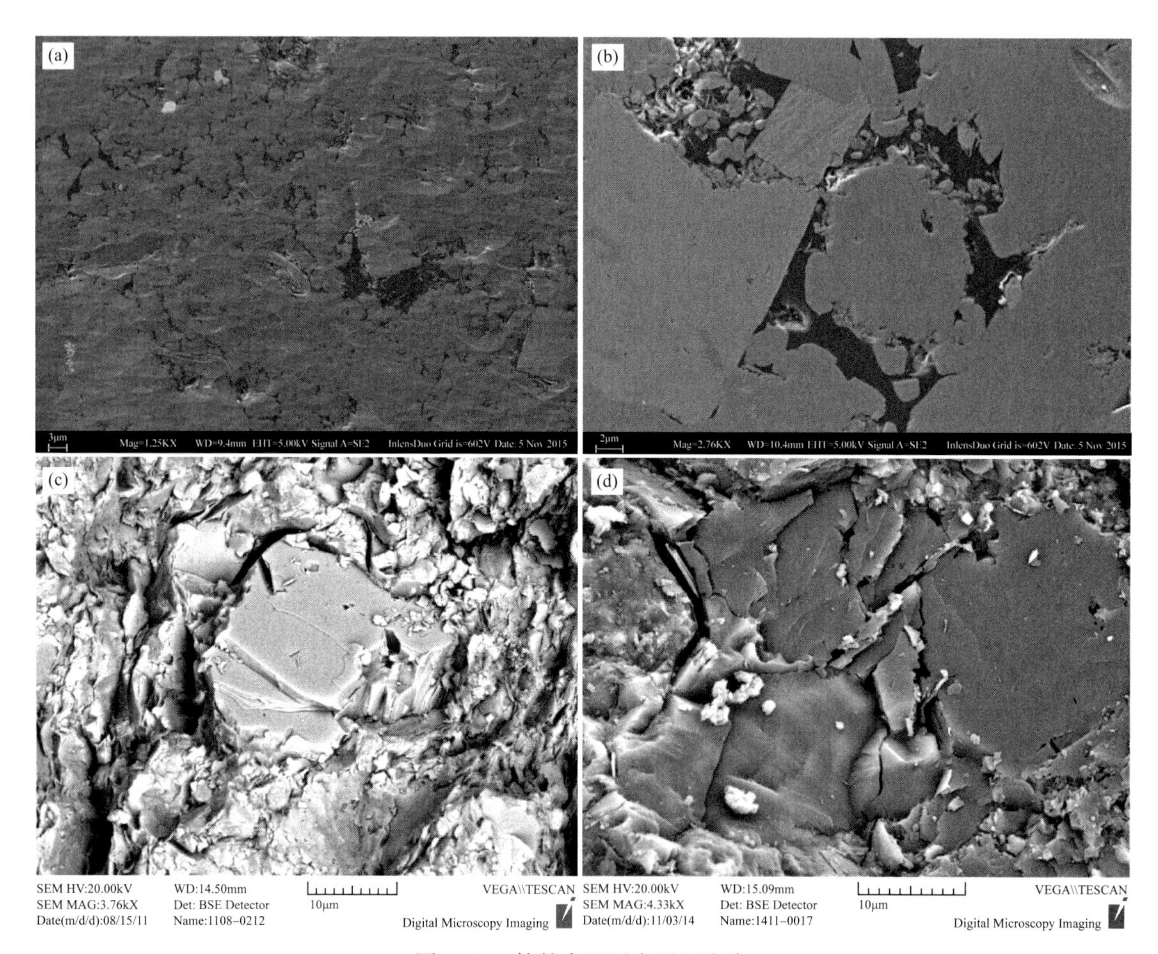

图 1-34 筇竹寺组页岩原生孔隙

（a）B1 井，2970m，原生孔隙被有机质充填；（b）YS106 井，3397m，原生孔隙被有机质充填；（c）方解石粒缘孔；（d）白云石、钾长石晶间孔

1）残余原生孔隙

在碎屑岩储层中，受脆性矿物颗粒支撑，颗粒间未被充填的原生孔是储集空间的重要贡献者，此类孔隙在地质演化历史中随压实和成岩作用增强而减少。在筇竹寺组页岩中原生孔在镜下较少出现，由于石英、长石、方解石、白云石等脆性矿物以分散状镶嵌于黏土矿物与有机质中，大多不能

形成颗粒支撑，原生孔隙多被有机质充填，或成为“死孔隙”（图 1–34a、b）。因此原生孔隙残余量少，主要存在于少量的脆性矿物颗粒（或晶粒）之间以及脆性矿物颗粒与黏土之间（图 1–34c、d），晶间孔之间的通道狭窄，宽度在 20nm 左右。

2）有机质孔隙

通过高倍电镜（氩离子抛光处理后）观察发现，筇竹寺组页岩有机质孔隙发育程度较龙马溪组差（图 1–35），主要表现为筇竹寺组有机质孔隙总体较少，孔径一般小于 50nm，多为 10～30nm，孔隙不连通，面孔率小于 5%（图 1–35），并且出现明显的充填现象（图 1–35b），充填物包括碳酸盐岩和金红石等。不同地区充填特征存在差异，威远地区主要充填金红石，而长宁地区有机质孔被石英、黄铁矿充填。有机质孔边界模糊不清或呈弧形，孔径变小，其中大量直径小于 40nm 的孔隙因被完全充填而基本消失（图 1–35a–d），进而导致有机质内微孔隙体积大幅度减少，测试面孔率仅为 4.6%～10.6%。与之相反，龙马溪组页岩有机质孔隙不仅数量多，并且形态轮廓清晰（图 1–35e、f），大多数呈狭长椭球形，孔径大小为 300～1000nm，孔隙间连通性好，部分孔隙已相互连通组合成一个更大的“孔”，较少出现充填现象，测试面孔率为 11.9%～23.9%。这类孔隙具有良好的储集性能，可促进气体短距离运移。在有些团块状有机质内部，孔隙呈蜂窝状分布，单个近圆形且均匀展布，孔径为 60～200nm，连通性好，此类有机质孔隙也能够有效成藏。

筇竹寺组和龙马溪组页岩有机质孔发育程度的差异主要是因为前者成熟度过高，导致在大部分地区出现有机质炭化，从而降低了有机质孔隙体积。在烃源岩热演化进程中，随着热成熟度升高，有机质首先降解为干酪根，干酪根在随后的变化过程中产出挥发性不断增强、氢含量不断增加、相对分子质量逐渐变小的碳氢化合物，最后形成甲烷气。随着温度的增加，干酪根不断发生变化，其化学成分也随之改变，逐渐转变成低含氢量的碳质残余物，并最终转化为石墨（即炭化）。目前研究证实，四川盆地及周缘筇竹寺组在地质历史中经历过长时期深埋（长宁筇竹寺组在中生代最大埋深达到 7000～10000m），R_o 值一般为 3.8%～4.1%，并且远高于龙马溪组（R_o 一般为 3.3%～3.5%），炭化不仅导致有机质产气能力降低，微观结构改变，导电性变强，而且出现有机质孔隙大量减少。

3）黏土矿物晶间孔隙

高—过成熟页岩的重要基质孔隙。随着地层埋深增加、地温升高和地层水逐渐变为碱性介质，黏土矿物发生脱水转化而析出大量的层间水，在层间形成微裂隙（即晶间孔隙）。黏土矿物转化形式主要包括蒙脱石向伊利石、伊 / 蒙混层转化，伊 / 蒙混层向伊利石转化，高岭石向绿泥石转化等几种形式。下寒武统页岩普遍处于高—过成熟阶段，黏土矿物以伊利石为主，其次为绿泥石，例如在长宁地区，筇竹寺组黑色页岩黏土矿物组成中伊利石占 63%～89%，绿泥石占 11%～37%，不含蒙脱石和高岭石；在威远地区，筇竹寺组黏土矿物组成中伊 / 蒙混层占黏土矿物总量的 0～15%，占岩石总矿物的 0～5.38%，伊利石占 34%～82%，绿泥石占 9%～40%。通过对长宁—威远地区筇竹寺组钻井和露头样品开展高倍显微电镜观察，发现样品中丝缕状、卷曲片状伊利石间发育微裂隙，缝宽一般为 50～300nm 且连通性较好，并且发现具有黏土矿物晶间孔隙的样品占较高比例（占所观察样品数的 60%～70%）。但相当一部分黏土矿物晶间孔隙被压实扭曲且被充填（图 1–36c、d），有效孔隙较少。受成岩作用差异影响，筇竹寺组与龙马溪组页岩黏土矿物成分和结晶度存在差异，进而影响晶间孔发育情况（伊 / 蒙混层结晶度不高，则晶间孔发育），据威远地区钻井资料统计，龙马溪组页岩中伊 / 蒙混层占比较高，在黏土矿物总量中占比一般为 5%～97%；而筇竹寺组较少含伊 / 蒙混层（在黏土矿物总量中占比仅为 0～15%），而以结晶度高的伊利石和绿泥石为主，造成黏土矿物晶间孔减少，仅为龙马溪组的 1/2。

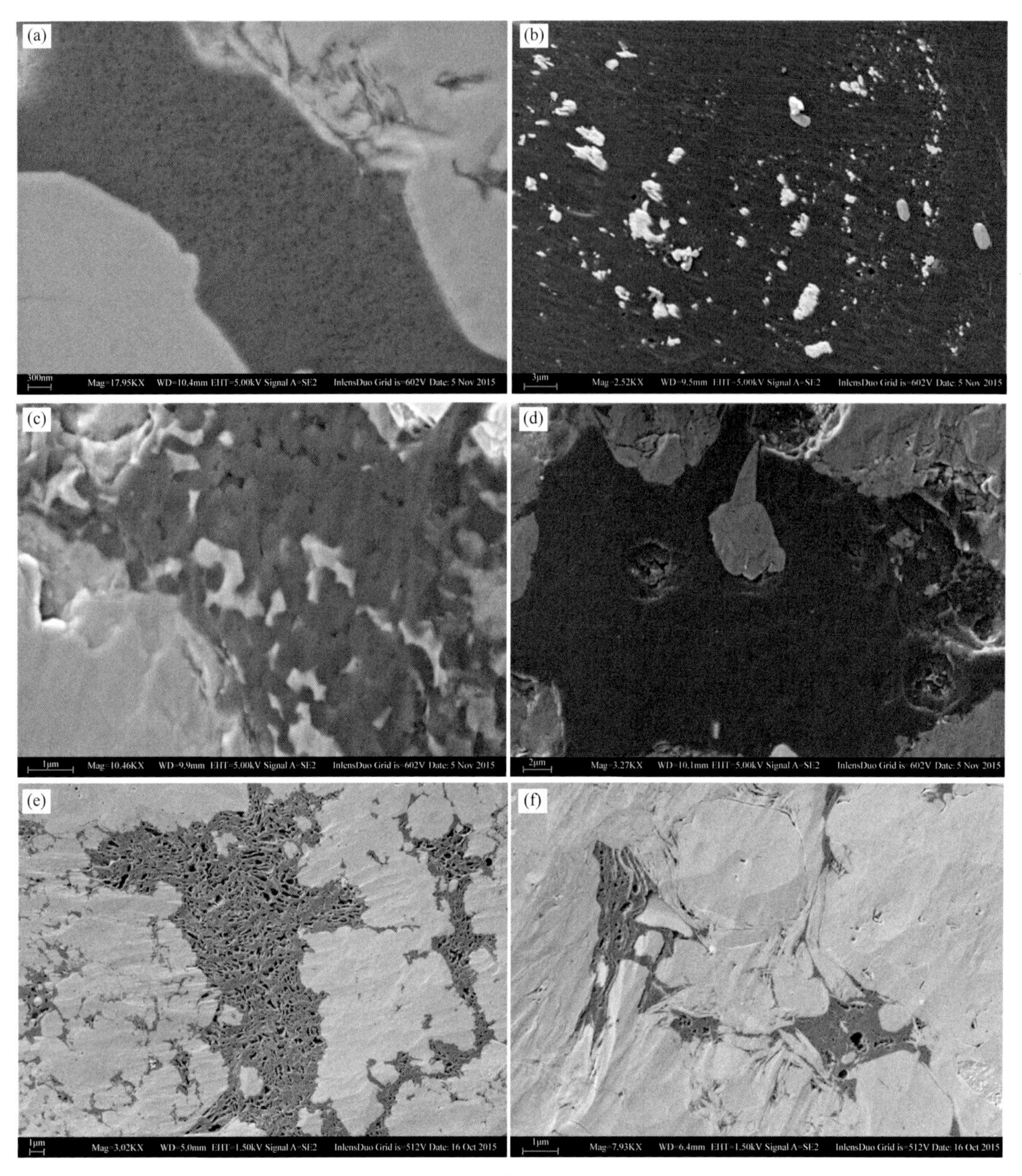

图 1-35　筇竹寺组和龙马溪组页岩有机质孔

（a）YS106 井，3396m，筇竹寺组；（b）W201 井，2807m，筇竹寺组；（c）N206 井，1853m，筇竹寺组；（d）N206 井，1884m，筇竹寺组；（e）和（f）N203 井，龙马溪组

4）不稳定矿物溶蚀孔

随着地层埋深增加和成岩后生作用的增强，当成岩流体的化学性质与岩石中各组分不能达到一种化学平衡时，常常发生不稳定矿物的溶蚀作用，其中长石颗粒是极为常见的被溶蚀组分，另外方解石也常发生溶蚀而形成溶蚀孔。上述不稳定矿物溶蚀微孔隙在部分露头样品中多见（巫溪长丈村剖面页岩电镜显示溶蚀孔隙直径可达 2～10μm；图 1-37a），但在井下样品中较少见到此类孔隙，偶尔可发现孤立的粒内溶孔（图 1-37b、c），孔径较小且部分被充填（图 1-37d）。

5）微裂缝

微裂缝不仅是页岩储层内部重要的储集空间，也是有效沟通相互孤立孔隙的主要通道，可以提高储层的渗流能力。筇竹寺组页岩宏观裂缝发育，但内部微裂缝少见，总体不发育（图 1-38），多为沿颗粒边缘发育的粒间缝（图 1-38a、b）和构造缝。

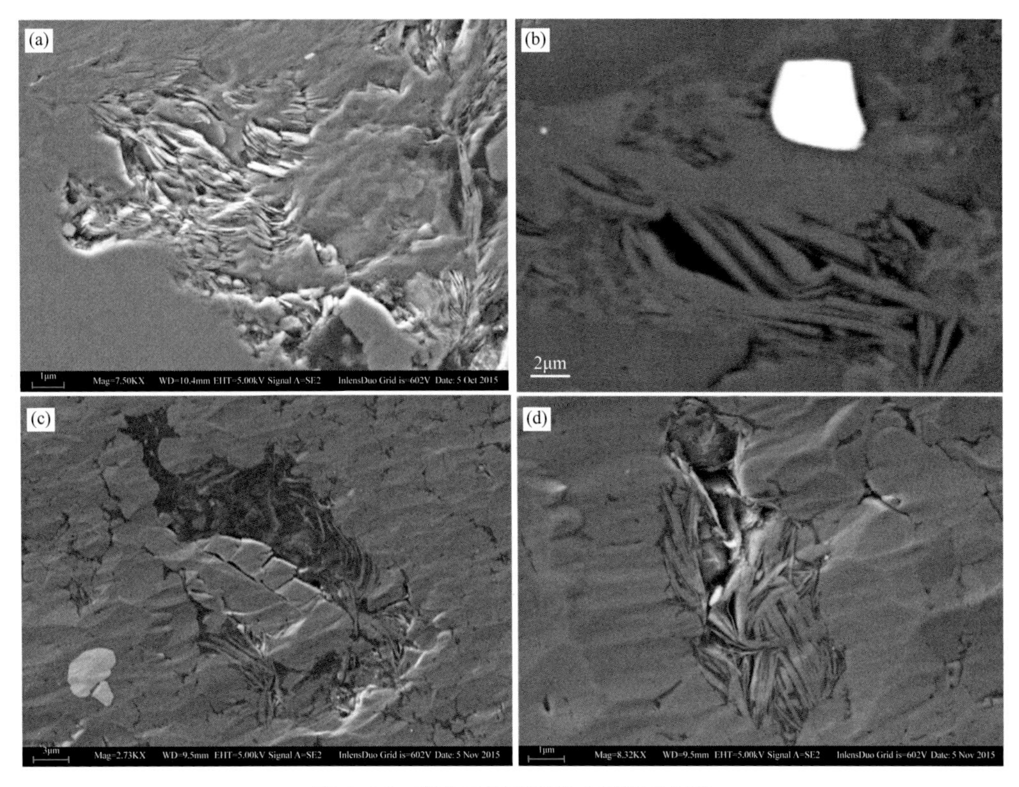

图 1-36　筇竹寺组页岩黏土矿物晶间孔

（a）YS106 井，黏土矿物晶间孔，3397m；（b）N206 井，黏土矿物晶间孔，1854.1m；（c）和（d）B1 井，黏土矿物晶间孔被有机质充填，2970m

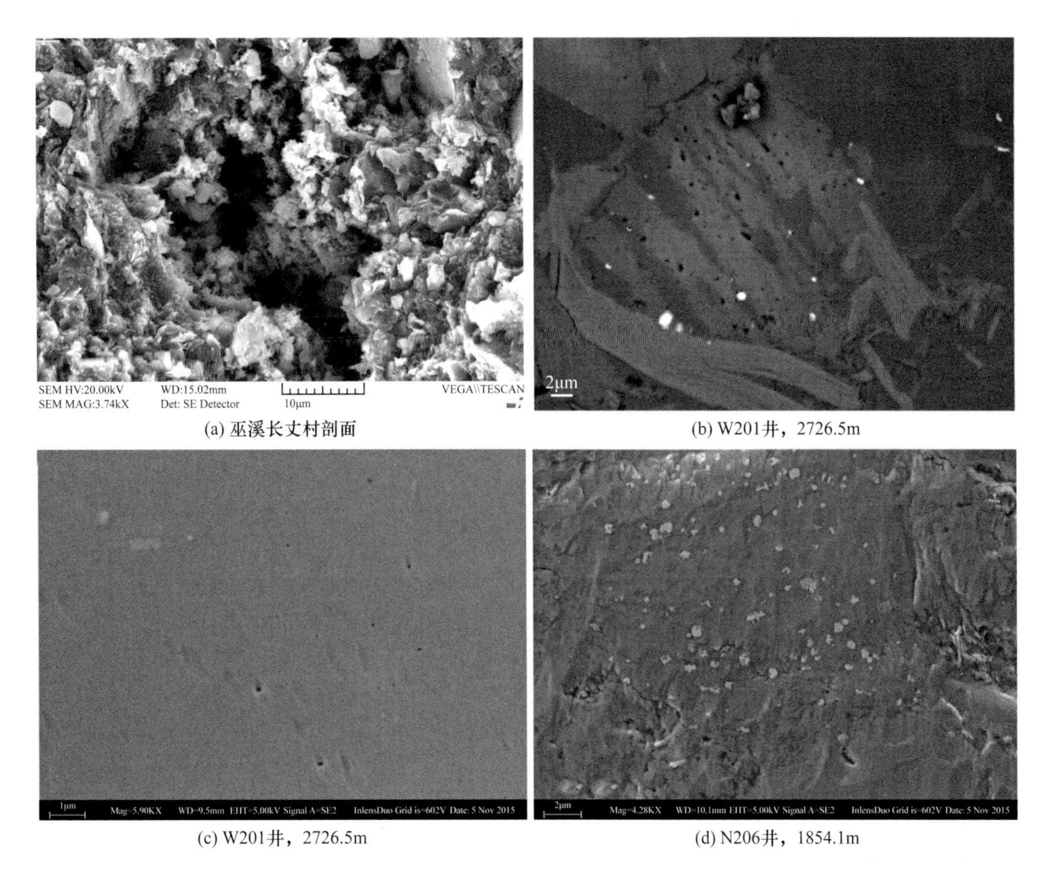

(a) 巫溪长丈村剖面　(b) W201井，2726.5m　(c) W201井，2726.5m　(d) N206井，1854.1m

图 1-37　筇竹寺组页岩矿物溶蚀孔

有机质收缩缝发育于矿物颗粒与有机质之间（图 1-38c），紧贴两者交界处，缝宽数百纳米不等，是有机质生、排烃后内部收缩而成。此类裂缝形状与矿物颗粒边缘几乎一致，但不能很好地沟通其他孔隙，多独立存在。

构造微裂缝是受拉张、挤压等构造活动形成，往往纵穿整个镜下视域，延伸很远，迂曲度高，缝宽较为均匀（图 1-38e、f），常切割有机质和石英颗粒，裂缝边缘参差不齐，部分被钙质充填（图 1-38d）。这种微裂缝一方面能够很好地沟通孔隙（尤其是沟通有机质与粒间孔或粒内孔），形成优质储集空间，另一方面可储集大量游离气，是页岩气井高产的重要保障。

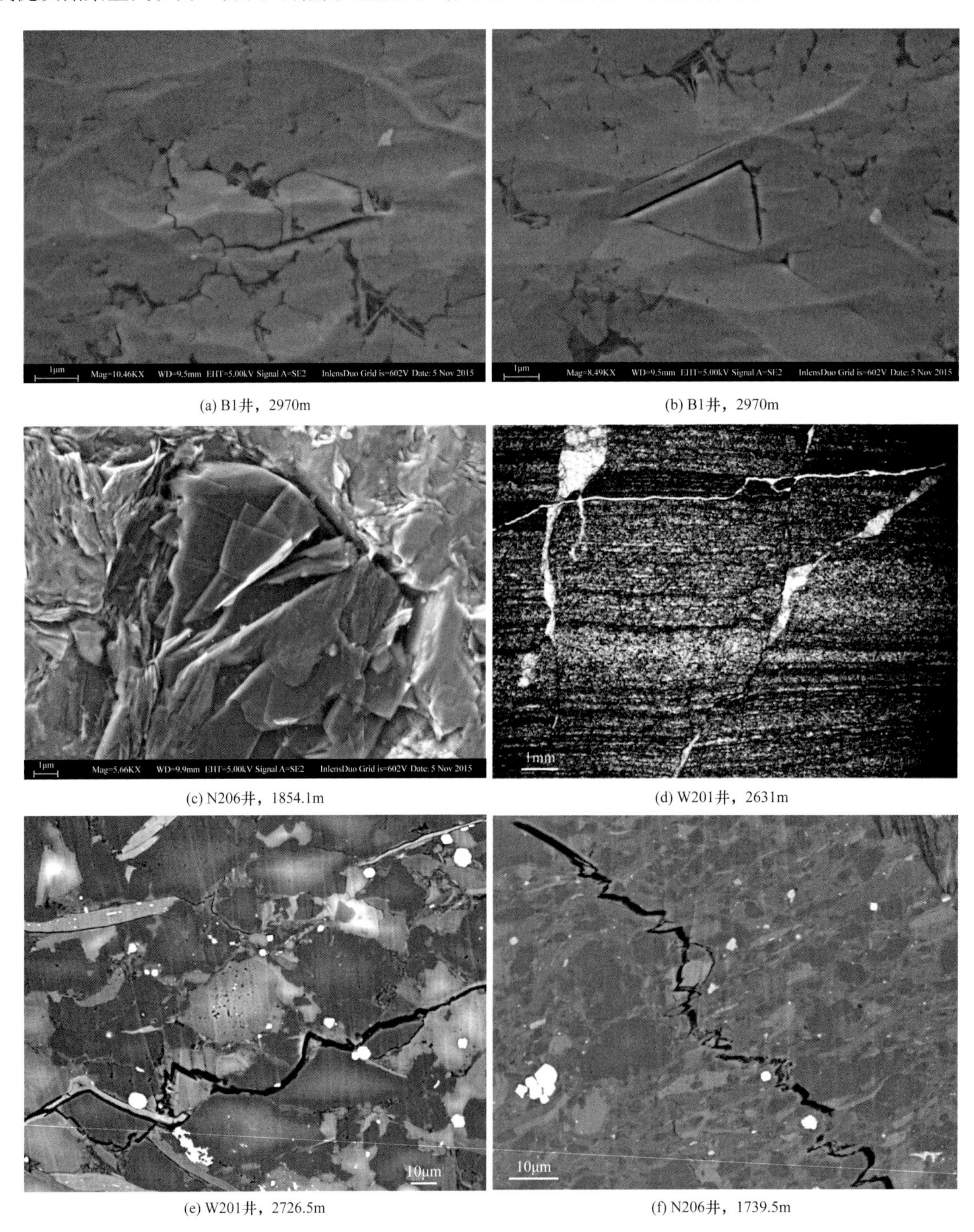

(a) B1井，2970m　(b) B1井，2970m

(c) N206井，1854.1m　(d) W201井，2631m

(e) W201井，2726.5m　(f) N206井，1739.5m

图 1-38　筇竹寺组页岩微裂缝

2. 重点探区下寒武统储集空间构成

下寒武统页岩总体为超低孔低渗储层。根据威远探区下寒武统页岩气勘探结果，筇竹寺组页岩孔隙度为0.4%～3%，平均为1.7%（仅为五峰组—龙马溪组的1/3～1/2），比表面积为2～10m^2/g，平均为5m^2/g（仅为五峰组—龙马溪组的1/3）。

为了解四川盆地重点探区下寒武统页岩储集空间构成，本节利用双孔隙介质孔隙度解释模型（王玉满等，2014，2015，2017），对威远探区W201井筇竹寺组2630～2819m页岩段进行评价。

双孔隙介质孔隙度解释模型是近几年发展起来的、定量计算页岩基质孔隙度构成及裂缝孔隙度的重要方法（王玉满等，2014，2015，2017），其岩石物理模型如图1–39所示。根据此模型设计，海相页岩由脆性矿物层、黏土层、有机质层和裂缝孔隙层等四层组成，其中基质孔隙包括脆性矿物内微孔隙、黏土矿物晶间孔和有机质孔隙等三个部分，并且分别赋存于前三层中，对其定量表征主要体现脆性矿物（石英、长石和碳酸盐矿物等）、有机质和黏土矿物三者对储集空间的贡献，是模型的基础。

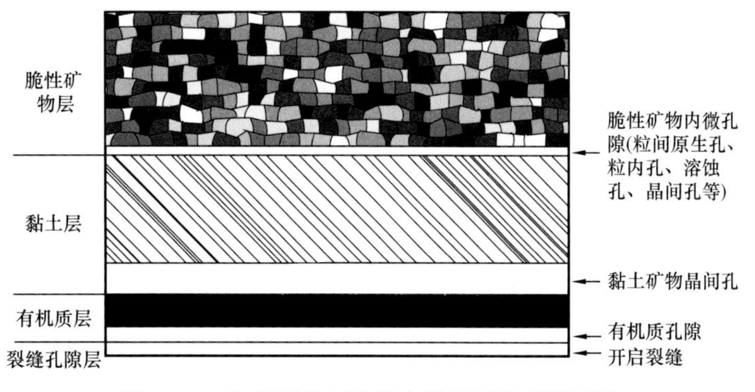

图1–39 海相页岩双孔隙介质岩石物理模型图

此模型计算公式如下：

$$\phi_{Total}=\phi_{Matrix}+\phi_{Frac} \tag{1-1}$$

式中，ϕ_{Total}为页岩总孔隙度，一般通过氦气法、压汞法和核磁等实验测试获得，%；ϕ_{Matrix}为页岩基质孔隙度，通过式（1–2）计算获得，%；ϕ_{Frac}为页岩裂缝孔隙度，通过$\phi_{Total}-\phi_{Matrix}$计算得到，%。式（1–1）为双孔隙介质孔隙度计算理论模型（王玉满等，2015，2017）。因此，ϕ_{Matrix}的计算是该模型的基础和关键。

$$\phi_{Matrix}=\rho\times A_{Bri}\times V_{Bri}+\rho\times A_{Clay}\times V_{Clay}+\rho\times A_{TOC}\times V_{TOC} \tag{1-2}$$

式中，ρ为页岩岩石密度，t/m^3；A_{Bri}、A_{Clay}和A_{TOC}分别为脆性矿物、黏土和有机质3种物质质量分数，%；V_{Bri}、V_{Clay}和V_{TOC}分别为脆性矿物、黏土和有机质3种物质单位质量孔隙体积，m^3/t。式（1–2）为基质孔隙度计算模型（王玉满等，2014，2017，2021）。其中，V_{Bri}、V_{Clay}和V_{TOC}为3种物质单位质量对孔隙度的贡献，是模型中的关键参数，需要选择评价区内裂缝不发育的资料点进行刻度计算。

此方法的核心在于，利用评价区可靠资料点对模型中的V_{Bri}、V_{Clay}和V_{TOC}等3个参数进行刻度计算，然后依据V_{Bri}、V_{Clay}和V_{TOC}刻度值以及评价区目的层段的岩矿和TOC资料计算基质孔隙度构成（包括脆性矿物内孔隙度、有机质孔隙度和黏土矿物晶间孔隙度），并结合岩心测试总孔隙度数据（岩心氦气法或压汞法检测结果）计算裂缝孔隙度（王玉满等，2014，2015，2017）。式（1–1）、式（1–2）主要参数取值与计算方法参见文献（王玉满等，2014，2015，2017，2021）。

首先，在W201井2796.60～2796.72m、2788.17～2788.32m和2707.59～2707.68m井段挑选三

个黑色页岩样品（对应的TOC值分别为3.08%、1.73%、1.23%），对孔隙度数学模型进行刻度，即根据三个深度点的岩矿、TOC和孔隙度等测试资料和孔隙度计算模型建立三元一次方程组，然后解方程组计算获得 V_{Bri}、V_{Clay} 和 V_{TOC} 三个关键参数值（表1–9）。经过计算，筇竹寺组黑色页岩 V_{Bri}、V_{Clay} 和 V_{TOC} 值分别为 $0.0002m^3/t$、$0.022m^3/t$、$0.069m^3/t$（表1–9）。这表明，筇竹寺组页岩三种物质单位质量所产生的孔隙体积为有机质最大、黏土矿物次之、脆性矿物最小。

表1–9 威远W201井筇竹寺组三个采样点参数表

采样点	基础数据					三种物质单位质量孔隙体积（m^3/t）		
	石英+长石+钙质含量（%）	黏土矿物含量（%）	有机质含量（%）	总孔隙度（%）	岩石密度（g/cm^3）	V_{Bri}	V_{Clay}	V_{TOC}
2796.60～2796.72m	83	13.57	3.08	1.41	2.70	0.0002	0.022	0.069
2788.17～2788.32m	77	21.42	1.73	1.60	2.68			
2707.59～2707.68m	72	26.77	1.23	1.80	2.66			

根据 V_{Bri}、V_{Clay} 和 V_{TOC} 计算结果，结合岩石矿物测试数据，对W201井2630～2819m页岩段的32个深度点（对应的TOC值为0.5%～3.6%）进行了孔隙度测算，并将计算孔隙度与该深度段的实测孔隙度进行对比（图1–40）。对比结果表明，上述32个深度点的计算孔隙度与该井段实测孔隙度吻合，从而证实所选择的3个刻度点以及 V_{Bri}、V_{Clay} 和 V_{TOC} 计算值符合筇竹寺组页岩储集空间的实际地质状况，可以作为分析筇竹寺组页岩孔隙构成的有效方法和地质依据。

然后，依据W201井筇竹寺组页岩 V_{Bri}、V_{Clay} 和 V_{TOC} 三个参数刻度值以及W201井岩石矿物、氦气孔隙度等测试资料，应用双孔隙介质孔隙度解释模型中的式（1–2）和式（1–1），分别对W201井2630～2819m页岩段的32个深度点开展了基质孔隙度（包括脆性矿物内孔隙度、黏土矿物晶间孔隙度和有机质孔隙度等三个部分）和裂缝孔隙度测算，结果如图1–41所示。

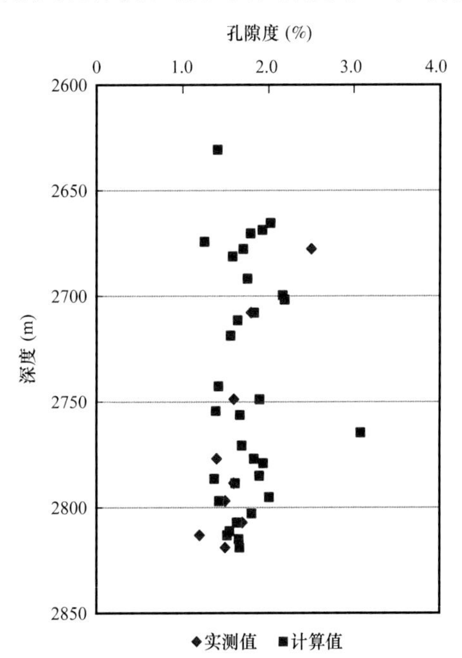

图1–40 W201井筇竹寺组基质孔隙度计算值与实测值对比图

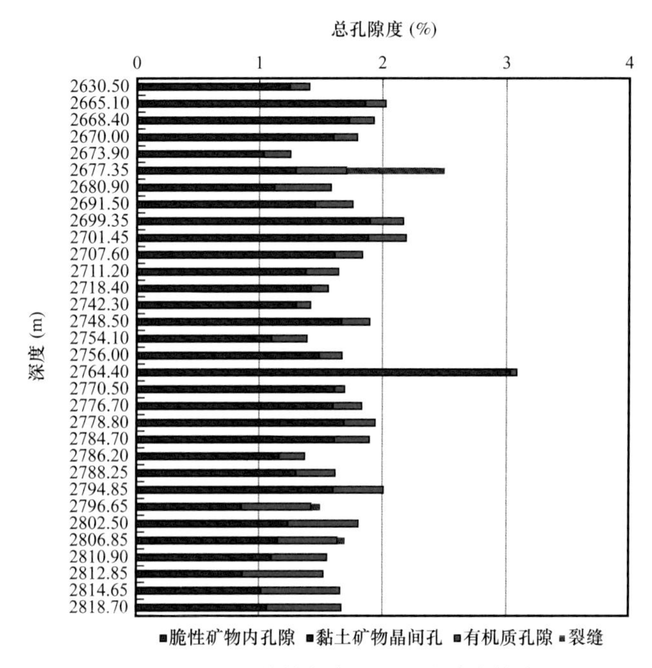

图1–41 W201井筇竹寺组页岩孔隙度构成图

W201 井筇竹寺组页岩总孔隙度为 1.37%～3.08%（平均为 1.78%），基质孔隙度为 1.37%～3.08%（平均为 1.75%），裂缝孔隙度为 0～0.79%（平均为 0.03%；图 1-41）。在基质孔隙度构成中，有机质孔隙度一般为 0.05%～0.66%（平均为 0.31%）且随 TOC 值变化较大（在 2790～2819m 富有机质页岩段平均值达 0.55%），占比一般为 1.73%～43.18%（平均为 18.60%，在富有机质页岩段为 33.50%），黏土矿物晶间孔隙度为 0.81%～3.00%（平均为 1.40%，在富有机质页岩段平均值为 1.07%）且自下而上呈增加趋势，占比一般为 53.93%～97.43%（平均为 79.00%，在富有机质页岩段为 63.90%），脆性矿物孔隙度基本保持稳定（一般为 0.03%～0.04%），占比一般为 0.84%～3.48%。裂缝孔隙分布于 2677.35m、2796.65m、2806.85m 等少量深度点 / 段（图 1-41），这与长宁龙马溪组裂缝孔隙评价结果（王玉满等，2021）基本相似。这表明，威远筇竹寺组页岩储集空间以黏土矿物晶间孔、有机质孔两种基质孔隙为主，富有机质页岩段为基质孔隙型储层，裂缝或微裂缝不发育。

另外，从长宁、威远探区钻井岩心核磁共振检测结果来看（图 1-42），筇竹寺组页岩核磁共振图谱主要显单峰特征，说明裂缝不发育，与上述计算结果吻合。

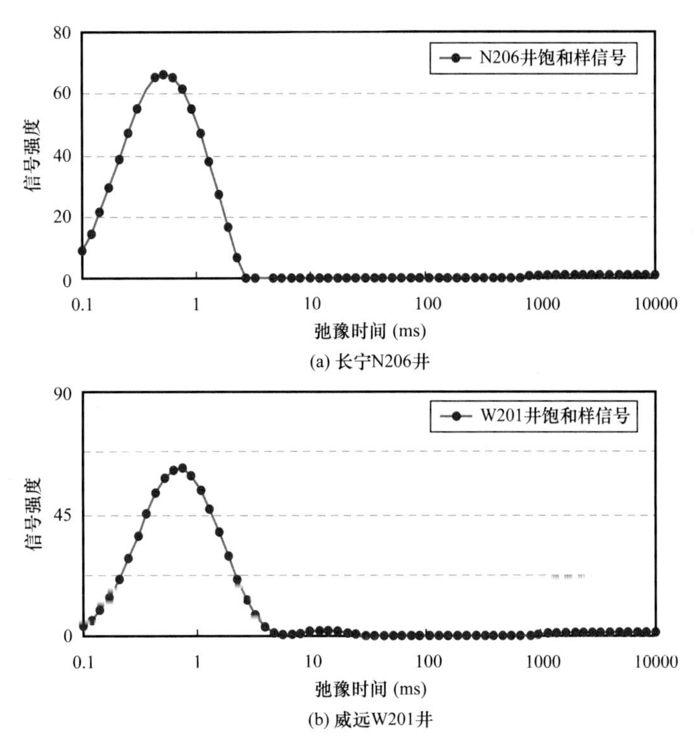

图 1-42 长宁 N206 井和威远 W201 井筇竹寺组页岩核磁共振图谱

3. 下寒武统页岩孔隙分布特征

页岩孔隙分布特征决定了烃类赋存状态与运移难易程度，其中纳米级微孔与微裂缝对储集条件、渗流能力的改善起着至关重要的作用。近年来国内外针对页岩储层微观孔隙结构特征的研究成果较多，总体认为页岩孔径分布复杂，既含有大量直径介于 2～50nm 的中型孔隙，又含有一定数量直径小于 2nm 的微孔隙和相当数量直径大于 50nm 的大孔隙，如北美主要产气页岩孔隙直径一般为 5～750nm，主体为 8～100nm；我国南方下古生界海相页岩孔隙直径一般为 5～900nm，主体为 20～150nm。笔者应用高压压汞法、低温氮气吸附法和纳米 CT 等技术对长宁、威远等地区筇竹寺组页岩样品开展了微孔隙分布研究，进一步揭示下寒武统页岩孔径分布特征。

1）高压压汞法分析孔隙特征

高压压汞法是近几年发展起来的针对致密性储层微观孔隙结构定量表征的有效测试技术，可以测得直径在几个纳米以上的页岩孔喉大小和基质孔隙度。

笔者应用高压压汞法（实验中最高驱替压力为200MPa，识别孔喉最小半径为3.675nm）对川南及周缘下寒武统和下志留统72个页岩样品（筇竹寺组33个、龙马溪组39个）开展了孔径和孔隙度测试，并建立了测试样品孔径大小与基质孔隙度的相关关系（表1–10，图1–43、图1–44）。

筇竹寺组页岩样品孔喉直径均值一般介于7～105nm，样品孔喉直径分布频率为小于20nm的样品占9.1%，20～50nm的样品占69.7%，50～80nm的样品占12.1%，80～110nm的样品占9.1%，即直径小于50nm的中小孔隙占78.8%，直径大于50nm的大孔隙仅占21.2%（表1–10，图1–43）。龙马溪组页岩孔喉直径均值一般介于8～160nm，样品孔喉直径分布频率为小于20nm的样品占5.1%，20～50nm的样品占51.3%，50～80nm的样品占17.9%，80～110nm的样品占20.5%，大于110nm的样品占5.2%，即直径小于50nm的中小孔隙占56.4%，直径大于50nm的大孔隙占43.6%（为筇竹寺组的2倍；表1–10，图1–43）。

表1–10 川南及周缘筇竹寺组和龙马溪组黑色页岩基质孔隙喉道直径分布统计表

喉道直径均值（nm）	龙马溪组			筇竹寺组		
	样品数（个）	频率（%）	基质孔隙度（%）	样品数（个）	频率（%）	基质孔隙度（%）
≤20	2	5.1	1.4～2.6	3	9.1	1.0～1.4
20～50	20	51.3	0.8～3.6	23	69.7	0.7～2.4
50～80	7	17.9	3.9～9.1	4	12.1	1.3～4.0
80～110	8	20.5		3	9.1	
＞110	2	5.2				
小计	39	100.0		33	100.0	

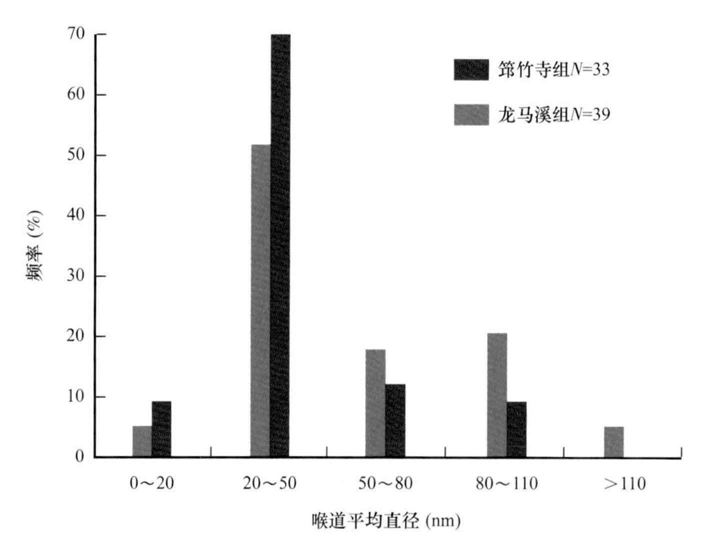

图1–43 筇竹寺组和龙马溪组页岩基质孔隙喉道直径分布频率

两套页岩基质孔隙度与孔喉直径均值具有较好的正相关性（图 1-44），孔喉直径均值为 50nm 以上、20～50nm 和 20nm 以下的样品分别具有 2.7%～6.9%（平均为 4.9%）、0.7%～3.6%（平均为 2.1%）和 1.0%～1.9%（平均为 1.4%）的基质孔隙度。这表明，要形成孔隙度在 2% 以上的有效页岩储层，孔喉直径均值一般需要超过 20nm，要形成孔隙度超过 4% 的优质页岩储层，孔喉直径均值需达到 50nm 以上。可见，在页岩纳米级孔隙系统中，对基质孔隙度贡献最突出的是孔径超过 50nm 的大孔隙，其次是孔径介于 20～50nm 的中孔，而贡献最小的是孔径低于 20nm 的微孔（对应的孔隙度一般低于 2%）；筇竹寺组页岩以孔径低于 50nm 的中小型孔隙为主，而孔径超过 50nm 的大孔隙明显少于龙马溪组，这是导致筇竹寺组页岩基质孔隙度明显减少并低于龙马溪组的重要原因之一。

根据筇竹寺组孔隙度构成计算结果，黑色页岩基质孔隙主要赋存于黏土矿物层间和有机质中，其中两者占比平均值分别超过 79% 和 18%。这表明，筇竹寺组页岩的大孔隙以黏土矿物晶间孔和有机质孔为主。因此，大孔隙的减少主要表现为连通性较好的黏土矿物晶间孔和有机质孔的减少，这可能是筇竹寺组页岩产生孔隙的能力远低于龙马溪组的主要原因。

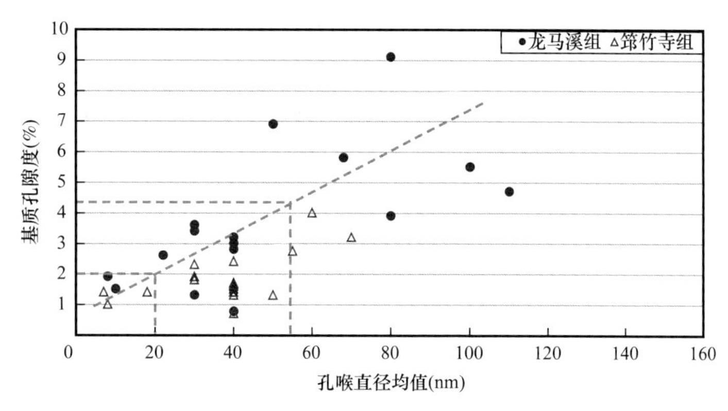

图 1-44　川南及周缘筇竹寺组和龙马溪组黑色页岩基质孔隙度与孔喉直径关系图

2）低温氮气吸附法分析孔隙特征

运用低温氮气吸附实验能够很好地表征孔隙的形态、比表面积、总孔体积和孔径分布范围，对孔隙结构的深入分析以及微观储集空间中天然气的相态和渗流特征具有良好的指示作用。笔者应用低温氮气吸附法对位于长宁、昭通和威远探区的 B1、N206、YS106、W201 等 4 口井筇竹寺组页岩开展了比表面积和孔径分析测试，结果如表 1-11 和图 1-45 所示。

表 1-11　筇竹寺组页岩 N_2 等温吸附实验测试的比表面积和孔径结果

样品编号	TOC（%）	BET 比表面积（m^2/g）	BJH 总孔体积（mL/g）	平均孔直径（nm）	占总孔体积比例（%）			占比表面积比例（%）		
					微孔	中孔	大孔	微孔	中孔	大孔
B1-12	3.10	3.3718	0.0310	184.2564	12.0	60.0	28.0	48.0	50.0	2.0
B1-17	1.85	5.4829	0.0301	106.2451	9.2	51.1	39.7	44.0	52.0	4.0
B1-19	2.70	6.2762	0.0314	103.6833	11.3	52.0	36.7	46.4	50.4	3.2
B1-24	1.70	3.9349	0.0239	63.6474	12.2	61.6	26.2	50.9	47.1	2.0
B1-28	1.79	6.3295	0.0309	56.2504	16.4	56.5	27.1	57.6	40.1	2.3
B1-32	1.43	4.5238	0.0217	29.8688	7.1	64.1	28.8	30.7	66.9	2.4
B1-37	1.18	7.0682	0.0338	75.5967	9.7	59.2	31.1	41.2	55.8	3.0

续表

样品编号	TOC（%）	BET 比表面积（m^2/g）	BJH 总孔体积（mL/g）	平均孔直径（nm）	占总孔体积比例（%）			占比表面积比例（%）		
					微孔	中孔	大孔	微孔	中孔	大孔
B1–40	1.12	5.3114	0.0272	81.3132	10.6	57.6	31.8	43.4	53.7	2.9
B1–43	1.03	3.9197	0.0205	39.3870	6.7	59.3	34.0	31.3	65.7	3.0
W201–3	3.20	7.1353	0.0324	97.3938	6.4	57.7	35.9	35.2	61.2	3.6
W201–11	2.60	10.8346	0.0326	75.1081	10.6	54.9	34.4	44.7	52.5	2.8
W201–24	2.58	9.0746	0.0375	173.0241	6.8	50.5	42.7	37.6	57.9	4.5
W201–36	0.80	3.8868	0.0454	108.7136	3.3	42.3	54.4	31.0	59.8	9.2
W201–51	1.12	7.4239	0.0269	53.4626	5.7	70.2	24.1	24.2	73.6	2.2
W201–61	0.619	2.9602	0.0271	165.5429	4.0	47.9	48.1	27.2	67.4	5.4
W201–63	0.55	2.4324	0.0182	128.5681	7.0	64.4	28.6	31.0	66.2	2.8
W201–74	0.70	5.8563	0.0210	48.1424	10.2	53.5	36.3	41.6	55.4	3.0
W201–94	0.252	2.3887	0.0239	137.9839	4.4	56.2	39.4	28.3	67.3	4.4
N206–3	0.08	5.4209	0.0344	70.3973	7.3	60.6	32.1	38.5	57.8	3.7
N206–5	0.50	8.1686	0.0414	67.5969	7.7	58.7	33.6	40.6	55.6	3.8
N206–21	1.00	9.6441	0.0440	64.0417	9.7	60.6	29.7	43.5	53.5	3.0
N206–27	1.98	9.1082	0.0433	69.8657	8.3	58.5	33.2	41.0	55.3	3.7
N206–31	1.97	9.8740	0.0417	57.9775	9.4	61.6	29.0	43.5	53.5	3.0
N206–36	7.93	9.5135	0.0371	63.2247	9.1	62.4	28.5	43.4	53.4	3.2
N206–41	3.45	5.6857	0.0312	65.9704	7.8	62.1	30.1	39.8	56.8	3.4
N206–44	3.95	6.7641	0.0392	85.1177	7.3	58.5	34.2	38.9	57.1	4.0
N206–49	3.20	4.5687	0.0307	100.2175	6.9	59.2	33.9	36.8	59.4	3.8
YS106–2	3.60	5.1670	0.0301	96.1754	9.3	54.6	36.1	45.1	51.3	3.6
YS106–8	1.00	2.3340	0.0220	143.0489	7.0	58.8	34.2	36.7	59.8	3.5
YS106–11	0.61	2.9019	0.0220	178.9676	4.0	51.7	44.3	23.7	70.6	5.7
YS106–16	0.58	2.0730	0.0167	70.1835	6.9	54.5	38.6	36.3	59.9	3.8
YS106–21	0.41	2.9170	0.0193	74.8454	6.2	51.7	42.1	35.0	60.4	4.6
YS106–24	0.39	2.0084	0.0126	44.9868	6.1	66.9	27.0	29.0	68.8	2.2
YS106–28	0.33	2.0703	0.0137	31.5591	9.3	74.5	16.2	35.8	62.8	1.4
YS106–33	0.26	2.0415	0.0262	228.6477	5.2	42.7	52.1	34.8	59.4	5.8
YS106–34	0.52	3.4352	0.0224	92.4168	6.9	61.2	31.9	36.0	60.2	3.8
YS106–38	0.54	2.5833	0.0167	81.3614	6.5	51.5	42.0	36.2	59.5	4.3
YS106–47	0.59	3.4492	0.0357	71.2076	6.2	61.1	32.7	35.4	60.6	4.0

筇竹寺组页岩BET比表面积一般为2～10.8m²/g（平均为5.2m²/g），BJH总孔体积一般为0.01～0.04mL/g（平均为0.028mL/g），平均孔径分布范围为29.9～228.6nm（平均为93.6nm）。在威远地区W201井区，筇竹寺组页岩BET比表面积为2.38～10.83m²/g（平均为5.92m²/g），BJH总孔体积为0.018～0.045mL/g（平均为0.029mL/g），平均孔径分布范围为48.1～173nm（平均为109nm）。在长宁N206井区，筇竹寺组页岩BET比表面积为4.5～9.8m²/g（平均为7.56m²/g），BJH总孔体积为0.03～0.044mL/g（平均为0.037mL/g），平均孔径分布范围为57.9～100.2nm（平均为72.9nm）。在昭通地区YS106井区，筇竹寺组页岩BET比表面积为2～5.1m²/g（平均为2.93m²/g），BJH总孔体积为0.01～0.036mL/g（平均为0.022mL/g），平均孔径分布范围为31～228.6nm（平均为105.7nm）。

筇竹寺组页岩孔径分布曲线呈多峰特征，峰值主要在1～2nm和50～100nm范围内，在不同井区孔径分布差异较大（图1–46—图1–49），B1井微孔总孔体积和比表面积占比最高，W201井一个样品大孔所占体积很大，应该是裂缝发育造成的。研究发现，不同尺度的微小孔隙对总孔体积和比表面积的贡献差异较大，总体表现为孔径小于2nm的微孔占总孔体积的3.3%～16.4%（平均为8.0%），占比表面积的23.6%～57.6%（平均为38.1%）；孔径介于2～50nm的中孔占总孔体积的42.3%～74.5%（平均为57.7%），占比表面积的40.1%～73.6%（平均为59.1%）；孔径大于50nm的大孔占总孔体积的16.2%～54.4%（平均为34.5%），占比表面积的1.4%～9.2%（平均为3.7%）。这表明微孔和中孔对页岩比表面积的贡献最大，构成了气体吸附的主要场所；中孔和大孔是总孔体积的主要贡献者，导致不同井区孔隙分布特征不同（图1–46—图1–49）。

与筇竹寺组页岩相比，龙马溪组页岩中微孔是总孔体积的主要贡献者（图1–50），与前者存在明显差异。受到测试条件限制，低温氮气吸附法获得的孔隙相对含量并不能完全反应样品中微孔、中孔和大孔的配置状况，但是可以作为黑色页岩中孔隙相对发育程度的证据。

通过上述研究发现，龙马溪组页岩比表面积和总孔体积均远高于筇竹寺组。前者BET比表面积为6.2～31.8m²/g（平均为15.1m²/g），BJH总孔体积为0.02～0.09mL/g（平均为0.047mL/g），平均孔径分布范围为4～90nm（平均为35.6nm）。

孔喉的有效配置是控制储层物性的主要因素，孔隙是否连通关系到页岩储层品质的好坏。笔者应用纳米CT扫描技术对筇竹寺组黑色页岩进一步开展了微观结构三维可视化分析和孔喉系统定量分析，研究发现（图1–51）筇竹寺组页岩孔喉尺寸、发育程度及连通性较龙马溪组明显变差，其微孔多充当孔隙瓶颈，虽有利于页岩气体的吸附聚集，但不利于气体渗流。

4. 高—过成熟海相页岩孔隙演化特征

泥页岩孔隙演化主要受生烃和成岩作用控制。笔者以筇竹寺组和龙马溪组地球化学和储层分析等大量地质资料为基础，收集整理国内外Ⅰ—Ⅱ$_1$型黑色页岩生烃与孔隙自然演化数据（赵文智等，2016；王玉满等，2018，2021），并结合下马岭组低熟页岩高温热模拟实验，即通过热模拟获得不同温度点的页岩样品，并对同一样品开展纳米CT与扫描电镜研究，精细评价同一位置孔隙结构随着温度变化的特征，探讨不同矿物组分对孔隙演化的影响，从而研究富有机质页岩的孔隙演化规律，建立了Ⅰ—Ⅱ$_1$型黑色页岩生烃与孔隙演化剖面图（图1–52），以此揭示高—过成熟海相页岩孔隙演化特征。

根据Ⅰ—Ⅱ$_1$型页岩生烃与孔隙演化剖面图（图1–52），本节将海相页岩纳米孔隙发育划分为四个阶段。

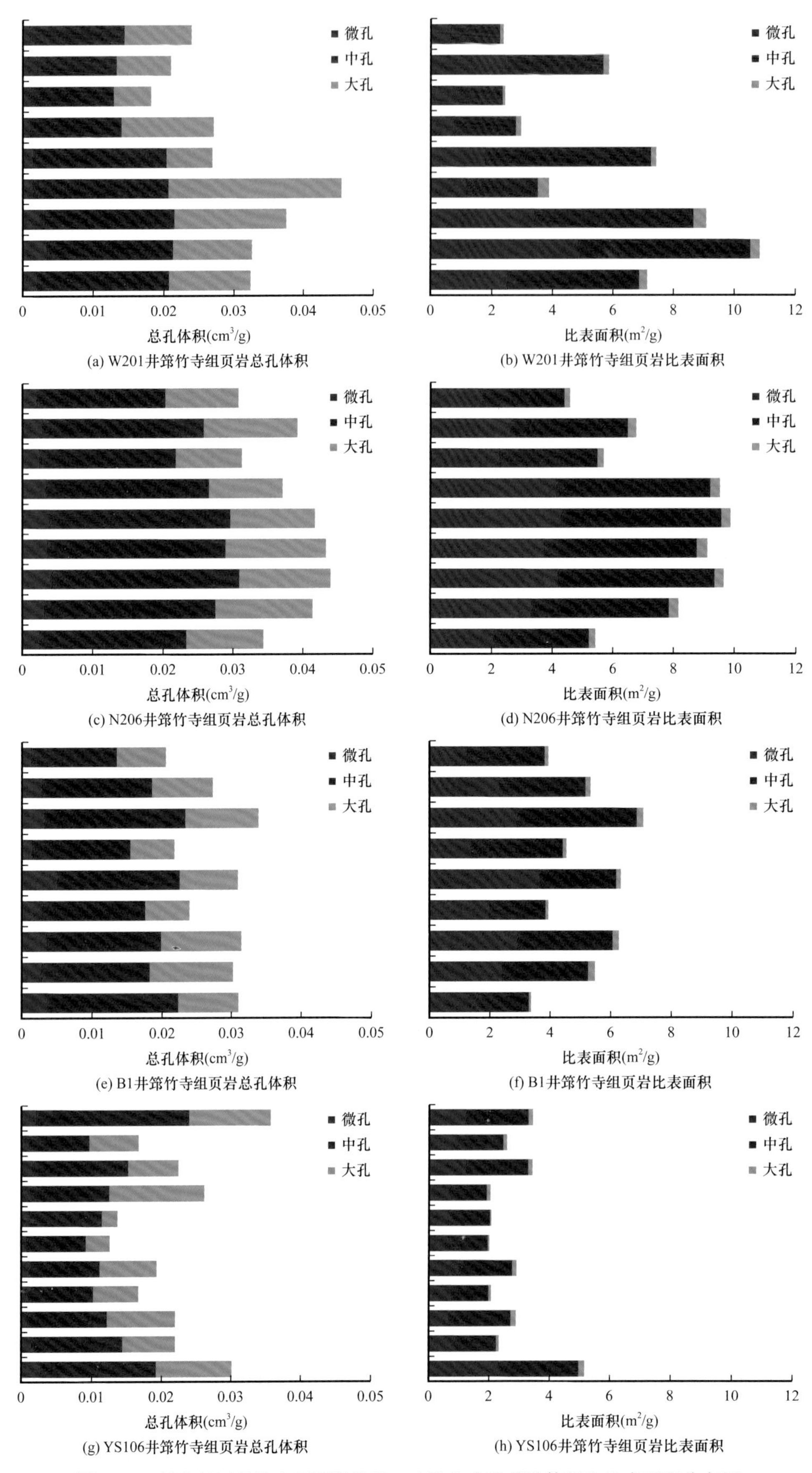

图 1-45　川南地区筇竹寺组页岩微孔、中孔和大孔总孔体积和比表面积分布图

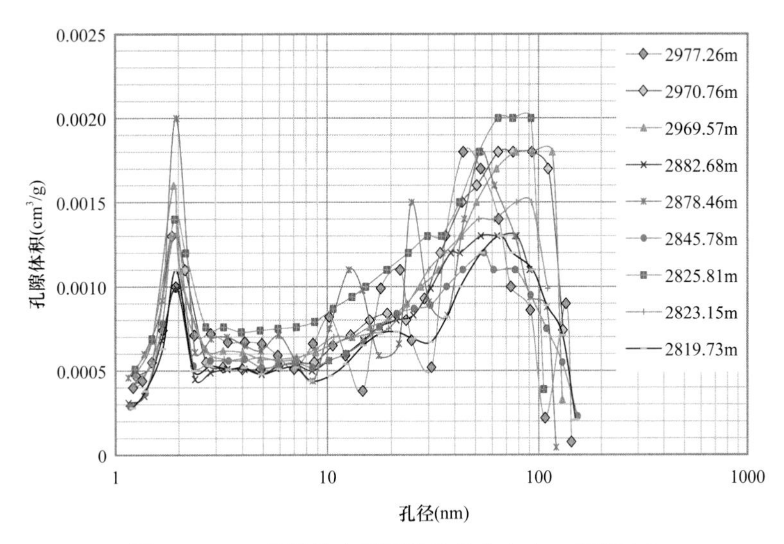

图 1-46　B1 井筇竹寺组页岩孔径分布（N_2 吸附法）

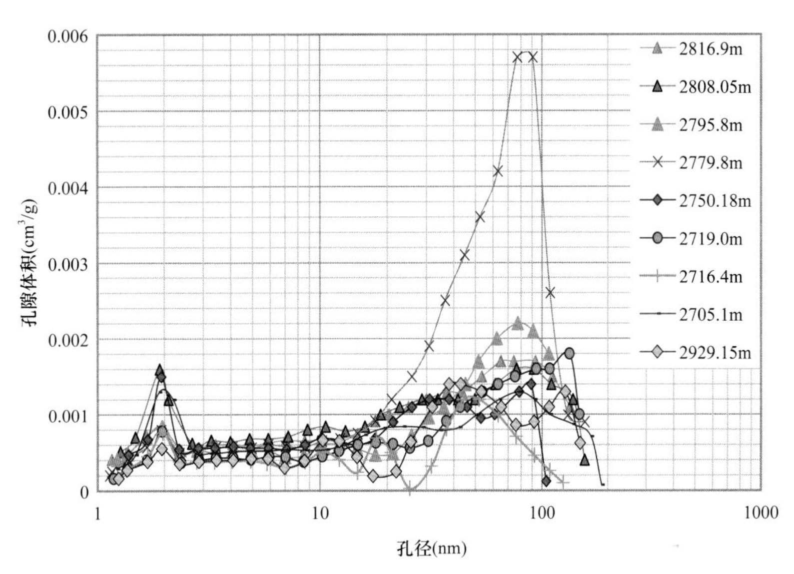

图 1-47　W201 井筇竹寺组页岩孔径分布图（N_2 吸附法）

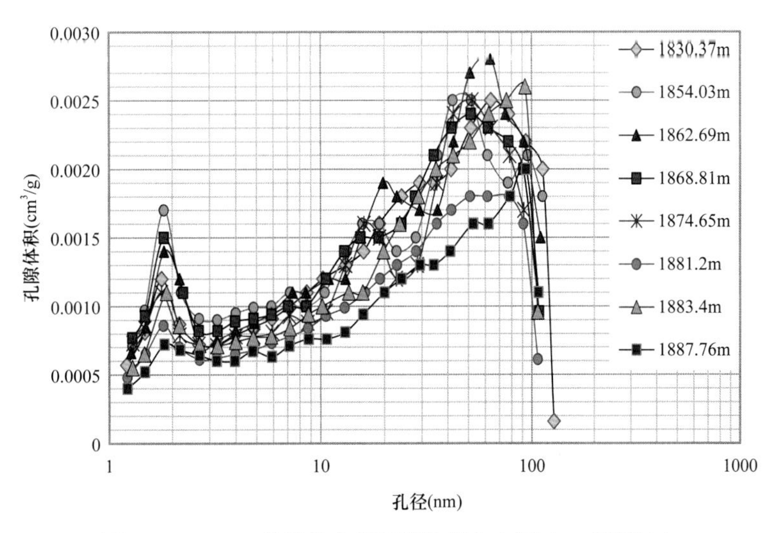

图 1-48　N206 井筇竹寺组页岩孔径分布图（N_2 吸附法）

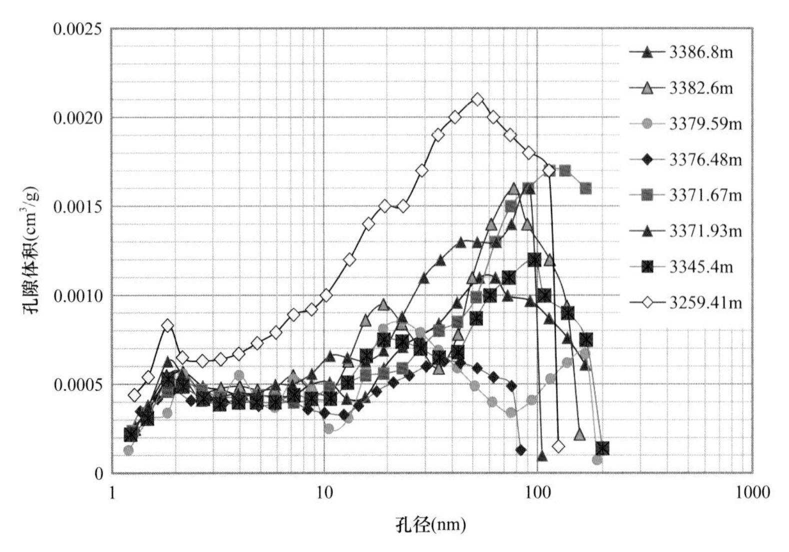

图 1-49　YS106 井筇竹寺组页岩孔径分布图（N_2 吸附法）

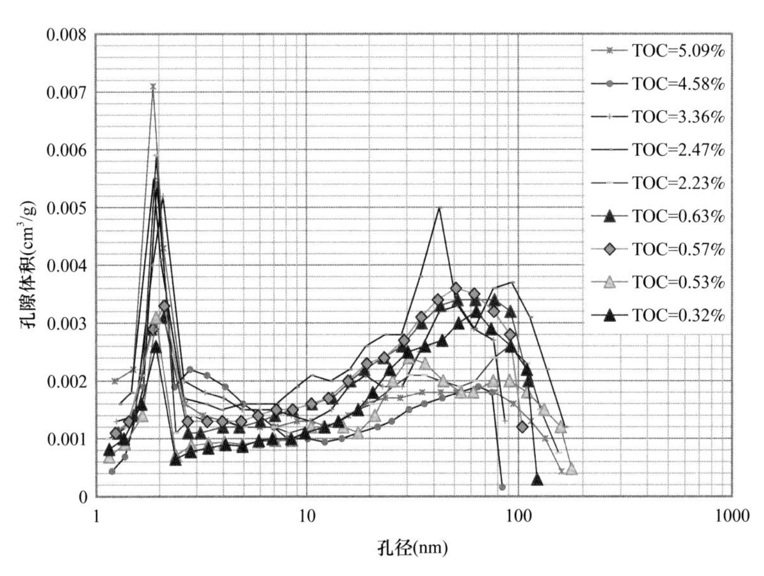

图 1-50　龙马溪组页岩孔径分布图

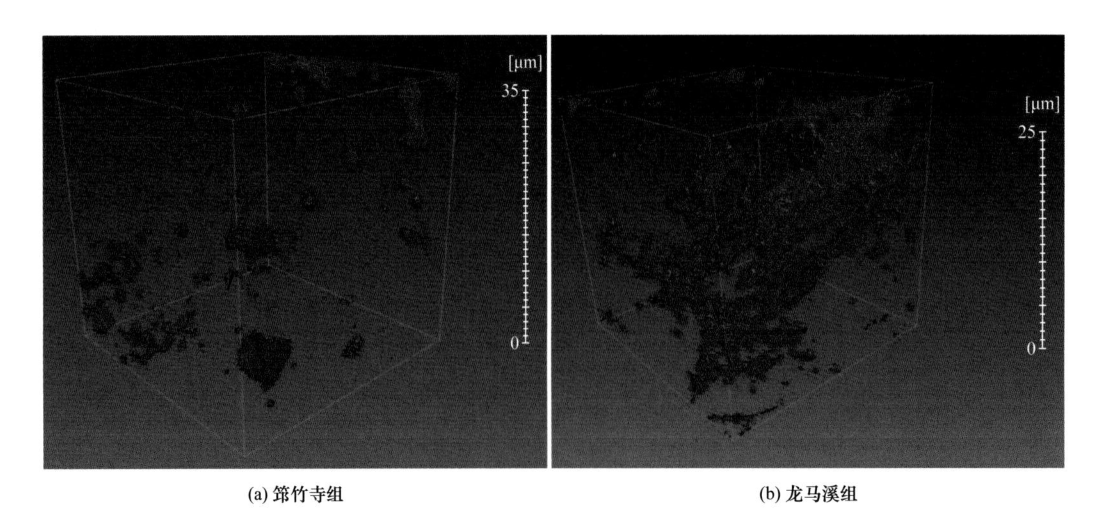

(a) 筇竹寺组　　(b) 龙马溪组

图 1-51　筇竹寺组和龙马溪组页岩三维孔喉系统模型

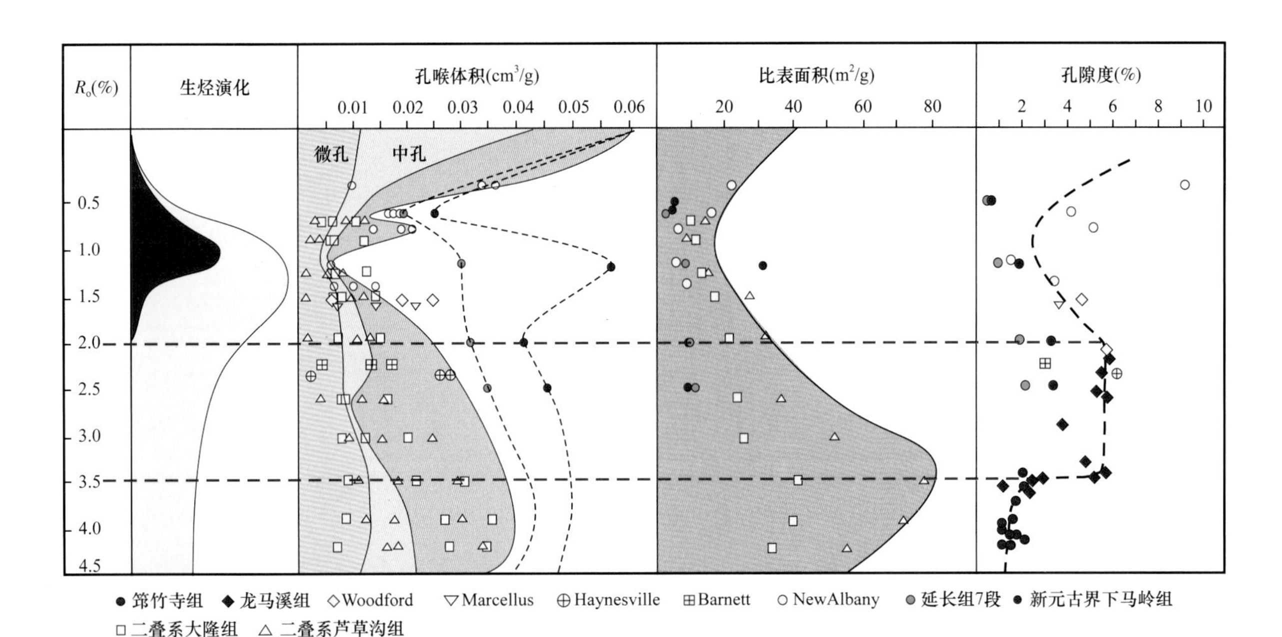

图 1-52 Ⅰ—Ⅱ$_1$型黑色页岩生烃与孔隙演化图

（1）原生孔隙快速减小阶段（R_o<0.6%）。页岩处于未成熟阶段，有机质热裂解生烃作用尚未发生，页岩孔隙主体为原生粒（晶）间孔，其演化主要受压实作用影响。随着埋藏深度增大，上覆压力升高，页岩压实作用增强，碎屑颗粒间趋于紧密接触（点接触→线接触→局部面接触），导致原生孔隙体积快速降低。

（2）纳米孔隙形成阶段（R_o介于 0.6%～2.0%）。页岩处于有机质大量生烃阶段，孔隙发育总体经历先减小再增加的演化过程。随着热演化程度增高，干酪根进入生油和油裂解成气阶段，在页岩中形成大量有机质孔，并且随着孔隙增加，总有机碳含量和生烃潜力迅速降低。同时有机质生烃作用会产生有机酸，改变地下流体环境，一些非稳定矿物遭受溶蚀，形成次生溶蚀孔隙，由此引发的钾离子释放和较高的温度压力也进一步促进黏土矿物转变。在此演化过程中，有些页岩比表面积和微孔—中孔体积在生油窗附近（R_o=0.89%）减少，甚至个别出现最小值（图 1-52 中芦草沟组），大部分页岩则显示相似特征，在生油窗附近并没有出现低值，而是轻微增加。

目前，有学者在自然演化页岩样品中也发现孔隙体积或孔隙度在生油窗附近出现减小的现象，并解释为沥青膨胀和压实作用的结果（Prinz 等，2005；Mastalerz 等，2013；Mathia 等，2013）。Bernard 等（2012）通过对 Barnett 未成熟—成熟页岩研究，提出干酪根随着热演化程度增加，会逐渐出现芳构化、反甲基化和脱氧作用，即在生油窗附近的沥青富脂肪族和氧，贫芳香烃结构，所以更容易充填粒内孔和粒间孔，进而导致孔隙度降低（Bernard 等，2012）。因此，在有机质进入高成熟阶段，除了有机质转化为油气这一必然过程，还发生有机质芳构化的加剧和焦沥青的形成，这些会堵塞微小纳米孔隙，因而造成孔隙度降低。

由于在生油窗阶段成岩压实作用影响较大，孔隙增长幅度较小，并且在生油窗阶段常发生原油运移，沥青中会存在滞留油，充填了粒间孔和粒内孔，这可能是部分页岩孔隙度降低的原因之一（图 1-52）。随着演化程度增加，在油裂解成气态烃的过程中生成了大量焦沥青，焦沥青和残余干酪根发育纳米孔隙，进而对页岩孔隙度做出贡献，表现为微孔比表面积和体积及中孔比表面积逐渐增加。在此阶段，页岩孔隙总体经历先减小再增加的演化过程。

（3）纳米孔隙发育阶段（R_o介于 2.0%～3.5%）。随着成熟度增加，残余干酪根和焦沥青继续生成甲烷，并且重烃会发生二次裂解，页岩比表面积和总孔体积出现明显增加，孔隙度进入高峰平台阶段（图 1–52）。其中固体有机质会逐渐朝着类石墨结构转变，并产生大量纳米级孔隙，导致微孔和中孔孔隙体积的快速增加。在此阶段，岩石已经处于成岩作用晚期，骨架抗压能力与稳定性提高，压实作用对孔隙影响不大，孔隙度整体处于高峰值相对稳定状态。

（4）纳米孔隙转变和快速减少阶段（R_o>3.5%）。页岩处于有机质炭化（即石墨化）阶段。在此阶段，随着温度和上覆压力增加，首先出现大量有机质石墨化和生烃衰竭，仅有少量残留有机质发生裂解，分散液态烃已裂解消失，进而导致富有机质页岩中滞留烃难以得到有效补充和保持。其次，有机质孔隙大量出现白边和萎缩现象（即有机质孔出现塌陷和充填迹象），大孔大量减少甚至消失，另外由于成岩作用和压实作用持续增强，页岩中黏土矿物结晶程度显著增高，孔喉直径和晶间孔体积大量减少。因有机质表面出现大量石墨或类石墨物质以及有机质孔隙和黏土矿物晶间孔大幅度减少，进而导致黑色页岩有效比表面积大量减少，孔隙度快速下降（降幅一般超过 50%；图 1–52），对天然气的吸附能力降低，如长宁筇竹寺组黑色页岩已处于有机质严重炭化阶段（R_o 介于 3.8%～4.1%），其比表面积一般为 1.6～8.3cm^3/g（远低于长宁龙马溪组的 9.5～35.1cm^3/g），其对氮气和甲烷的吸附能力分别为长宁龙马溪组的 1/3～1/2（图 1–53）和 80%（王玉满等，2018）。

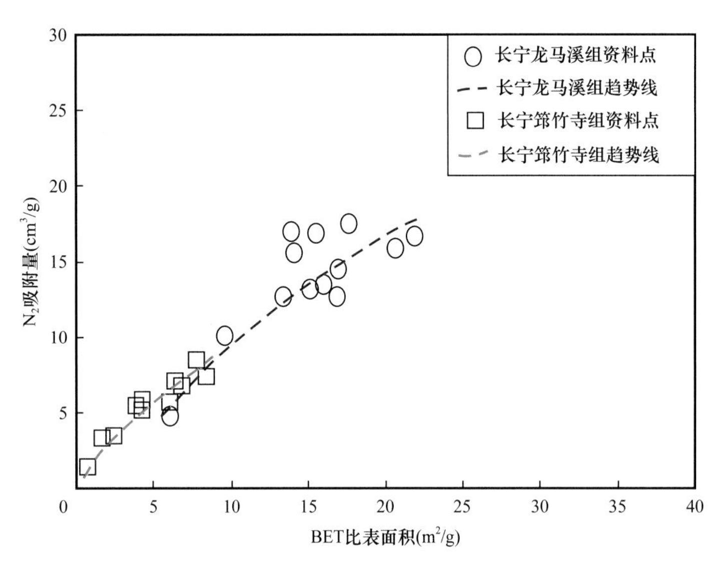

图 1–53　长宁筇竹寺组和龙马溪组页岩比表面积与吸附能力关系图

可见，Ⅰ—Ⅱ$_1$ 型有机质有效生气窗（R_o 介于 1.1%～3.5%）为海相页岩优质储集空间发育的关键平台期，也是古老海相地层页岩气成藏与富集的主要时期；R_o>3.5% 的炭化阶段对富有机质页岩源储品质的伤害是致命的，也是页岩气勘探的高风险阶段。因此，Ⅰ—Ⅱ$_1$ 型固体有机质炭化的 R_o 下限 3.5% 应成为古老海相地层页岩气勘探的理论红线。

第二章　川东—湘鄂西坳陷寒武系页岩典型剖面地质特征

川东—湘鄂西坳陷是位于上扬子地台东缘的重要裂陷区，主要指齐岳山以东、鄂中古隆起以南、贵州以北、雪峰山以西的区域（见图1-2），面积约为$12 \times 10^4 km^2$。该地区是寒武系页岩的重要沉积区，在宜昌、恩施、黔江、张家界和吉首一带发现大量露头剖面，本章重点介绍长阳白竹岭、峡东王家坪和古丈默戎等3个剖面。

第一节　长阳白竹岭水井沱组剖面

剖面位于长阳县城西南48km的鸭子口乡白竹岭村，沿214县道展开，地理坐标为北纬30°27′59″、东经110°57′36″，海拔470m。下寒武统水井沱组出露完整，顶底界清晰，产状为160°∠26°（图2-1）。

图2-1　长阳白竹岭水井沱组剖面

一、基本地质特征

在长阳白竹岭地区，下寒武统缺失岩家河组（相当于麦地坪组），自下而上沉积水井沱组、石牌组等地层，水井沱组与上震旦统灯影组之间呈假整合接触，界面清楚（图 2–2）。

灯影组为灰白色硅质白云岩，表面见刀砍纹，顶部 GR 值为 137～241cps。

水井沱组厚度超过 150m（小层编号为 1—30 层），自下而上可划分为 SQ1、SQ2 和 SQ3 等 3 个三级层序，具体描述如下。

SQ1 厚 38.95m，为裂陷发展期形成的富有机质页岩沉积层序，以碳质页岩夹多种结核体（硅质结核体、钙质结核体等）、硅质页岩和黏土质硅质混合页岩为主，反映长阳地区在区域拉张应力场作用下裂陷规模急剧扩大，海平面大幅度上升，上升洋流大规模涌入，古生产力显著提高。底部（即低位体系域）为厚 0.4m 的含磷含碳硅质层，GR 显高幅度峰值响应，一般为 485～876cps，与瓮安永和牛蹄塘组底部含磷层（2 层）类似，为构造转换界面，代表鄂西坳陷转入裂陷发展期，是区域对比标志层。下部（即海侵体系域，1 层中部—6 层）9.6m 为厚层—块状碳质页岩、含碳质硅质页岩夹多层结核体组合，GR 显高幅度值（200～710cps）。中部（即最大海泛面上下，7—11 层）为中—厚层状硅质页岩，夹硅质结核体，GR 显中高幅度值（150～260cps）。上部（即高位体系域，12 层）为厚层状黏土质硅质混合页岩，局部含碳质，GR 显中高幅度值（146～252cps）。

SQ2 为裂陷调整期形成的混积页岩段（13—20 层），反映盆地裂陷活动开始转弱，区域抬升开始加强，古水体显著变浅，来自鄂中古陆的钙质和陆源碎屑大量增多。底部 11.74m（13—15 层）为低位和海侵体系域沉积的碳质页岩和白云岩互层（即混积层），GR 值为 104～174cps，性质与 SQ1 底部碳质层类似，为构造转换界面，代表鄂西坳陷开始收缩和沉降沉积中心迁移，可作为区域对比标志层。中部 16.77m（16—17 层）为最大海泛期沉积的钙质页岩段，GR 显中低幅度值（108～184cps）。上部 32m（18—20 层）为高位体系域沉积的厚层状钙质页岩与中层状泥灰岩组合，GR 显低幅度值（82～131cps）。

SQ3 为裂陷萎缩期形成的钙质页岩（21—30 层），岩相简单、均质，GR 值为 62～150cps，反映鄂西地区裂陷活动持续趋弱，构造运动以区域抬升为主，古水体持续变浅。

石牌组为中层状泥灰岩，夹薄层钙质页岩，GR 值为 108～121cps。

二、地球化学特征

鄂西长阳地区水井沱组主体为深水→半深水→浅水陆棚沉积的黑色页岩段（图 2–2），干酪根类型为 I 型，热成熟度高。

1. 有机质类型

根据有机地球化学测试资料，长阳地区水井沱组干酪根 $\delta^{13}C$ 值自下而上为 SQ1 段 –32.52‰～–30.11‰、SQ2 段 –30.67‰～–30.2‰和 SQ3 段 –31.22‰～–30.05‰（图 2–2），在富有机质页岩段总体较瓮安地区偏重，显示长阳水井沱组干酪根主体为 I—II_1 型。

2. 有机质丰度

水井沱组有机质 TOC 值一般为 0.50%～9.06%，平均为 2.99%（43 个样品），总体呈现自下而上减少趋势（图 2–2）。

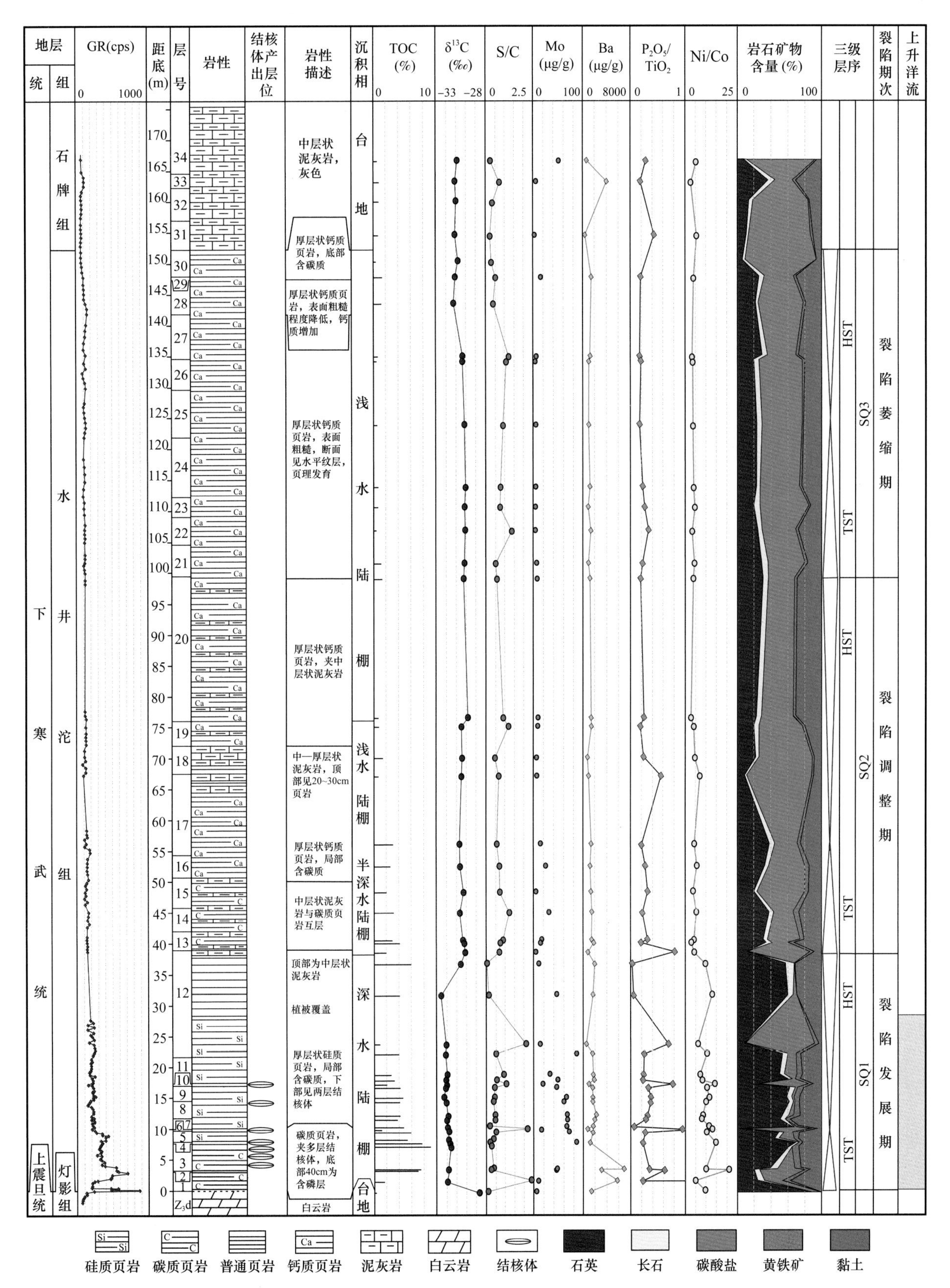

图 2-2 长阳白竹岭水井沱组剖面综合柱状图

SQ1 段为 TOC 值大于 2% 的富有机质页岩集中段，TOC 值一般为 0.96%～9.06%，平均为 4.33%（22 个样品）。

SQ2 段岩相较复杂，有机质丰度普遍降低，TOC 值一般为 0.76%～4.20%，平均为 2.15%（11 个样品），其中中部 10m（16 层和 17 层下部）可能为 TOC 值大于 2% 的富有机质页岩集中段，上部因水体变浅 TOC 平均值在 1% 左右。

SQ3 段有机质丰度普遍低于 1%，一般为 0.49%～1.48%，平均为 0.87%（10 个样品）。

可见，长阳水井沱组 TOC 值大于 2% 的富有机质页岩集中段总厚度在 49m 左右（图 2–2）。

3. 成熟度

根据有机质激光拉曼测试资料，长阳水井沱组 D 峰与 G 峰峰间距和峰高比分别为 274.8cm^{-1} 和 0.68，在 G′ 峰位置（对应拉曼位移 2668.97cm^{-1}）出现低幅度石墨峰（图 2–3），计算的拉曼 R_o 为 3.55%～3.59%，说明长阳水井沱组已出现有机质炭化（即石墨化）特征，热演化程度明显高于瓮安探区。

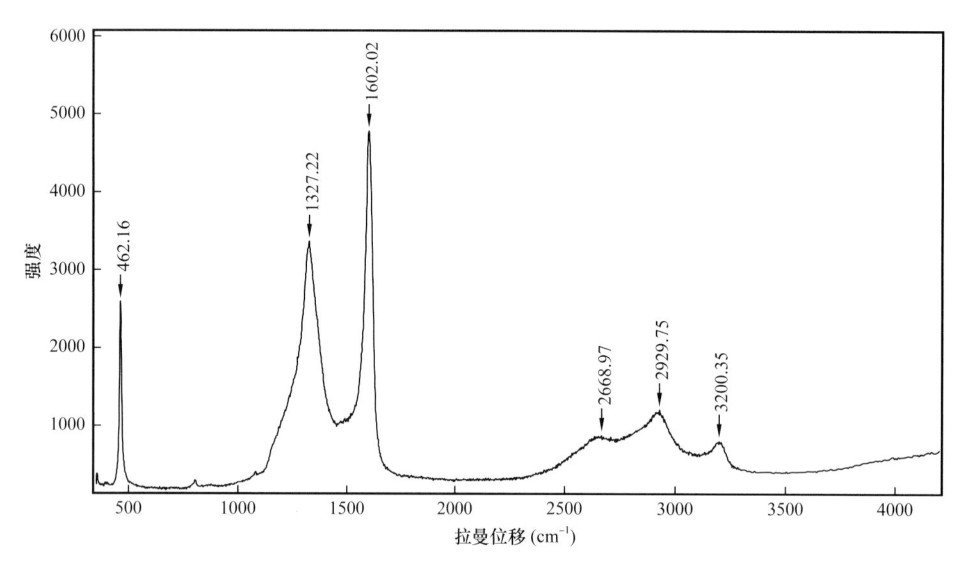

图 2–3　长阳白竹岭水井沱组有机质激光拉曼图谱

三、沉积特征

在长阳地区，受构造活动和沉积要素变化影响，水井沱组自下而上在沉积学和岩石学特征方面呈现三段式（即 SQ1、SQ2 和 SQ3）变化（图 2–2、图 2–4、图 2–5）。

1. 岩相与岩石学特征

水井沱组 SQ1 和 SQ2 下段主要为半深水—深水相硅质页岩、碳质页岩、黏土质硅质混合页岩和白云岩、钙质结核、硅质结核组合，纹层总体不发育或欠发育；SQ2 上段和 SQ3 主要为浅水相钙质页岩，纹层发育（图 2–2、图 2–4、图 2–5）。现自下而上分小层描述，以了解其变化趋势（图 2–2、图 2–4、图 2–5）。

1 层厚 3.04m，以碳质页岩为主，底部 0.4m 为含磷硅质岩且与震旦系白云岩呈不整合接触（图 2–4a、b）。GR 在底部含磷层显峰值响应（477～866cps），在中部为中等幅度值响应（204～

291cps），在上部显峰值响应（467～708cps）。TOC 值为 1.68%，岩石矿物组成为石英 24.6%、长石 7.7%、白云石 21.6%、黄铁矿 8.6%、石膏 0.5%、黏土矿物 37.0%，石英 + 白云石 + 黄铁矿三矿物脆性指数为 54.8%。

2 层厚 0.2m，含钙质硅质页岩，质地硬（图 2–4b）。GR 呈高幅度值响应（579cps）。

3 层厚 4.36m，碳质页岩，见大量深色同生（或沉积）结核体呈分散状分布，个体差异大，小者 5cm × 3cm，大者 50cm × 30cm，向上个体变大（图 2–4b—d）；在顶部厚层结核体层，结核体短轴长 20～30cm，镜下见云质纹层和裂缝，亮色颗粒主要为白云石，其次为黄铁矿，黄铁矿呈分散状或层状分布，充填在白云石晶粒间（图 2–5a、b）。GR 值一般为 278～552cps。分析测试显示，结核体主体含钙质，TOC 值为 7.06%，岩石矿物组成为石英 20.5%、长石 6.2%、方解石 47.6%、白云石 6.5%、黄铁矿 5.2%、石膏 0.9%、黏土矿物 13.1%；碳质页岩 TOC 值为 7.53%～9.06%，岩石矿物组成为石英 38.2%～60.3%、长石 4.8%～9.6%、方解石 0～6.1%、白云石 0～14.3%、黄铁矿 7.1%～7.8%、石膏 0.6%～1.2%、黏土矿物 24.1%～25.9%；结核体和碳质页岩三矿物脆性指数为 32.2%～68.1%（平均为 53.3%）。

4 层厚 0.26m，硅质页岩，局部呈透镜状，GR 值为 356cps。TOC 值为 7.66%，岩石矿物组成为石英 69.4%、长石 4.2%、黄铁矿 3.7%、石膏 0.9%、黏土矿物 21.8%，三矿物脆性指数为 73.1%。

5 层厚 1.88m，厚层状含碳质硅质页岩，偶见结核体。镜下纹层不发育，局部见硅质条带定向排列，脆性矿物主要为石英、白云石、方解石以及少量黄铁矿，有机质和黏土复合体分散状分布（图 2–5c、d）。GR 值一般为 249～437cps。TOC 值为 5.33%～5.89%，岩石矿物组成为石英 44.4%～49.4%、长石 4.5%～5.7%、方解石 2.8%～10.4%、白云石 7.9%～8.2%、黄铁矿 5.0%～7.7%、石膏 0.6%～0.7%、黏土矿物 25.9%～26.8%，三矿物脆性指数为 57.6%～65.0%。

6 层厚 0.25m，含钙质硅质层，质硬，局部呈透镜状。GR 值一般为 202～209cps。TOC 值为 1.23%，岩石矿物组成为石英 6.3%、长石 0.3%、方解石 16.0%、白云石 64.9%、黄铁矿 6.5%、石膏 0.9%、黏土矿物 5.1%，三矿物脆性指数为 77.7%。

7 层厚 1.67m，厚层状含碳质硅质页岩。GR 值一般为 196～242cps。TOC 值为 3.79%～4.73%，岩石矿物组成为石英 50.6%～64.4%、长石 5.9%～6.1%、黄铁矿 1.2%～6.1%、石膏 0～2.1%、黏土矿物 26.4%～37.2%，三矿物脆性指数为 56.7%～65.6%。

8 层厚 2.86m，厚层状含碳质硅质页岩。中部和顶部见结核体，中部结核体大小为 30cm × 20cm，顶部结核体大小为 120cm × 35cm（图 2–4e）。GR 值在页岩段一般为 205～232cps，在顶部结核层为 147～186cps。根据页岩段分析测试数据，TOC 值为 4.12%～4.17%，岩石矿物组成为石英 53.3%～61.1%、长石 5.3%～7.3%、方解石 1.9%～3.6%、白云石 0～2.6%、黄铁矿 5.2%～7.4%、石膏 0～0.2%、黏土矿物 25.8%～26.3%，三矿物脆性指数为 63.3%～66.3%。

9 层厚 2.53m，厚层状硅质页岩，碳质减少（图 2–4e）。镜下见硅质纹层，单层厚 50μm，脆性矿物主要为石英、白云石和方解石，磨圆度为次圆（图 2–5e、f）。GR 值一般为 190～260cps。TOC 值为 4.22%～4.65%，岩石矿物组成为石英 58.2%～62.7%、长石 5.5%～6.1%、方解石 2.8%～3.3%、黄铁矿 6.8%～6.9%、石膏 0～0.2%、黏土矿物 21.7%～26.0%，三矿物脆性指数为 65.1%～69.5%。

10 层厚 0.3m，中层状含钙质硅质页岩，局部为椭球状。GR 值一般为 153～156cps。TOC 值为 2.11%，岩石矿物组成为石英 23.0%、长石 2.1%、方解石 7.4%、白云石 52.0%、黄铁矿 4.9%、黏土矿物 10.6%，三矿物脆性指数为 79.9%。

(a) 水井沱组底界含磷硅质(页)岩与灯影组白云岩

(b) SQ1下部 (1—3层) 碳质页岩与硅质岩、结核体组合

(c) SQ1下部 (3层) 钙质结核体，呈椭球状、饼状、面包状

(d) SQ1下部 (3层) 钙质结核体断面，见同沉积结核

(e) SQ1中部 (8—9层) 厚层状硅质页岩与钙质结核层，结核体单个呈透镜状

(f) SQ1中上部 (11—12层) 厚层状硅质页岩，局部含碳质

(g) SQ2底界(13层) 中—厚层状碳质页岩与泥灰岩互层

(h) SQ2下部 (14—15层) 中—厚层状泥灰岩 (浅色) 与薄层状碳质页岩 (深色) 互层

(i) SQ2中部 (16—17层) 厚层状钙质页岩，局部含碳质

(j) SQ2上部 (19—20层) 厚层状钙质页岩，夹中层状泥灰岩

(k) SQ3底界 (21层) 块状钙质页岩，页理发育

(l) SQ3中部 (25—26层) 块状钙质页岩

(m) 水井沱组顶部 (SQ3顶部) 块状钙质页岩与石牌组中层状泥灰岩

(n) 石牌组中层状泥灰岩

图 2-4　长阳白竹岭水井沱组露头照片

11 层厚 4.3m，厚层状硅质页岩，黑色，质硬，含钙质，局部含碳质（图 2-4f）。GR 值一般为 170～221cps。根据分析测试数据，TOC 值为 2.79%～3.29%，岩石矿物组成为石英 50.1%～58.8%、长石 5.7%～5.9%、方解石 3.9%～11.7%、白云石 0～3.4%、黄铁矿 6.0%～6.2%、黏土矿物 23.1%～25.2%，三矿物脆性指数为 59.5%～65.0%。

12 层厚 17.3m，中下部为厚层状硅质页岩，局部含碳质（图 2-4f）。中部用皮尺测量，顶部为钙质页岩。镜下纹层不发育，脆性矿物主要为石英、白云石和方解石，偶见骨针化石（图 2-5g、h）。GR 值一般为 147（顶部）～252cps（中下部），TOC 值为 0.96%～5.99%，岩石矿物组成为石英 9.3%～60.1%、长石 0.9%～10.4%、方解石 0～23.5%、白云石 0～67.5%、黄铁矿 0～5.5%、石膏 0～0.4%、黏土矿物 3.3%～32.4%，三矿物脆性指数为 57.2%～81.6%（平均为 66.9%）。

13 层厚 3.14m，中层状泥灰岩（单层厚 25～35cm）与灰黑色碳质页岩（单层厚 20～25cm）互层（图 2-4g）。GR 值一般为 136（泥灰岩）～147cps（页岩），页岩 TOC 值为 2.99%～4.20%，岩石矿物组成为石英 30.5%～34.5%、长石 5.1%～6.3%、方解石 11.0%～30.6%、白云石 8.3%～8.4%、黄铁矿 4.8%～6.6%、石膏 0.2%、黏土矿物 20.4%～33.1%，三矿物脆性指数为 43.7%～55.7%。

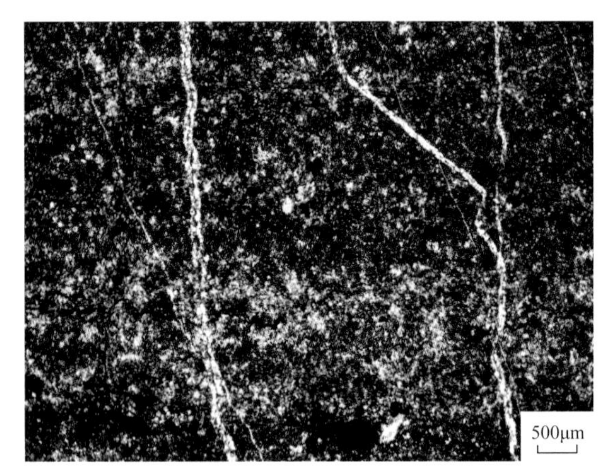

(a) SQ1底部结核体 (3层)，见云质纹层和裂缝 (2.5×)

(b) SQ1底部结核体，以白云石为主，其次为黏土矿物，含少量黄铁矿，黄铁矿呈分散状或层状分布，充填在白云石晶粒间 (20×)

(c) SQ1下部碳质页岩 (5层)，纹层基本不发育，局部见硅质呈长条状定向排列 (2.5×)

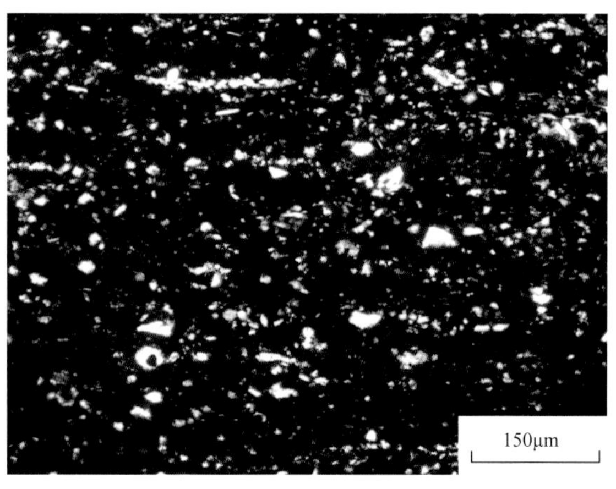

(d) SQ1下部碳质页岩 (5层)，亮色为放射虫、石英、白云石、方解石以及少量黄铁矿，暗色为有机质和黏土复合体，呈分散状分布 (20×)

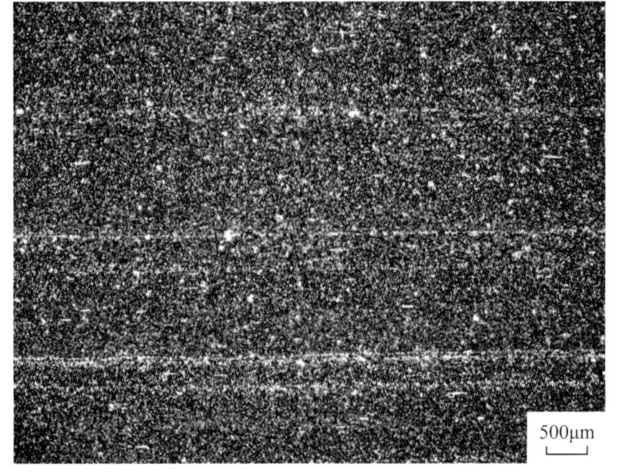

(e) SQ1中部硅质页岩 (9层)，见硅质纹层，层厚50μm (2.5×)

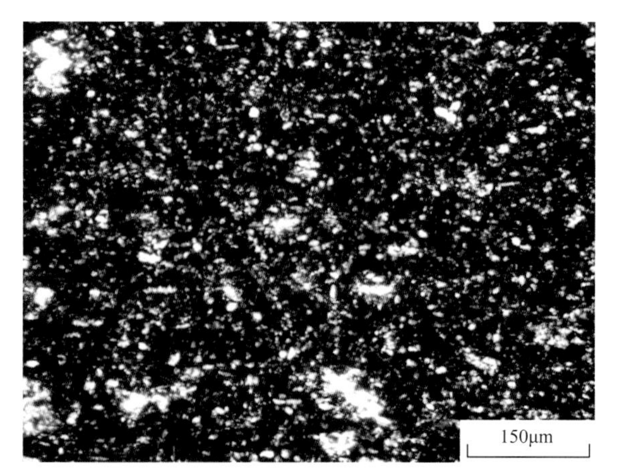

(f) SQ1中部硅质页岩 (9层)，亮色为石英、白云石和方解石，磨圆度为次圆 (20×)

(g) SQ1上部硅质页岩 (12层)，纹层不发育 (2.5×)

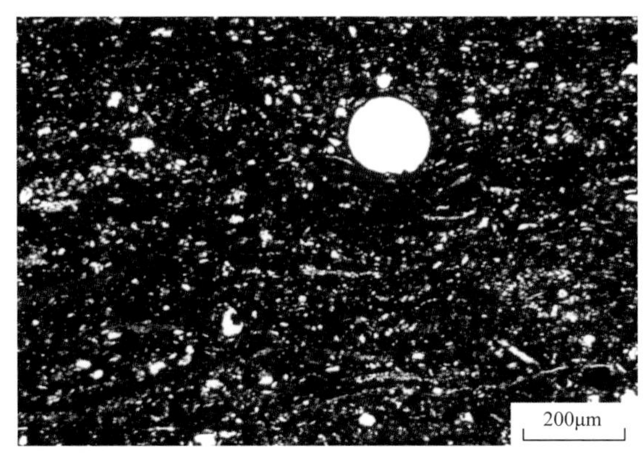

(h) SQ1上部硅质页岩 (12层)，亮色为放射虫、石英、白云石和方解石，偶见骨针化石 (10×)

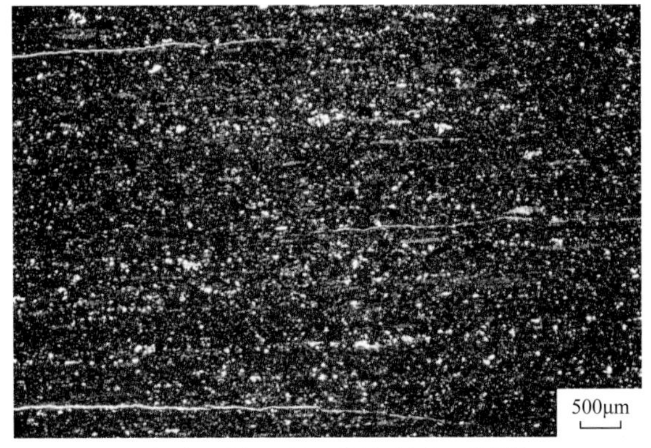

(i) SQ2下部碳质页岩 (14层)，纹层不发育，见裂缝 (2.5×)

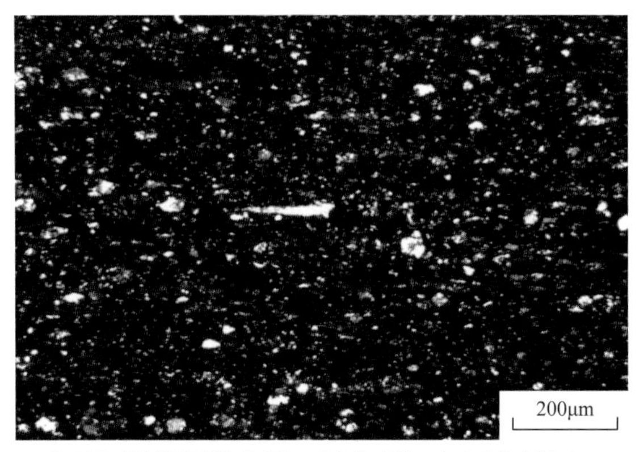

(j) SQ2下部碳质页岩 (14层)，亮色为石英、白云石和方解石，偶见长条状生物化石 (10×)

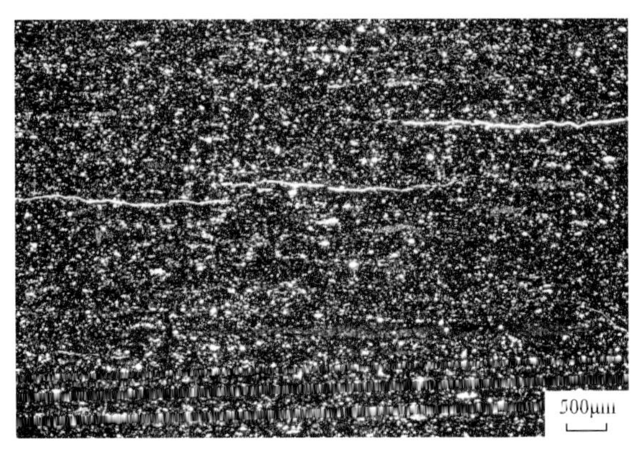

(k) SQ2中部钙质页岩 (16层)，纹层不发育，见裂缝 (2.5×)

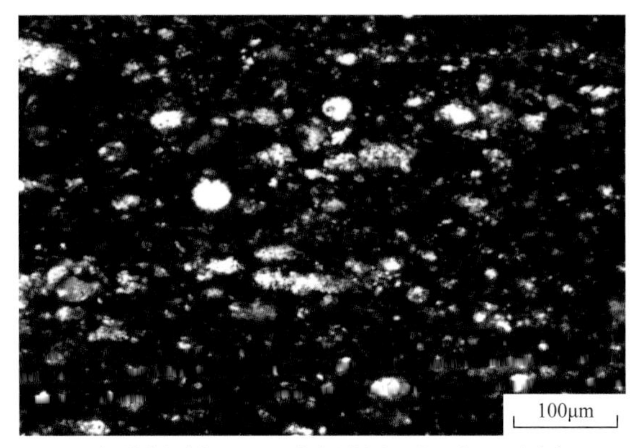

(l) SQ2中部钙质页岩 (16层)，亮色颗粒为石英、白云石和方解石，磨圆度为次圆 (20×)

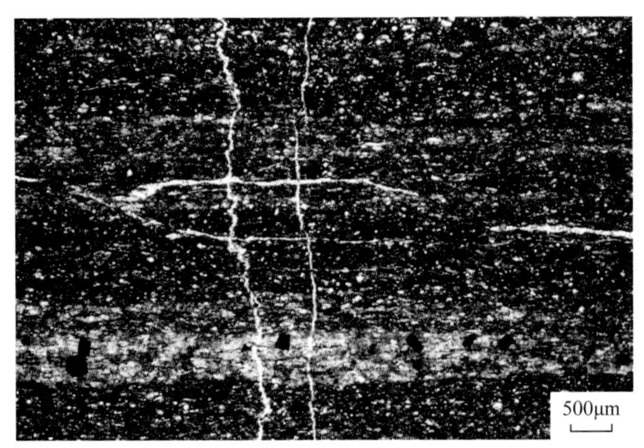

(m) SQ2上部钙质页岩 (18层)，纹层发育，局部白云石重结晶，呈层状 (2.5×)

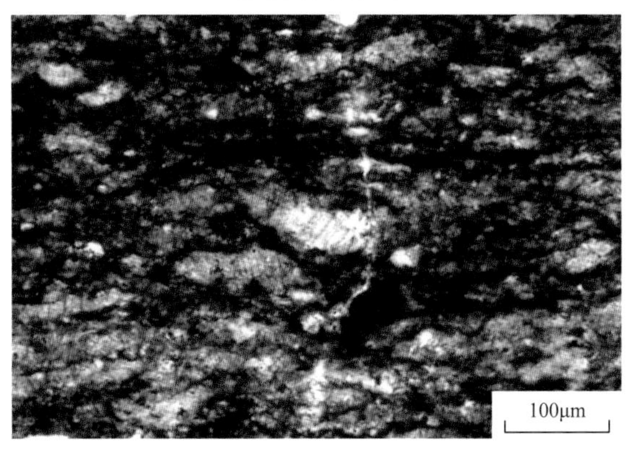

(n) SQ2上部钙质页岩 (18层)，亮色颗粒为白云石和石英 (20×)

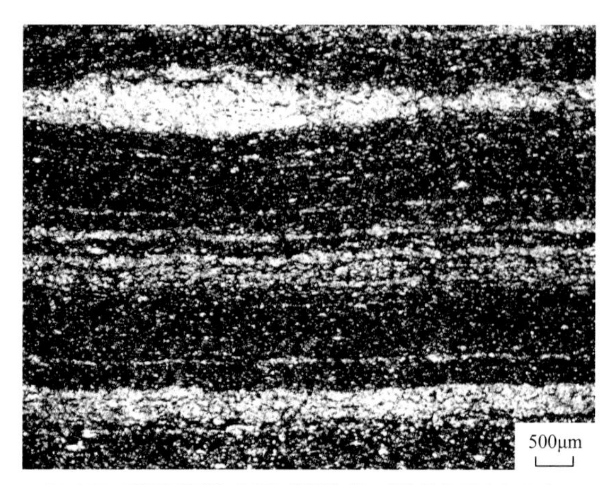

(o) SQ3下部钙质页岩（23层）纹层发育，亮纹层主要为白云石，石英次之，单层厚50～500μm（2.5×）

(p) SQ3下部钙质页岩（23层），亮色颗粒为白云石和石英（10×）

(q) SQ3上部钙质页岩（26层）纹层发育，亮纹层以方解石为主，石英次之，单层厚50μm（2.5×）

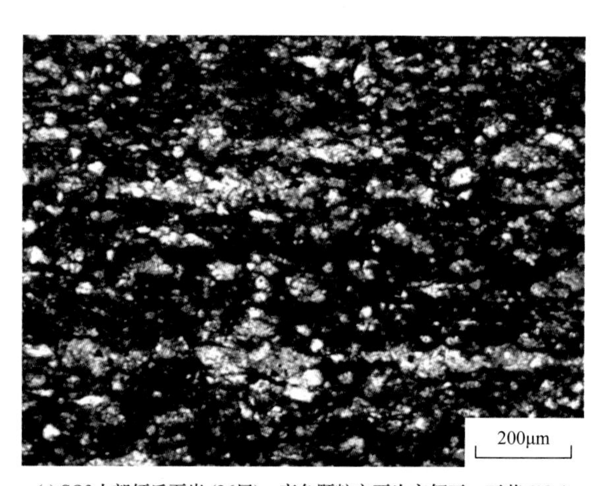

(r) SQ3上部钙质页岩（26层），亮色颗粒主要为方解石、石英（10×）

图 2–5 长阳白竹岭水井沱组重点层段薄片照片

14 层厚 3.73m，中—厚层状泥灰岩（单层厚 60～70cm）夹碳质页岩（单层厚 3～10cm）薄层（图 2–4h）。镜下碳质页岩纹层不发育，脆性矿物主要为石英、白云石和方解石，偶见长条状生物化石（图 2–5i、j）。GR 值一般为 143（泥灰岩）～174cps（页岩）。根据分析测试数据，碳质页岩 TOC 值为 3.22%，岩石矿物组成为石英 37.9%、长石 4.9%、方解石 12.6%、白云石 10.8%、黄铁矿 7.0%、黏土矿物 26.8%，三矿物脆性指数为 55.7%。

15 层厚 4.87m，中—厚层状泥灰岩夹碳质页岩薄层，岩性与 14 层相似（图 2–4h）。GR 值一般为泥灰岩 104～129cps、页岩 133～160cps。根据分析测试数据，碳质页岩 TOC 值为 2.06%，岩石矿物组成为石英 20.1%、长石 3.3%、方解石 36.1%、白云石 20.8%、黄铁矿 3.9%、石膏 0.2%、黏土矿物 15.6%，三矿物脆性指数为 44.8%。

16 层厚 3.57m，厚层状钙质页岩，深灰色，局部含碳质（图 2–4i）。镜下纹层不发育，见裂缝，脆性矿物主要为石英、白云石和方解石，磨圆度为次圆（图 2–5k、l）。GR 值一般为 141～158cps。TOC 值为 2.67%，岩石矿物组成为石英 32.4%、长石 4.4%、方解石 20.4%、白云石 22.9%、黄铁矿 5.1%、石膏 0.3%、黏土矿物 14.5%，三矿物脆性指数为 60.4%。

17 层厚 13.2m，主体为中—厚层状泥灰岩与钙质页岩组合，单层厚 80～100cm（图 2–4i），产状为 165°∠30°，顶部为中—厚层状泥灰岩夹页岩薄层（单层厚 5～10cm）。GR 值一般为泥灰岩 95～110cps、页岩 128～184cps。TOC 值为 0.76%（泥灰岩）～3.11%（页岩），岩石矿物组成为石英 9.2%～38.2%、长石 1.6%～5.9%、方解石 15.3%～76.0%、白云石 1.7%～11.2%、黄铁矿 1.7%～4.3%、石膏 0～0.3%、黏土矿物 9.8%～24.8%，三矿物脆性指数为 12.6%～53.7%（平均为 33.2%）。

18 层厚 4.54m，中—厚层状泥灰岩，距底 1m 处见厚 10cm 页岩，风化后显碳质颜色，顶部见 20～30cm 页岩层。镜下纹层发育，局部见白云石重结晶，呈层状，纹层颗粒为白云石和石英（图 2–5m、n）。GR 值一般为 82～128cps。根据分析测试数据，黑色页岩 TOC 值为 1.49%，岩石矿物组成为石英 22.0%、长石 3.7%、方解石 60.9%、白云石 2.5%、黄铁矿 1.7%、石膏 0.2%、黏土矿物 9.0%，三矿物脆性指数为 26.2%。

19 层厚 3.98m，厚层状—块状钙质页岩，钙质较 18 层有所减少，中部见厚 60～80cm 泥灰岩 1 层（图 2–4j）。GR 值一般为 125～131cps。TOC 值为 0.88%，岩石矿物组成为石英 20.4%、长石 5.5%、方解石 51.2%、黄铁矿 3.2%、黏土矿物 19.7%，三矿物脆性指数为 23.6%。

20 层厚 23.5m，主体为厚层状钙质页岩（图 2–4j），夹中层状泥灰岩，产状为 170°∠30°。中部为植被覆盖，顶部为块状钙质页岩。GR 值一般为 115～132cps，TOC 值为 0.80%～1.43%，岩石矿物组成为石英 22.8%～30.9%、长石 5.9%～6.0%、方解石 28.2%～37.7%、白云石 0～2.6%、黄铁矿 2.3%～3.4%、石膏 0.5%、黏土矿物 28.5%～30.7%，三矿物脆性指数为 25.1%～36.9%。

21 层厚 5.09m，块状钙质页岩，表面粗糙，断面见水平纹层，页理发育（图 2–4k）。GR 值一般为 100～121cps，TOC 值为 1.25%，岩石矿物组成为石英 29.0%、长石 7.1%、方解石 40.5%、白云石 3.5%、黄铁矿 3.3%、石膏 0.3%、黏土矿物 16.3%，三矿物脆性指数为 35.8%。

22 层厚 4.41m，块状钙质页岩，页理发育。GR 值一般为 111～122cps，TOC 值为 0.49%，岩石矿物组成为石英 24.3%、长石 4.9%、方解石 39.9%、黄铁矿 3.1%、石膏 0.2%、黏土矿物 27.6%，三矿物脆性指数为 27.4%。

23 层厚 3.27m，块状钙质页岩，断面粗糙，见水平纹层。镜下纹层发育，单层厚 50～500μm，纹层颗粒为白云石和石英（图 2–5o、p）。GR 值一般为 109～112cps，TOC 值为 0.78%，岩石矿物组成为石英 19.4%、长石 7.6%、方解石 55.3%、白云石 2.9%、黄铁矿 1.9%、石膏 0.3%、黏土矿物 12.6%，三矿物脆性指数为 24.2%。

24 层厚 9.6m，块状钙质页岩，断面见水平纹层。GR 值一般为 94～119cps，TOC 值为 0.83%，岩石矿物组成为石英 22.8%、长石 4.2%、方解石 44.8%、白云石 2.2%、黄铁矿 2.1%、石膏 0.3%、黏土矿物 23.6%，三矿物脆性指数为 27.1%。

25 层厚 7.74m，块状钙质页岩（图 2–4l）。GR 值一般为 101～130cps，TOC 值为 0.66%，岩石矿物组成为石英 23.1%、长石 6.4%、方解石 47.1%、黄铁矿 1.9%、石膏 0.4%、黏土矿物 21.1%，三矿物脆性指数为 25.0%。

26 层厚 5.02m，块状钙质页岩，断面见水平纹层（图 2–4l）。镜下纹层发育，单层厚 50μm，纹层颗粒为方解石、石英（图 2–5q、r）。GR 值一般为 130～134cps，TOC 值为 0.58%，岩石矿物组成为石英 20.0%、长石 5.8%、方解石 47.5%、白云石 4.1%、黄铁矿 2.6%、黏土矿物 20.0%，三矿物脆性指数为 26.7%。

27 层厚 7.32m，钙质页岩，块状，断面见水平纹层。GR 值一般为 135～140cps，TOC 值为 0.74%，岩石矿物组成为石英 29.3%、长石 6.2%、方解石 30.5%、白云石 3.6%、黄铁矿 3.0%、黏土矿物 27.4%，三矿物脆性指数为 35.9%。

28 层厚 5.61m，块状钙质页岩，表面粗糙程度降低，页理欠发育，钙质明显增多，颜色变浅。GR 值一般为 96～150cps，TOC 值为 1.35%，岩石矿物组成为石英 21.4%、长石 3.6%、方解石 37.5%、白云石 15.8%、黄铁矿 2.4%、黏土矿物 19.3%，三矿物脆性指数为 39.6%。

29 层厚 0.46m，中层状钙质页岩，微含碳质。GR 值一般为 97cps，TOC 值为 1.48%，岩石矿物组成为石英 25.9%、长石 5.8%、方解石 21.5%、白云石 13.6%、黄铁矿 2.9%、黏土矿物 30.3%，三矿物脆性指数为 42.4%。

30 层厚 4.34m，厚层状钙质页岩，灰色，断面颗粒变细（图 2–4m）。GR 值一般为 66～81cps，TOC 值为 0.50%，岩石矿物组成为石英 6.3%、长石 2.8%、方解石 74.3%、白云石 10.5%、黄铁矿 0.3%、黏土矿物 5.8%，三矿物脆性指数为 17.1%。

31—34 层为石牌组，厚度超过 24m，中层状泥灰岩，灰色（图 2–4m、n）。GR 值一般为 62～82cps，TOC 值为 0.67%～1.00%，岩石矿物组成为石英 8.2%～36.4%、长石 2.9%～8.5%、方解石 13.2%～61.8%、白云石 7.5%～23.2%、黄铁矿 0.9%～2.9%、石膏 0～0.4%、黏土矿物 5.7%～31.2%，三矿物脆性指数为 18.9%～46.8%。

根据上述岩相和岩石学特征描述，水井沱组在 SQ1—SQ3 段主体呈三段式变化特征。SQ1 为裂陷发展期形成的优质页岩段，以深水相碳质页岩、硅质页岩、黏土质硅质混合页岩和钙质结核体为主，硅质含量普遍超过 45.0%，钙质含量为结核体高、页岩段低，长石含量少（含量普遍低于 7.0%），黏土矿物含量一般介于 25.0%～37.0%（明显高于五峰组和鲁丹阶下部），镜下纹层不发育（或纹层总体较少），三矿物脆性指数平均值为 64.3%。SQ2 主体为半深水—浅水相碳质页岩、钙质页岩与泥灰岩、白云岩组合，岩相复杂，硅质含量普遍低于 35.0%，钙质含量普遍高于 45.0%，三矿物脆性指数平均值为 39.3%。SQ3 主体为浅水相钙质页岩，普遍含钙质，局部含碳质，页岩段岩石矿物组成与綦江观音桥埃隆阶上段相当，即硅质含量普遍低于 30.0%，方解石含量平均值在 40.0% 以上，纹层发育，三矿物脆性指数平均值下降至 30.1%。

2. 海平面

根据剖面干酪根 $\delta^{13}C$ 资料（图 2–2），在 SQ1 沉积早期和中期，$\delta^{13}C$ 值发生大幅度负漂移，一般为 –32.52‰～–31.56‰，显示海平面飙升至高水位；在 SQ1 沉积末期，$\delta^{13}C$ 值显快速正漂移，一般为 –30.57‰～–30.11‰，显示海平面大幅度下降并处于中等水位；在 SQ2 沉积早期和中期，$\delta^{13}C$ 值介于 –30.67‰～–30.20‰，显示海平面未出现明显升降，仍处于中等水位；在 SQ2 沉积晚期—SQ3 沉积期，$\delta^{13}C$ 值呈小幅度正漂移，一般为 –30.2‰～–29.8‰，显示海平面下降至中低水位。可见，在 SQ1—SQ2 沉积中期，长阳海域始终处于有利于有机质保存的中—高水位状态。

3. 海域封闭性与古地理

长阳地区在水井沱组沉积期处于鄂西坳陷北部，东南邻华南洋入口，海域封闭性总体较弱。根据古海洋研究成果，可以利用 S/C 比值来反映海盆水体的盐度和封闭性（Berner 等，1983；王清晨等，2008），进而判断古地理环境。在长阳地区，S/C 值在 SQ1 沉积期普遍较低，在 SQ2 和 SQ3 沉积期较高（图 2–2），具体表现为在 SQ1 段 S/C 比值大多介于 0.03～0.54，仅在硅质层和结核层出现异常（介于 1.05～2.40），反映古水体主体处于低—正常盐度、弱—半封闭状态；在 SQ2 和 SQ3 段，S/C 比值大幅度上升，一般介于 0.47～1.37（平均为 0.81），显示古水体以高盐度和强封闭状态为主（图 2–2）。

另据微量元素资料显示（图 2-2、图 2-6），长阳海域在水井沱组沉积早期具有较高 Mo 含量。在 SQ1 和 SQ2 下段，Mo 值大多介于 10.0～86.0μg/g（与巫溪白鹿五峰组—龙马溪组相当），以弱—半封闭的缺氧环境为主；在 SQ2 上段和 SQ3，Mo 值快速下降至 4.1～9.6μg/g（平均 6.5μg/g，与道真沙坝埃隆阶相当），显强封闭的贫氧—氧化环境。

这说明，长阳海域在水井沱组沉积早期处于弱—半封闭的缺氧陆棚环境。

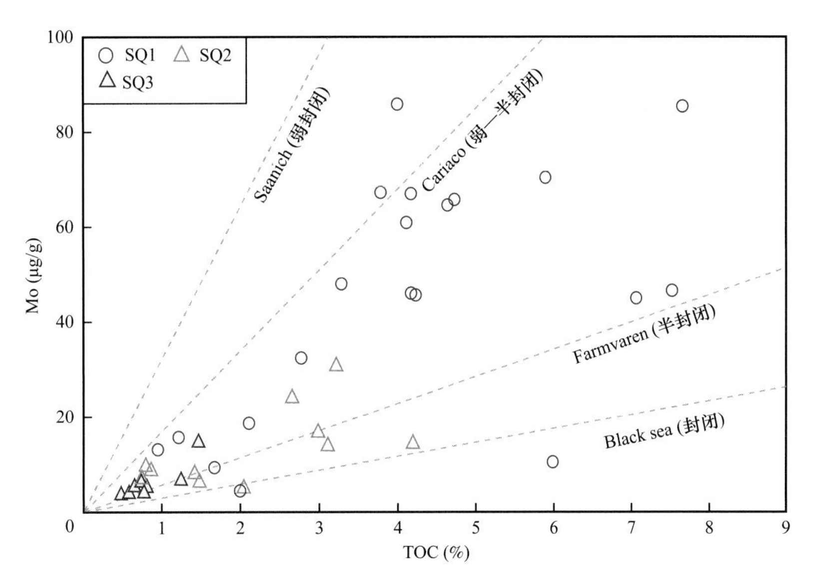

图 2-6 长阳白竹岭水井沱组 Mo 含量与 TOC 关系图版

4. 古生产力

在长阳地区，受海域封闭性弱和洋流活动等因素影响，古海洋 P、Ba、Si 等营养物质含量丰富（图 2-2，表 2-1）。P_2O_5/TiO_2 比值在 SQ1 下段较高，一般为 0.04～0.95，平均为 0.38，高值主要出现在底部碳质页岩段，在 SQ2 和 SQ3 段受水体变浅、黏土质和钙质增多、沉积速度加快等因素影响略有降低，普遍介于 0.18～0.56（SQ2）和 0.17～0.33（SQ3）。Ba 含量在 SQ1 总体较高，一般为 761～6988μg/g，平均为 2114μg/g，异常高值出现在底部碳质页岩段（反映底部上升洋流更加活跃），在 SQ2 和 SQ3 总体保持稳定，分别为 784～1848μg/g（平均为 1337μg/g）、955～1465μg/g（平均为 1186μg/g）。硅质含量在 SQ1、SQ2 和 SQ3 三段总体呈递减趋势，分别为 44.4%～69.4%（平均为 54.3%）、9.2%～37.9%（平均为 27.2%）、6.3%～29.3%（平均为 22.2%）。从 P_2O_5/TiO_2 比值、Ba 含量和硅质含量变化趋势来看，长阳海域古生产力在水井沱组沉积早期较高，峰值出现在 SQ1 沉积早期，在水井沱组沉积中期和晚期呈大幅度下降趋势。

表 2-1 长阳白竹岭水井沱组营养物质含量统计表

三级层序	P_2O_5/TiO_2 比值	Ba 含量（μg/g）	硅质含量（%）
SQ3	0.17～0.33/0.22（8）	955～1465/1186（8）	6.3～29.3/22.2（10）
SQ2	0.18～0.56/0.27（11）	784～1848/1337（11）	9.2～37.9/27.2（11）
SQ1	0.04～0.95/0.38（20）	761～6988/2114（20）	44.4～69.4/54.3（16）

注：表中数值区间表示为最小值～最大值 / 平均值，括号（ ）内为样品数。

5. 沉积速率

根据四川盆地下志留统龙马溪组结核体研究成果（表 2-2），龙马溪组结核体主要形成于水体较深且较安静、陆源碳酸盐和黏土质输入量较高、沉积速率较快（16.20～51.56m/Ma）的前陆坳陷。这说明，海相页岩结核体主要形成于同沉积—早期成岩阶段，发育于盆地挠曲（或裂陷）发展期，是深水—半深水陆棚相较快沉积产物。

长阳白竹岭水井沱组 SQ1 为富有机质页岩与钙质结核体共生段，其沉积环境与川南—川东坳陷埃隆阶（即结核体发育段）具有相似性，亦为裂陷发展期深水—半深水陆棚相较快沉积产物。由此推算，长阳水井沱组 SQ1 沉积速率为 16.20～51.56m/Ma（平均为 31.18m/Ma），为五峰组—鲁丹阶下段的 5～10 倍。

6. 氧化还原条件

在长阳白竹岭剖面点，Ni/Co 值与 TOC 相关性总体较好（图 2-2），是反映氧化还原条件的有效指标。Ni/Co 值在 SQ1 较高，一般为 5.11～21.00，平均为 10.64（19 个样品；图 2-2）；在 SQ2 为 2.89～7.05，平均为 4.47（12 个样品）；在 SQ3 为 3.45～4.67，平均为 4.00（8 个样品）。这说明，长阳海域在水井沱组沉积早期（SQ1 沉积期）为深水缺氧环境，在水井沱组沉积中期（SQ2 沉积期）和晚期（SQ3 沉积期）随着裂陷活动减弱和海平面下降出现贫氧—富氧环境。

四、富有机质页岩发育模式

长阳地区在早寒武世初期处于湘鄂西坳陷北部斜坡带中下部，在东北紧邻鄂中古陆，在东南邻近扬子地台边缘。受 SQ1 沉积期大规模裂陷作用和上升洋流活动共同控制，富有机质页岩广泛发育于水井沱组下部（图 2-7），即在水井沱组沉积初期（SQ1 沉积期），受多期次区域拉张应力场作用，湘鄂西地区发生大面积裂陷，导致扬子地台东南缘与华南洋快速连通，海平面飙升至高位（在长阳海域水深超过 200m），上升洋流大规模涌入鄂西地区，并带来 P、Ba、Si 等丰富的营养物质，促进表层海水藻类、海绵、骨针等浮游生物大量繁殖。在海底则出现有利于有机质保存的缺氧环境，并在长阳陆棚斜坡区沉积厚度介于 40～60m 的富有机质页岩与结核体组合；在水井沱组沉积晚期（SQ2 沉积晚期和 SQ3 沉积期），随着湘鄂西地区裂陷活动萎缩，构造活动以区域抬升为主，水体变浅，洋流活动向东南方向退却，长阳地区富有机质页岩沉积结束。

五、储集特征

长阳白竹岭剖面为发育于川东—湘鄂西裂陷区的典型剖面，地层出露完整且页岩新鲜，基于该剖面露头和周边钻井资料，可有效开展下寒武统富有机质页岩储集特征研究。本章依据长阳白竹岭、峡东王家坪和 YY3 井等资料点，重点展示下寒武统页岩的储集空间类型、孔隙结构和物性特征，为中扬子地区海相页岩气勘探评价和选区提供地质依据。

1. 储集空间类型

根据长阳白竹岭和峡东王家坪两个剖面电镜和薄片资料，鄂西地区水井沱组孔缝类型主要为有机质孔、黏土矿物晶间孔、脆性矿物粒内孔（含晶间孔，主要包括黄铁矿晶间孔、白云石粒内溶孔、方解石粒内溶孔、长石颗粒溶蚀孔、脆性矿物粒间孔、脆性矿物与片状黏土矿物间微裂隙等）、

表 2-2　四川盆地下志留统龙马溪组结核体地质参数表（据王玉满等，2019，2021）

剖面位置	笔石带	结核体特征					围岩特征		
		形态	尺度（cm）	岩性特征	TOC（%）	岩石矿物组成	沉积速率（m/Ma）	岩相	地质参数
长宁双河	LM5	透镜状 椭球状	长轴 85，短轴 30	钙质硅质混合页岩相，中心区钙质含量高，断面细腻，颜色较浅，灰色，显均质层理，向边部黏土质增加，颜色变深	0.8	石英 48.7%、斜长石 4.2%、方解石 8.9%、白云石 16.9%、黄铁矿 11.0%、黏土 10.3%	33.75	碳质页岩	TOC 值 1.2%～2.0%，石英 28.3%～42.4%、长石 3.1%～17.0%、黏土 45.7%～61.6%
	LM6	椭球状	长轴 50～100，短轴 25～30		0.7	GR 值 124～147cps，石英 56.0%、斜长石 3.3%、方解石 24.0%、黏土 16.7%	31.41	碳质页岩	TOC 值 1.1%～1.7%，石英 21.5%～26.8%、长石 3.2%～5.3%、方解石 4.6%～18.0%、白云石 2.9%～5.3%、黏土 49.7%～67.9%
	LM6	椭球状	长轴 60，短轴 30	钙质黏土质混合页岩相，中心区钙质含量较高，向边部黏土质增加	1.0	石英 22.0%、斜长石 3.3%、方解石 15.9%、白云石 3.3%、黏土 55.5%	31.41	碳质页岩	
綦江观音桥	LM5	面包状	长轴 80～150，短轴 30～50	黏土质硅质混合页岩相，含钙质，断面细腻，深灰色	1.0	石英 34.6%、钾长石 1.9%、斜长石 13.4%、方解石 6.2%、黄铁矿 0.9%、黏土 43.0%	30.00	黏土质页岩	TOC 值 1.0%～1.2%，石英 31.3%～42.3%、长石 8.0%～18.0%、方解石 0～5.1%、白云石 0～3.2%、黄铁矿 0.4%～2.4%、黏土 40.0%～49.3%
永善苏田	LM6	面包状 椭球状	长轴 50～150，短轴 35～80	钙质页岩相，中心区钙质含量高，颜色较浅，灰色，向边缘黏土质增加，颜色变深	0.2～0.4	GR 值 123～153cps，石英 5.0%～20.0%、方解石 67.0%～84.0%、黄铁矿 3.0%～5.0%、黏土 6.0%～10.0%	34.60	碳质页岩	GR 值 170～185cps，TOC 值 1.3%～2.1%，石英 30.0%～35.0%、方解石 10.0%～12.0%、白云石 0～5.0%、黄铁矿 2.0%、黏土 51.0%～52.0%
利川毛坝	LM6	椭球状	长轴 50，短轴 25	黏土质硅质混合页岩相，含钙质、断面细腻，深灰色	1.3	石英 40.5%、长石 8.6%、方解石 3.6%、黄铁矿 0.1%、黏土 47.2%，GR 值 134cps	16.20	碳质页岩	TOC 值 2.3%～2.4%，石英 30.8%～31.7%、长石 7.4%～10.6%、方解石 + 白云石 0～6.2.0%、黄铁矿 0.2%～1.0%、黏土 52.1%～59.8%
石柱漆辽	LM6	椭球状	长轴 50，短轴 20	硅质页岩相，纹层发育	0.9	石英 49.2%、钾长石 3.8%、斜长石 9.4%、黏土 37.6%，GR 值 191～194cps	20.47	黏土质页岩	TOC 值 0.8%～1.9%，石英 42.9%～46.3%、长石 6.9%～10.1%、黏土 43.6%～50.2%
	LM7	透镜状 椭球状	长轴 50～150，短轴 40～60	钙质硅质混合页岩相，含铁白云石，纹层发育	1.1	石英 20.0%、钾长石 1.6%、斜长石 5.3%、黄铁矿 4.5%、铁白云石 46.1%、黏土 22.5%，GR 值 210～217cps	51.56	碳质页岩	TOC 值 1.8%～2.3%，石英 36.9%～47.5%、长石 8.5%～8.7%、黄铁矿 0～4.0%、黏土 43.8%～50.6%

注：LM5—*Coronograptus cyphus* 带，LM6—*Demirastrites triangulatus* 带，LM7—*Lituigrapatus convolutus* 带。

（微）裂缝等多种孔隙空间（图 2–8）。受有机质炭化影响，有机质孔隙总体较少（图 2–8a、b）。鄂西下寒武统页岩储集空间类型及其发育特征与利川毛坝下志留统页岩（王玉满等，2021）总体相似。

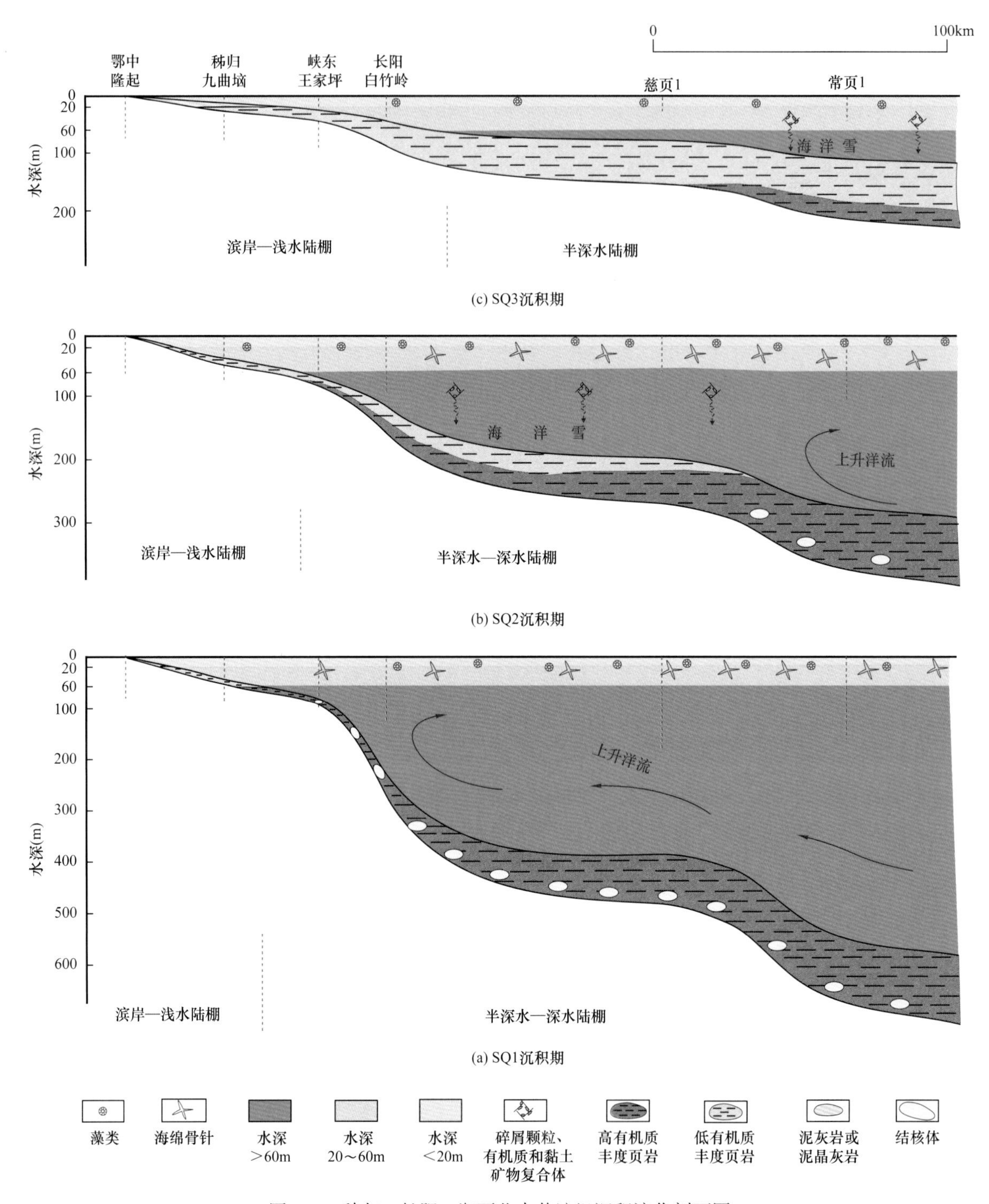

图 2–7　秭归—长阳—湘西北水井沱组沉积演化剖面图

2. 孔隙结构

基于鄂西 YY3 井岩心资料，笔者利用低温低压氮气吸附法针对水井沱组中—下段开展微孔、介孔和宏孔结构分析，研究结果显示见表 2–3。

水井沱组下段（即 SQ1）BET 比表面积为 9.3～15.6m^2/g，平均值为 13m^2/g，大致在长宁地区龙马溪组和筇竹寺组之间（图 1–53），其中由微孔提供的比表面积为 3.3～9.6m^2/g，平均值为 7m^2/g；微孔比表面积占总比表面积的比例为 34.4%～63.1%，平均值为 53.1%，可见页岩孔隙比表面积主要由微孔提供，构成了页岩吸附天然气的主要场所。BJH 总孔体积为 0.007～0.011cm^3/g，平均值为 0.009cm^3/g，其中由微孔提供的孔隙体积为 0.0014～0.0039cm^3/g，平均值为 0.0029cm^3/g，微孔孔隙体积占总孔体积比例为 18.3%～47.6%，平均值为 32.7%；平均孔径分布在 10.1～14.2nm 之间，平均值为 11.6nm，处于介孔范围内。

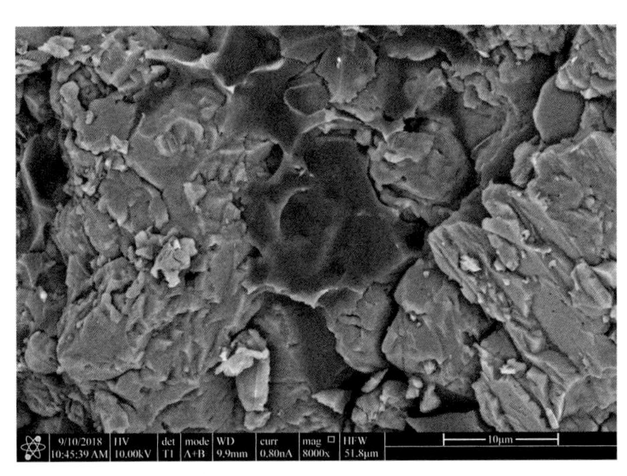

(a) 长阳白竹岭3层，有机质（深色）充填于脆性矿物粒间，见少量有机质孔

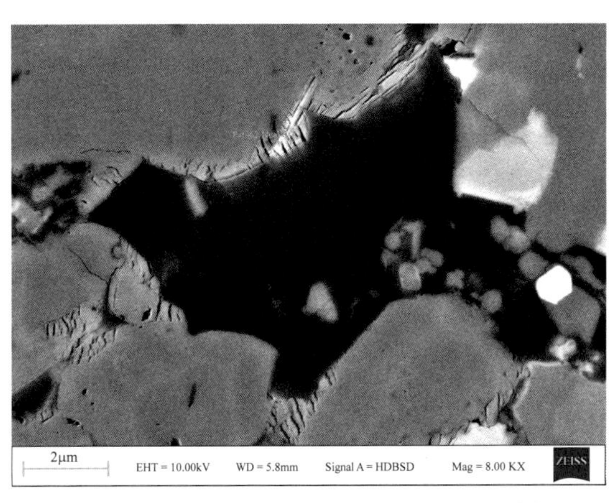

(b) 古丈默戎15层，有机质充填于粒间孔，面孔稀少

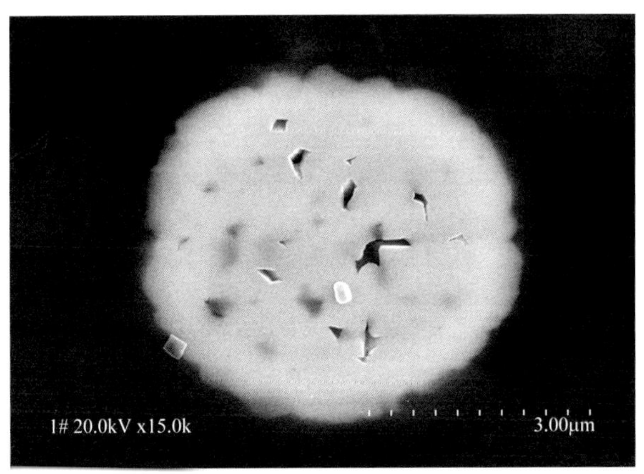

(c) 宜页3井，3040.09m，草莓状黄铁矿，见晶间孔

(d) 峡东王家坪1层，黏土矿物晶间孔

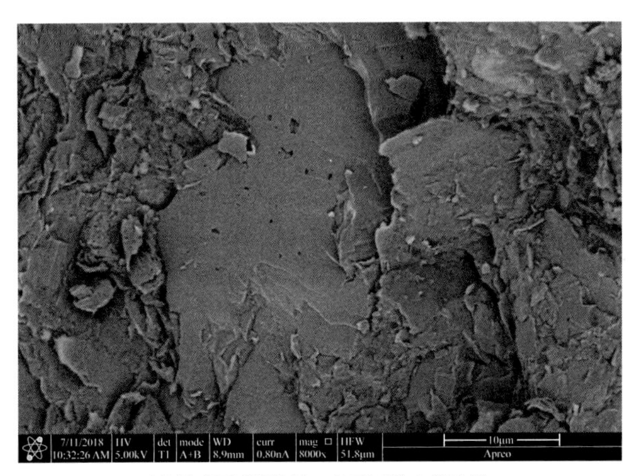

(e) 峡东王家坪1层，白云石粒内溶蚀孔

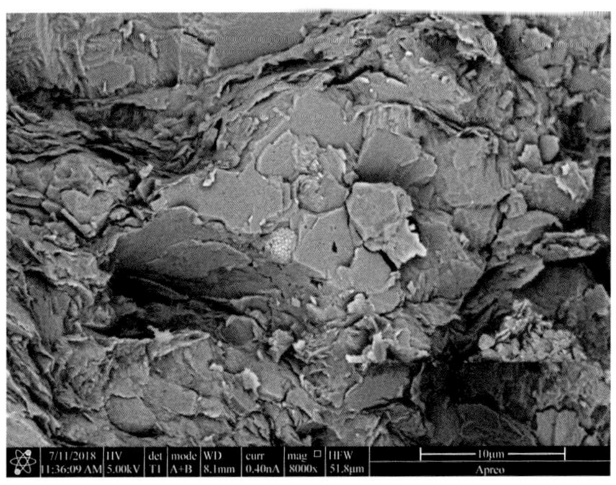

(f) 峡东王家坪4层，方解石粒内溶蚀孔

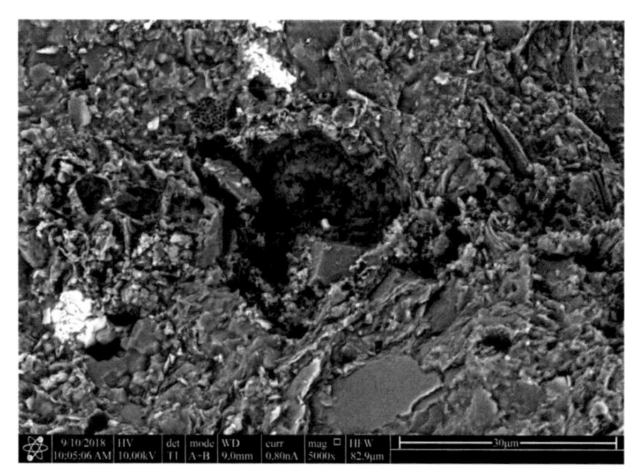

(g) 长阳白竹岭12层，钠长石溶蚀孔

(h) 长阳白竹岭12层，长石粒间孔与片状重晶石晶间孔

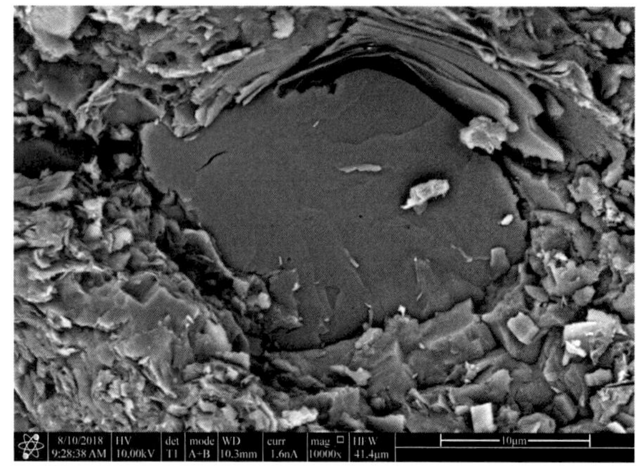

(i) 长阳白竹岭21层，方解石颗粒与黏土矿物间微裂隙

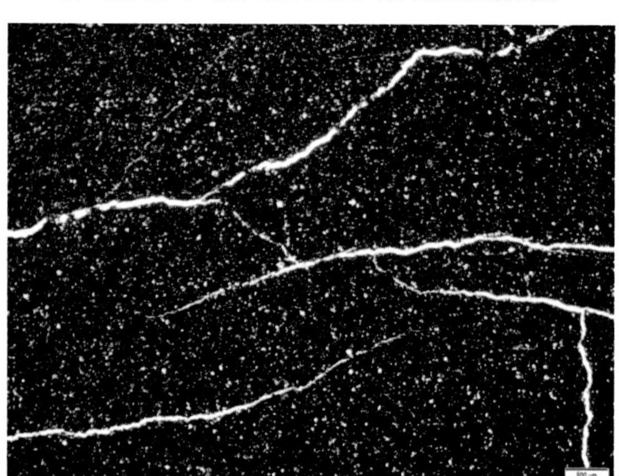

(j) 长阳白竹岭3层，裂缝，充填硅质，裂缝宽30μm

图 2-8 鄂西及周缘水井沱组镜下孔缝特征

表 2-3 鄂西地区水井沱组中下段孔隙结构参数表

探井	样品编号	深度（m）	层位	BET 比表面积（m^2/g）	BJH 总孔体积（cm^3/g）	微孔比表面积（m^2/g）	微孔孔隙体积（cm^3/g）	微孔比表面积占比（%）	微孔孔隙体积比例（%）	平均孔径（nm）
YY3 井	YY3-29	3035	水井沱组中段	10.4	0.009	3.7	0.0017	35.9	18.4	14
YY3 井	YY3-25	3037	水井沱组中段	17	0.013	8.6	0.0035	50.7	27.5	7.6
YY3 井	YY3-13	3046	水井沱组中段	14	0.008	8.5	0.0034	60.7	43.5	17.5
YY3 井	YY3-11	3048	水井沱组中段	13.2	0.004	8.1	0.0033	61.3	82.5	10.9
YY3 井	YY3-8	3049	水井沱组下段	9.8	0.007	3.38	0.0014	34.4	20	14.2
YY3 井	YY3-6	3050	水井沱组下段	15.6	0.008	9.493	0.0038	60.7	45.3	10.1
YY3 井	YY3-5	3051	水井沱组下段	15.4	0.008	9.684	0.0039	63.1	47.6	11.6
YY3 井	YY3-4	3051	水井沱组下段	13.1	0.008	7.428	0.003	56.8	35.8	10.9
YY3 井	YY3-3	3052	水井沱组下段	9.3	0.01	4.468	0.0018	48	18.3	11.6
YY3 井	YY3-2	3053	水井沱组下段	14.7	0.011	8.138	0.0033	55.4	29.5	11

水井沱组中段（即 SQ2）页岩样品 BET 比表面积为 10.4～17m²/g，平均值为 13.6m²/g，其中由微孔提供的比表面积为 3.7～8.6m²/g，平均值为 7.2m²/g；微孔比表面积占总比表面积的比例为 35.9%～61.3%，平均值为 52.1%。BJH 总孔体积为 0.004～0.013cm³/g，平均值为 0.008cm³/g，其中由微孔提供的孔隙体积为 0.0017～0.0035cm³/g，平均值为 0.003cm³/g，微孔孔隙体积占总孔体积比例为 18.4%～82.5%，平均值为 43%；平均孔径分布在 7.6～17.5nm 之间，平均值为 12.5nm，处于介孔范围内（表 2–3）。

上述分析表明，鄂西裂陷区 SQ1 和 SQ2 段的 BET 比表面积和 BJH 总孔体积在数值上差异不大，两段的微孔比表面积比例以及微孔孔隙体积比例也较稳定。由此推测，由于下寒武统页岩成熟度高和成岩作用强，有机质孔不易于保存，导致有机质孔所提供的优质储集空间总体较少。

3. 物性特征

为了解长阳地区下寒武统水井沱组页岩的物性特征，笔者在白竹岭和王子石两个剖面点采集新鲜样品 7 块（其中白竹岭剖面 6 块，小层标号分别为 10 层、13 层、15 层、17 层、19 层和 28 层；王子石剖面底部 1 块），并进行核磁共振孔隙度检测，结果显示（表 2–4）：长阳地区水井沱组页岩有效孔隙度一般为 1.1%～4.8%，平均为 2.5%，约为川南五峰组—龙马溪组（王玉满等，2021）的 50%，说明高—过成熟和有机质炭化对该地区下寒武统页岩物性产生较大影响，并导致页岩孔隙体积大幅度减少。受白云石、方解石含量高和后期溶蚀作用影响，长阳水井沱组孔隙度略高于威远筇竹寺组（平均为 1.7%）。

表 2–4　长阳地区水井沱组页岩核磁共振孔隙度数据表

剖面名称	小层编号	距底（m）	TOC（%）	岩石矿物组成（%）								核磁孔隙度（%）
				石英	钾长石	斜长石	方解石	白云石	黄铁矿	石膏	黏土	
白竹岭剖面	10	17.2	2.11	23.0	0.2	1.9	7.4	52.0	4.9		10.6	2.3
	13	40.49	2.99	30.5	0.6	4.5	30.6	8.4	4.8	0.2	20.4	1.5
	15	48.32	2.06	20.1	0.3	3.0	36.1	20.8	3.9	0.2	15.6	3.7
	17	67.06	0.76	9.2	0.1	1.5	76.0	1.7	1.7		9.8	1.1
	19	75.08	0.88	20.4	0.4	5.1	51.2		3.2		19.7	4.8
	28	143.5	1.35	21.4	0.2	3.4	37.5	15.8	2.4		19.3	1.8
王子石剖面		下段	1.22	7.2	0.4		75.1	9.6	2.1	0.2	5.4	2.0

第二节　峡东王家坪水井沱组剖面

剖面位于宜昌市西陵峡莲沱桥南 5km 的王家坪村，水井沱组沿省道自北向南展开，地层厚度为 26.66m。产状为 132°∠7°（图 2–9）。

一、基本地质特征

在峡东地区，下寒武统缺失岩家河组（相当于麦地坪组），自下而上沉积水井沱组、石牌组等地层，水井沱组与上震旦统灯影组之间呈假整合接触，界面清晰（图 2–10）。

图 2-9　峡东王家坪水井沱组剖面

灯影组为灰白色硅质白云岩，表面见刀砍纹，顶部 GR 值为 102～103cps。

水井沱组厚度为 26.66m（小层编号为 1—11 层），自下而上可划分为 SQ1、SQ2 和 SQ3 等 3 个三级层序，具体描述如下。

SQ1 厚 14.01m（小层编号为 1—3 层），为裂陷发展期形成的富有机质页岩沉积层序，自下而上以碳质页岩夹钙质结核体、硅质页岩和黏土质硅质混合页岩为主，反映峡东地区在区域拉张应力场作用下裂陷规模急剧扩大，海平面大幅度上升，洋流活跃，古生产力显著提高。GR 普遍显高幅度值（215～456cps）。

SQ2 厚 9.27m（小层编号为 4—9 层），为裂陷调整期形成的含钙质页岩与薄—中层状泥灰岩（局部呈结核状产出）组合，反映盆地裂陷活动开始转弱，区域抬升开始加强，古水体显著变浅，来自鄂中古陆的钙质和陆源碎屑大量增多。GR 响应显中等幅度值，一般为钙质页岩 130～193cps、泥灰岩 99～112cps。

SQ3 厚 3.38m（小层编号为 10—11 层），为裂陷萎缩期形成的钙质页岩夹泥灰岩薄层，岩相简单，GR 值为 97～182cps，反映峡东地区裂陷活动趋弱，构造运动以区域抬升为主，古水体持续变浅。

石牌组为中层状泥灰岩，偶见钙质页岩薄层，GR 值为 73～105cps。

二、地球化学特征

峡东水井沱组主体为裂陷斜坡带（深水→半深水陆棚）沉积的黑色页岩段（图 2-10），干酪根类型为Ⅰ型，成熟度较高。

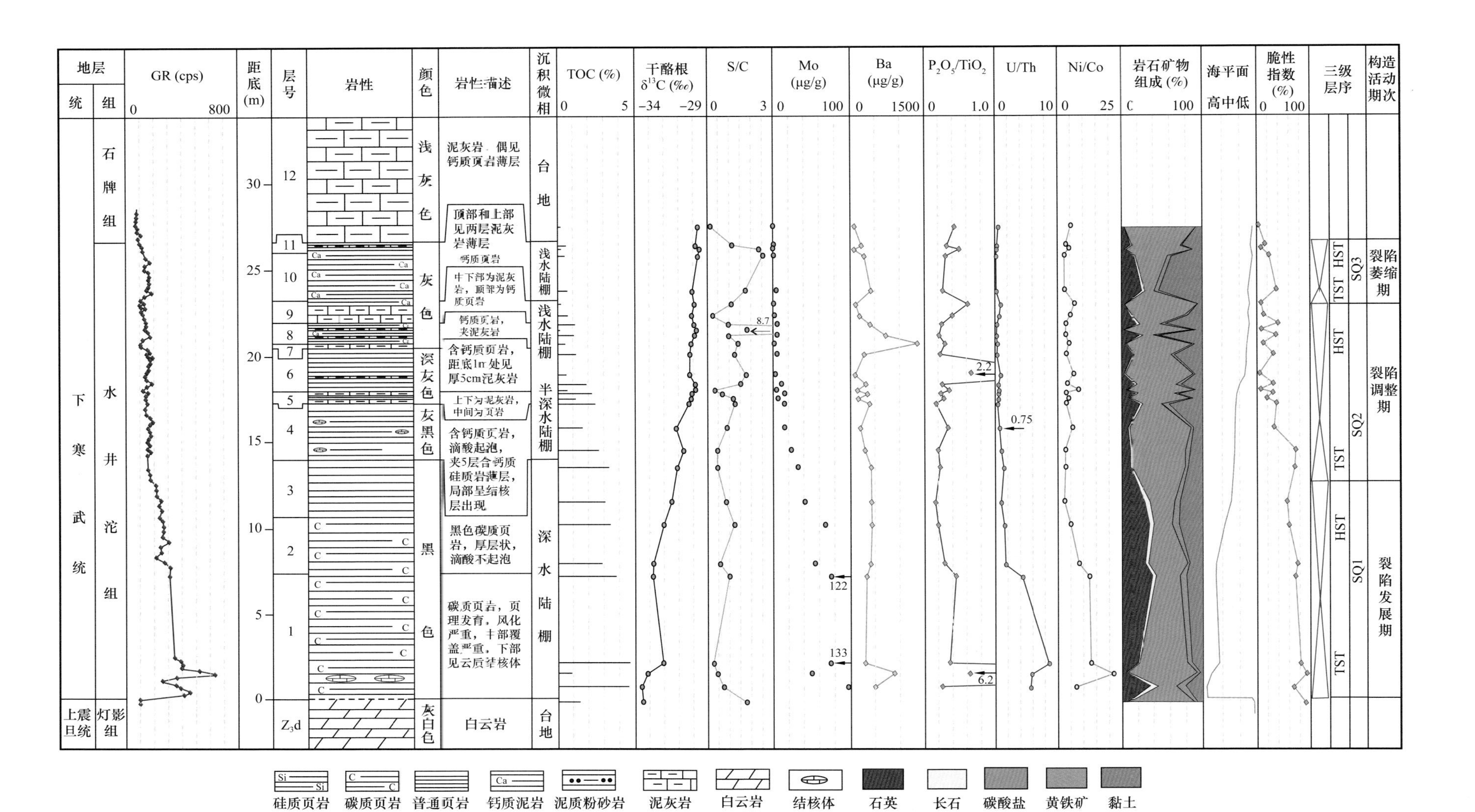

图 2-10　峡东王家坪水井沱组剖面综合柱状图

1. 有机质类型

根据有机地球化学测试资料，峡东地区水井沱组干酪根 $δ^{13}C$ 值自下而上为 SQ1 段 −33.55‰～−31.13‰、SQ2 段 −31.17‰～−29.85‰和 SQ3 段 −30.05‰～−29.60‰（图 2−10），在富有机质页岩段总体偏轻，显示该地区水井沱组干酪根主体为 I 型。

2. 有机质丰度

水井沱组 TOC 值一般为 0.16%～4.68%，平均为 1.73%（27 个样品），总体呈现自下而上减少趋势（图 2−10）。

SQ1 段为 TOC 值大于 2% 的富有机质页岩集中段，TOC 值一般为 0.88%～4.68%，平均为 3.33%（8 个样品）。

SQ2 段岩相较复杂，有机质丰度普遍降低，一般为 0.16%～2.64%，平均为 1.20%（12 个样品），其中下部 3.3m（4 层）为 TOC 值大于 2% 的富有机质页岩集中段，上部因水体变浅和泥灰岩层增多 TOC 平均值在 1% 左右。

SQ3 段有机质丰度普遍低于 1%，TOC 值一般为 0.25%～0.64%，平均为 0.48%（4 个样品）。

可见，峡东王家坪水井沱组 TOC 值大于 2% 的富有机质页岩集中段总厚度在 17.3m 左右（图 2−10）。

3. 成熟度

根据有机质激光拉曼测试资料，峡东王家坪水井沱组 D 峰与 G 峰峰间距和峰高比分别为 238～260cm^{-1} 和 0.62～0.63，在 G′ 峰位置（对应拉曼位移 2668.97cm^{-1}）呈斜坡状（即未出现石墨峰；图 2−11），计算的拉曼 R_o 为 2.9%～3.2%，说明水井沱组未出现有机质炭化特征，尚处于有效生气窗内。

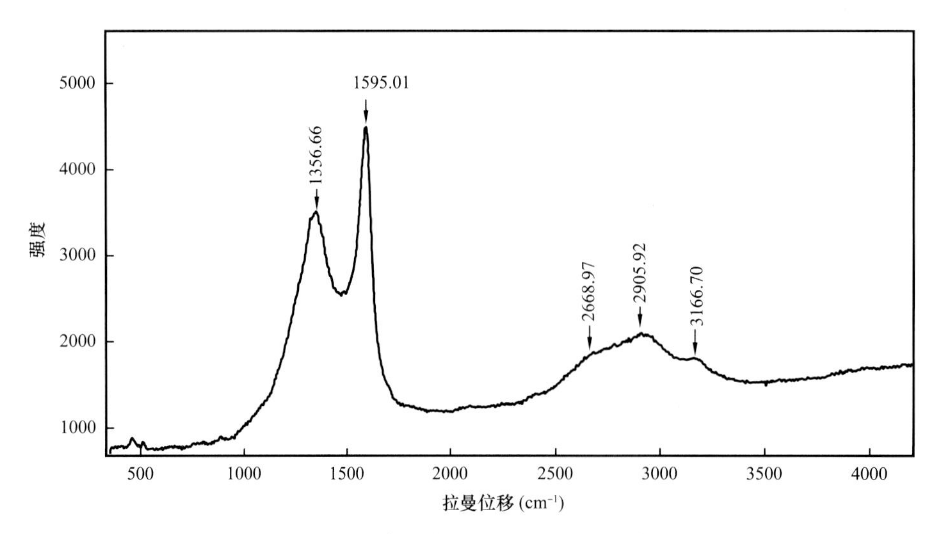

图 2−11　峡东王家坪水井沱组有机质激光拉曼图谱

三、沉积特征

在峡东地区，受构造活动和沉积要素变化影响，水井沱组自下而上呈三段式（即 SQ1、SQ2 和 SQ3）变化特征（图 2−10、图 2−12、图 2−13）。

1. 岩相与岩石学特征

水井沱组 SQ1 和 SQ2 下段主要为半深水—深水相硅质页岩、碳质页岩、黏土质硅质混合页岩，局部夹白云岩和钙质结核体，纹层总体不发育或欠发育；SQ2 上段和 SQ3 主要为浅水相钙质页岩与泥灰岩组合，纹层发育（图 2–10、图 2–12、图 2–13），现自下而上分小层描述。

1 层厚 7.43m，碳质页岩，页理发育，风化严重（图 2–12a），大部分为植被覆盖，实测 GR 值为 300～640cps。镜下纹层不发育，方解石、白云石、石英和黄铁矿等颗粒呈分散状分布，见生物化石呈透镜状、长条状（图 2–13a、b）。距底 1m 见厚 0.4m 白云质结核体，GR 值为 260cps。TOC 值为 0.88%～4.68%，岩石矿物组成为石英 5.1%～38.1%、长石 0.7%～9.3%、方解石 0～2.8%、白云石 22.8%～84.1%、黄铁矿 4.4%～11.6%、石膏 0～1.6%、铁白云石 0～29.1%、黏土矿物 2.9%～20.5%。

2 层厚 3.27m，黑色碳质页岩，厚层状（图 2–12b），滴酸不起泡，GR 值一般为 240～314cps。镜下纹层不发育，白云石、石英、骨针残骸和黄铁矿等颗粒呈分散状分布（图 2–13c、d）。TOC 值为 2.88%～3.42%，岩石矿物组成为石英 28.7%～34.1%、长石 3.7%～5.8%、方解石 4.5%～4.6%、白云石 17.5%～23.0%、黄铁矿 2.9%～8.6%、石膏 0～0.6%、铁白云石 0～21.4%、黏土矿物 15.4%～29.4%。

3 层厚 3.31m，岩性与 2 层相似（图 2–12b）。GR 值一般为 161～256cps。TOC 值为 3.06%～3.33%，岩石矿物组成为石英 10.3%～28.6%、长石 1.9%～6.2%、方解石 9.2%～9.4%、白云石 20.8%～28.6%、黄铁矿 3.4%～6.9%、石膏 0.2%～1.9%、铁白云石 0～28.7%、黏土矿物 16.0%～27.9%。

4 层厚 3.29m，灰黑色含钙质页岩，滴酸起泡，夹 5 层薄层含钙质硅质岩层（单层厚 6～13cm，GR 值为 138cps），局部呈结核层出现（图 2–12c）。在镜下，黑色页岩纹层不发育，见方解石、白云石、石英、骨针残骸和黄铁矿等颗粒呈分散状分布（图 2–13e、f）；钙质结核体纹层不发育，见方解石粒度一般为 45～120μm，白云石粒度一般为 25～45μm（图 2–13g、h）。GR 值一般为 138～193cps。TOC 值为 1.61%～2.64%，岩石矿物组成为石英 7.8%～22.1%、长石 1.3%～3.4%、方解石 10.3%～55.4%、白云石 5.7%～28.4%、黄铁矿 2.9%～8.9%、石膏 0～1.8%、铁白云石 0～28.0%、黏土矿物 11.1%～41.1%。

5 层厚 0.74m，上部 20cm 和下部 30cm 为泥灰岩层，中部 15cm 为钙质页岩（图 2–12d）。GR 值为泥灰岩 121～142cps、钙质页岩 157cps。TOC 值为泥灰岩 0.62%～1.17%、钙质页岩 2.20%，岩石矿物组成为石英 5.9%～16.7%、长石 0.8%～2.6%、方解石 37.0%～82.4%、白云石 1.1%～9.4%、黄铁矿 0.5%～4.0%、石膏 0～1.9%、黏土矿物 9.3%～28.4%。

6 层厚 2.43m，深灰色含钙质页岩（图 2–12e），距底 1m 处见厚 5cm 泥灰岩 1 层。在镜下，钙质页岩纹层发育，纹层中方解石粒径为 40～55μm，石英粒径为 20～30μm，磨圆度为次棱状（图 2–13i、j）。TOC 值为钙质页岩 1.20%～1.85%、泥灰岩 0.57%，岩石矿物组成为石英 2.9%～15.4%、长石 0.2%～2.6%、方解石 32.9%～85.4%、白云石 0～9.4%、黄铁矿 2.2%～6.1%、石膏 0～1.2%、铁白云石 0～12.7%、黏土矿物 9.3%～33.6%。

7 层厚 0.32m，泥灰岩层（图 2–12e）。GR 值一般为 104～109cps。TOC 值为 0.51%，岩石矿物组成为石英 4.8%、长石 0.6%、方解石 77.2%、白云石 5.9%、黄铁矿 1.4%、黏土矿物 10.1%。

(a) 水井沱组底部 (1层底部)，黑色碳质页岩

(b) 2—3层，黑色碳质页岩

(c) 4层，黑色含钙质页岩，夹钙质结核体 (箭头所指)

(d) 5层，泥灰岩层夹钙质页岩

(e) 6—8层，钙质页岩夹泥灰岩层

(f) 9层，厚层泥灰岩

(g) 10—11层，灰色钙质页岩夹薄层泥灰岩

(h) 11—12层，水井沱组与石牌组界限

图 2-12　峡东王家坪水井沱组露头照片

8层厚1.23m，钙质页岩夹3层泥灰岩薄层（单层厚5cm）。GR值一般为122～174cps。TOC值为钙质页岩1.06%～1.15%、泥灰岩0.16%，岩石矿物组成为石英2.6%～22.0%、长石0.2%～3.8%、方解石6.2%～82.0%、白云石0～8.2%、黄铁矿3.2%～5.4%、石膏0～0.3%、铁白云石0～16.7%、黏土矿物9.5%～54.1%。

9层厚1.26m，中下部1m为泥灰岩，顶部26cm为钙质页岩（图2–12f）。GR值一般为99～140cps。TOC值为钙质页岩0.66%、泥灰岩0.24%，岩石矿物组成为石英3.9%～10.4%、长石0～2.1%、方解石67.0%～86.7%、白云石0～2.0%、黄铁矿0.5%～0.7%、铁白云石0～3.1%、黏土矿物5.6%～18.0%。

10层厚2.8m，钙质页岩，灰色，颜色明显变浅（图2–12g）。GR值一般为132～182cps。TOC值为0.48%～0.64%，岩石矿物组成为石英15.1%～25.1%、长石1.1%～3.7%、方解石5.6%～37.1%、白云石4.1%～6.4%、黄铁矿4.4%～5.1%、石膏0.6%～0.7%、黏土矿物37.5%～53.5%。

11层厚0.58m，钙质页岩，灰色，页理发育（图2–12g），顶部和上部见两层泥灰岩薄层（单层厚3～13cm，GR值为97cps）。在镜下，泥灰岩纹层不发育，显晶粒结构，晶粒主要为粉晶方解石，粒径一般为45～65μm（图2–13k、l）。GR值一般为97～120cps。TOC值为钙质页岩0.57%、泥灰岩0.25%，岩石矿物组成为石英4.0%～10.6%、长石0.6%～1.4%、方解石58.0%～79.9%、白云石2.3%～3.0%、黄铁矿1.2%～2.2%、石膏0～0.9%、黏土矿物12.0%～23.9%。

12层为石牌组泥灰岩，偶见钙质页岩薄层（图2–12h）。GR值一般为73～105cps。TOC值为0.21%，岩石矿物组成为石英2.8%、长石0.5%、方解石88.6%、白云石0.5%、黏土矿物7.6%。

根据上述岩相和岩石学特征描述，峡东地区水井沱组在SQ1—SQ3段主体呈三段式变化特征。SQ1为裂陷发展期形成的优质页岩段，以深水相碳质页岩、黏土质硅质混合页岩和云质结核体为主，富含有机质、硅质和白云石，其中硅质含量平均为24.9%，白云石含量平均为31.5%，方解石含量普遍低于9.5%，长石含量普遍低于6.5%，黏土矿物含量一般介于2.9%～29.4%，镜下纹层不发育（或纹层总体较少），三矿物脆性指数为56.3%～93.6%（平均为72.6%）。SQ2主体为半深水—浅水相碳质页岩、钙质页岩与泥灰岩组合，富含钙质且岩相复杂，硅质含量普遍低于22.0%，方解石含量平均高达50.6%，白云石含量平均值下降至9.9%，三矿物脆性指数下降至5.1%～72.5%（平均为25.4%）。SQ3主体为浅水相钙质页岩，普遍含钙质，页岩段岩石矿物组成与綦江观音桥埃隆阶上段相当，即硅质含量普遍低于30.0%，方解石含量平均值在40.0%以上，纹层发育。

2. 海平面

根据剖面干酪根δ^{13}C资料（图2–10），在SQ1沉积早期和中期，δ^{13}C值发生大幅度负漂移，一般为–33.55‰～–32.03‰，显示海平面飙升至高水位；在SQ1沉积末期，δ^{13}C值显快速正漂移，一般为–31.49‰～–31.13‰，显示海平面开始下降并处于中—高水位状态；在SQ2沉积早期，δ^{13}C值介于–31.17‰～–30.31‰，显示海平面先小幅度上升后明显下降，仍处于中等水位；在SQ2沉积晚期，δ^{13}C值出现波动正漂移，介于–30.25‰～–29.78‰，显示海平面出现波动下降，并处于中—低水位；在SQ3沉积期，δ^{13}C值呈小幅度正漂移，一般为–30.05‰～–29.60‰，显示海平面下降至低水位状态。可见，在SQ1沉积期和SQ2沉积早期，峡东海域始终处于有利于有机质保存的中—高水位状态。

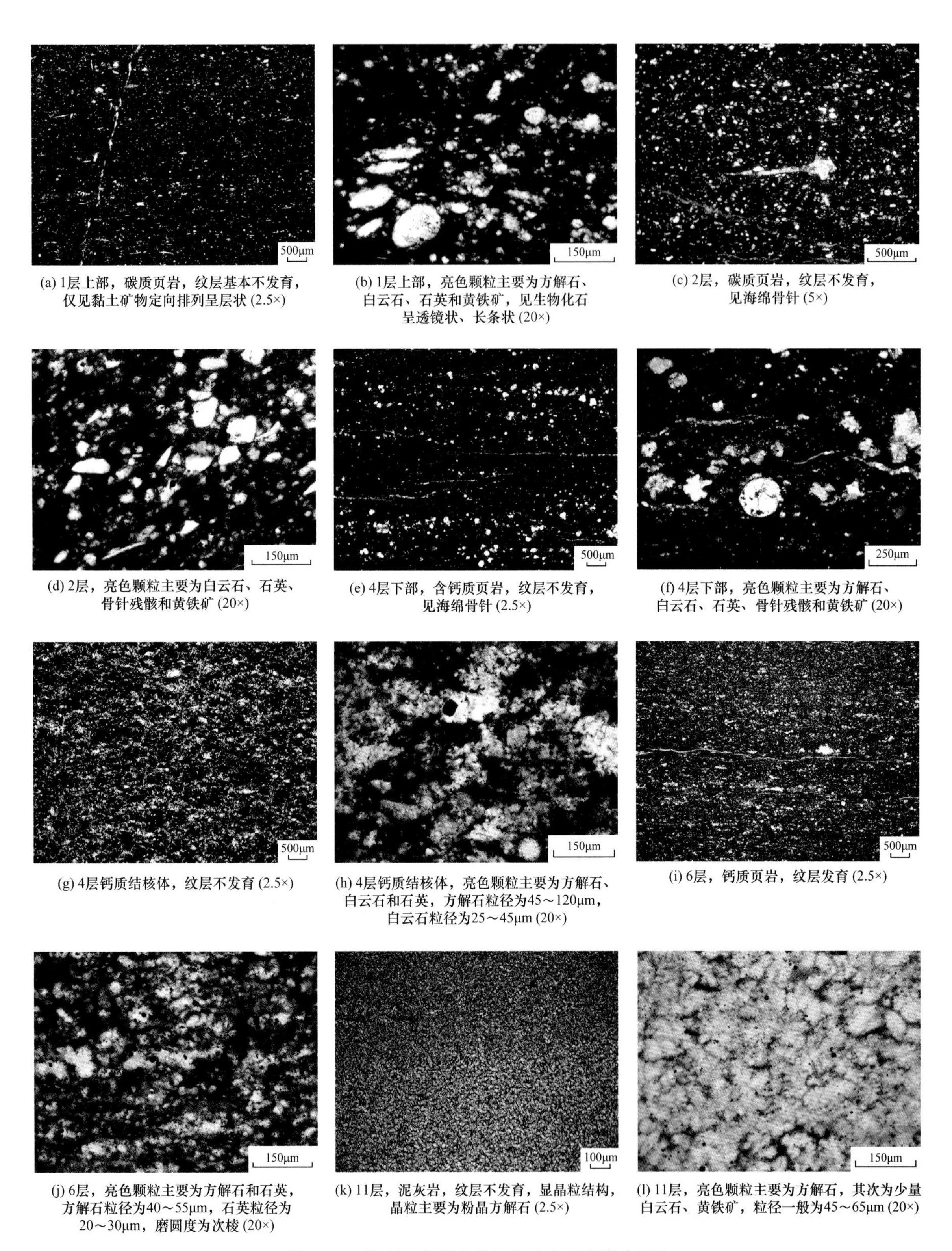

(a) 1层上部，碳质页岩，纹层基本不发育，仅见黏土矿物定向排列呈层状 (2.5×)

(b) 1层上部，亮色颗粒主要为方解石、白云石、石英和黄铁矿，见生物化石呈透镜状、长条状 (20×)

(c) 2层，碳质页岩，纹层不发育，见海绵骨针 (5×)

(d) 2层，亮色颗粒主要为白云石、石英、骨针残骸和黄铁矿 (20×)

(e) 4层下部，含钙质页岩，纹层不发育，见海绵骨针 (2.5×)

(f) 4层下部，亮色颗粒主要为方解石、白云石、石英、骨针残骸和黄铁矿 (20×)

(g) 4层钙质结核体，纹层不发育 (2.5×)

(h) 4层钙质结核体，亮色颗粒主要为方解石、白云石和石英，方解石粒径为45～120μm，白云石粒径为25～45μm (20×)

(i) 6层，钙质页岩，纹层发育 (2.5×)

(j) 6层，亮色颗粒主要为方解石和石英，方解石粒径为40～55μm，石英粒径为20～30μm，磨圆度为次棱 (20×)

(k) 11层，泥灰岩，纹层不发育，显晶粒结构，晶粒主要为粉晶方解石 (2.5×)

(l) 11层，亮色颗粒主要为方解石，其次为少量白云石、黄铁矿，粒径一般为45～65μm (20×)

图 2-13　峡东王家坪水井沱组重点层段薄片照片

3. 海域封闭性与古地理

峡东地区在水井沱组沉积期处于鄂西坳陷北部，东南邻华南洋入口，海域封闭性总体较弱。据微量元素资料显示（图 2-10、图 2-14），峡东海域在水井沱组沉积早期具有较高 Mo 含量。在 SQ1

和 SQ2 下段，Mo 值大多介于 6.6～133.0μg/g（平均为 51.8μg/g），与巫溪白鹿五峰组—龙马溪组（王玉满等，2021）相当，显示弱封闭—半封闭的缺氧环境；在 SQ2 上段和 SQ3，Mo 值快速下降至 0.8～5.7μg/g（平均为 3.8μg/g），与道真沙坝埃隆阶（王玉满等，2021）相当，显示强封闭的贫氧—氧化环境。

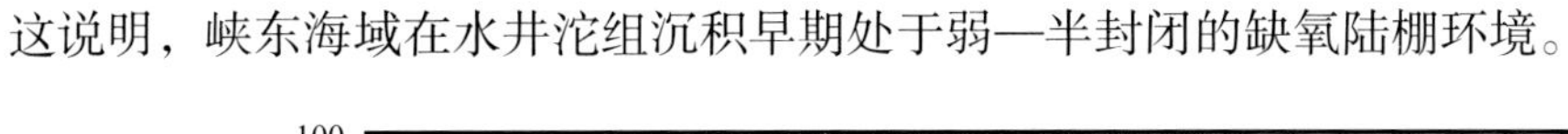

这说明，峡东海域在水井沱组沉积早期处于弱—半封闭的缺氧陆棚环境。

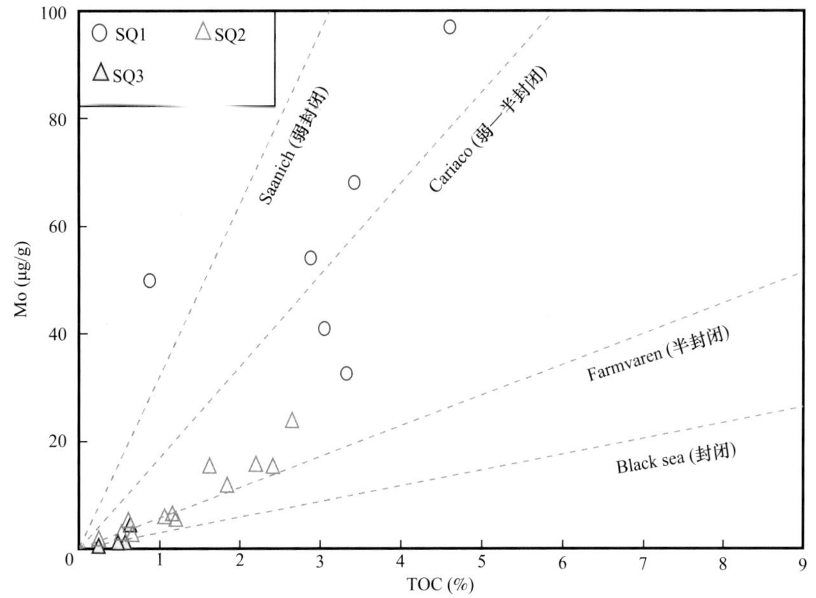

图 2-14　峡东王家坪水井沱组 Mo 含量与 TOC 关系图版

4. 古生产力

在峡东地区，受海域封闭性弱和洋流活动等因素影响，古海洋营养物质总体较丰富（图 2-10，表 2-5）。P_2O_5/TiO_2 比值在 SQ1、SQ2 和 SQ3 三段均较高，分别为 0.15～0.45（平均为 0.28）、0.17～0.62（平均为 0.30）和 0.27～0.50（平均为 0.35），平均值与石柱漆辽五峰组—鲁丹阶相近。Ba 含量在 SQ1、SQ2 和 SQ3 却出现低值，分别为 296～898μg/g（平均为 463μg/g）、98～1360μg/g（平均为 360μg/g）、86～425μg/g（平均为 257μg/g），平均值与道真埃隆阶（王玉满等，2021）相当。硅质含量在 SQ1、SQ2 和 SQ3 三段总体呈低值，分别为 5.1%～38.1%（平均为 24.9%）、2.6%～22.1%（平均为 11.0%）、4.0%～25.1%（平均为 13.7%）。关于 Ba 和硅质含量偏低的原因，可能与邻近鄂中古陆太近，大量陆源矿物（主要是方解石、白云石和黏土等）输入有关。从 P_2O_5/TiO_2 比值变化趋势看，峡东海域古生产力在水井沱组沉积期普遍较高。

表 2-5　峡东王家坪水井沱组营养物质含量统计表

三级层序	P_2O_5/TiO_2 比值	Ba 含量（μg/g）	硅质含量（%）
SQ3	0.27～0.50/0.35（4）	86～425/257（4）	4.0～25.1/13.7（4）
SQ2	0.17～0.62/0.30（13）	98～1360/360（14）	2.6～22.1/11.0（15）
SQ1	0.15～0.45/0.28（7）	296～898/463（8）	5.1～38.1/24.9（8）

注：表中数值区间表示为最小值～最大值 / 平均值，括号（ ）内为样品数。

5. 沉积速率

根据中国区域年代地层表（全国地层委员会，2002），寒武系水井沱组沉积经历了 7.5Ma。以此计算，峡东王家坪水井沱组沉积速率为 3.55m/Ma，其沉积速度与五峰组和鲁丹阶下段相近。

6. 氧化还原条件

在峡东王家坪剖面点，Ni/Co 和 U/Th 比值与 TOC 相关性总体较好（图 2–10），是反映海洋氧化还原条件的有效指标。研究表明，Ni/Co 比值大于 7.00 且 U/Th 比值大于 1.25，显示海底为缺氧环境；Ni/Co 比值介于 5.00～7.00 且 U/Th 比值介于 0.75～1.25，显示海底为贫氧环境；Ni/Co 比值小于 5.00 且 U/Th 比值小于 0.75，显示海底为富氧环境（Jomes 等，1994）。Ni/Co 值在 SQ1 较高，一般为 2.60～21.66，平均为 9.09（8 个样品）；在 SQ2 为 3.21～8.05，平均为 4.49（14 个样品）；在 SQ3 为 2.67～4.36，平均为 3.24（4 个样品）。U/Th 值在 1—3 层一般为 1.00～8.62，平均为 4.10（7 个样品；图 2–10），在 4 层为 0.75～1.40，平均为 1.07（3 个样品），在 5—12 层普遍介于 0.24～0.71，平均为 0.50（17 个样品）。这说明，峡东海域在 SQ1 沉积期为深水缺氧环境，在 SQ2 沉积早期为半深水贫氧环境，在 SQ2 沉积中期以后随着裂陷活动减弱和海平面下降出现富氧环境。

第三节　古丈默戎牛蹄塘组剖面

剖面位于湘西古丈县默戎镇北 2km 的龙鼻嘴，沿 S229 自北向南展开。产状为 140°∠50°（图 2–15）。

图 2–15　古丈默戎牛蹄塘组剖面

一、基本地质特征

在古丈默戎剖面点，下寒武统自下而上依次沉积麦地坪组、牛蹄塘组和杷榔组等地层，其中大部分层段出露地表且适宜详测，仅牛蹄塘组中段因植被和稻田覆盖无法勘测（图 2–16）。在牛蹄塘组与麦地坪组界限处，岩性变化并不明显，主要依据 GR 响应突变界定（或分层；图 2–16）。牛蹄塘组与杷榔组之间为自然连续过渡，以砂层突然增多作为杷榔组底界的界定依据（图 2–16）

灯影组上部为白云岩（浅色）与硅质岩（深色）互层，顶界位于汽修厂房南侧。GR 响应值为 92～108cps。

麦地坪组出露厚度为 34m（小层编号 1 层至 8 层下部），为裂陷初期形成的薄—中层状硅质岩，底部含白云质。GR 响应值为 80～278cps，并在顶部与牛蹄塘组 GR 峰形成自然衔接。

牛蹄塘组厚度约 183m（小层标号 8 层中部至 25 层），因中段覆盖严重，无法开展层序划分，仅以下、中、上 3 段进行描述。

下段（8 层中部至 20 层）厚 68m，为富有机质页岩段，以硅质页岩、硅质岩为主，局部含碳质页岩和硅质结核体，反映湘西地区在裂陷发展期裂陷规模急剧扩大，海平面大幅度上升，上升洋流大规模涌入，古生产力显著提高。底部为高 GR 黑色薄层状硅质页岩，GR 值一般为 235～767cps，岩相与长阳白竹岭水井沱组底部含磷层（0.4m）类似，为构造转换界面，代表湘西坳陷转入裂陷发展期，是区域对比标志层。下部（即海侵体系域，9—11 层）为中—厚层状硅质岩，GR 显低幅度值（100～200cps）。中部（即最大海泛面上下，12—15 层）为硅质页岩夹碳质页岩和硅质结核体，GR 显高幅度值（356～835cps）。上部（即高位体系域，16—20 层）为厚层状硅质页岩，GR 显高幅度值（386～908cps）。

中段为覆盖区（21 层），厚 58m。

上段（22—25 层）厚 58.2m，以灰黑色黏土质硅质混合页岩为主，块状，表面显竹叶状风化和球状风化。GR 值为 150～210cps，反映湘西北地区构造运动以区域抬升为主，古水体显著变浅。

杷榔组出露厚度超过 180m（26 层及以上），为厚层状粉砂质页岩与中—厚层状泥质粉砂岩。GR 响应值为 140～180cps。

二、地球化学特征

古丈地区牛蹄塘组主体为深水—半深水陆棚沉积的黑色页岩段（图 2–16），干酪根类型为Ⅰ型，成熟度高。

1. 有机质类型

根据有机地球化学测试资料，古丈地区牛蹄塘组干酪根 $\delta^{13}C$ 值为下段 –36.5‰～–33.1‰、上段 –33.4‰～–31.1‰（图 2–16），显示该地区牛蹄塘组干酪根主体为Ⅰ型。

2. 有机质丰度

麦地坪组有机质含量总体较低，TOC 值一般为 0.03%～1.88%，局部达到 3.56%。

牛蹄塘组 TOC 值一般为 0.57%～7.87%，平均为 3.43%（31 个样品），总体呈现自下而上减少趋势（图 2–16）。

下段为 TOC 值大于 2% 的富有机质页岩集中段，TOC 值一般为 0.57%～7.87%，平均为 4.34%

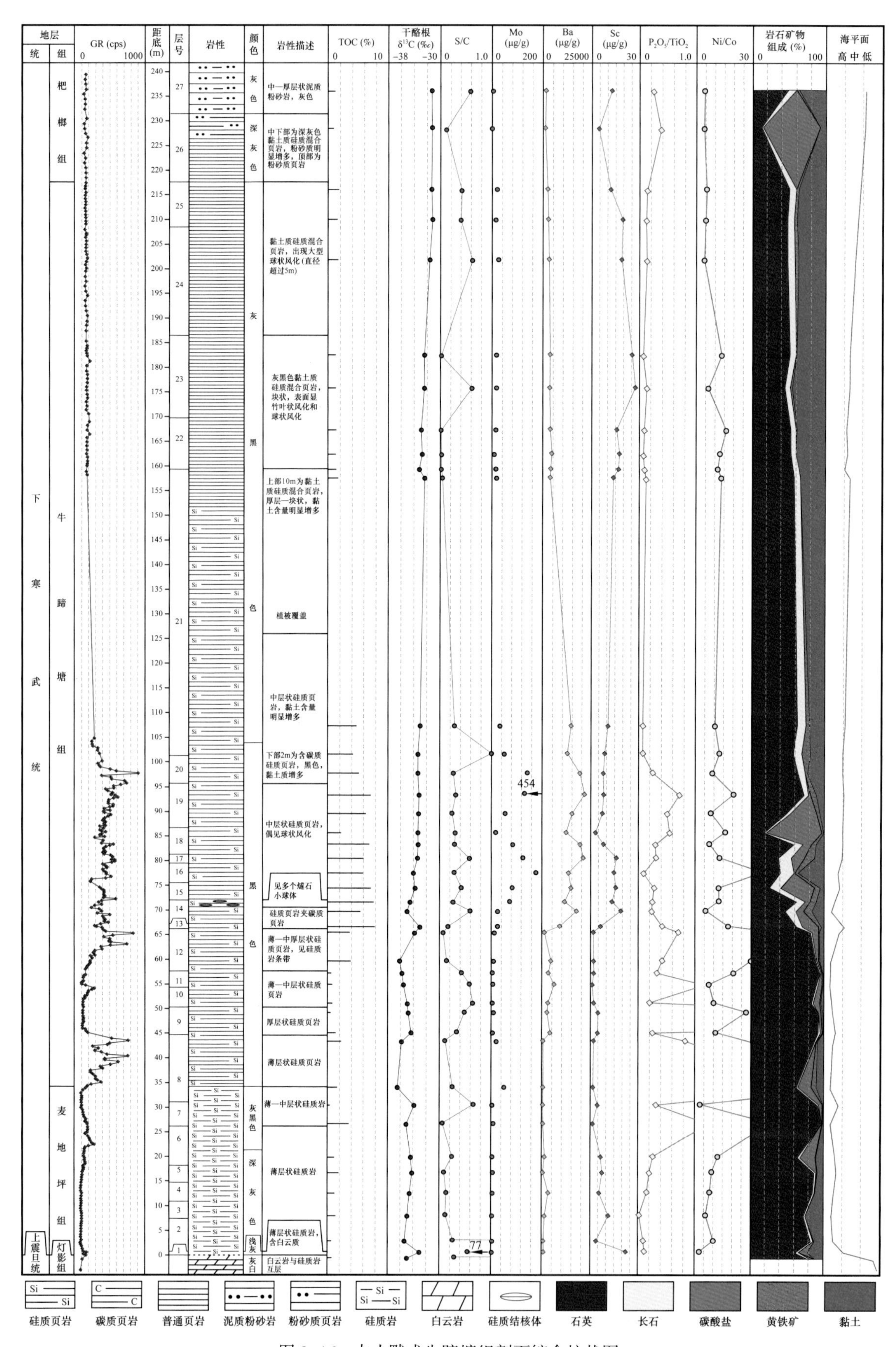

图 2-16　古丈默戎牛蹄塘组剖面综合柱状图

（21 个样品）。

上段有机质丰度普遍较低，TOC 值一般为 1.30%～1.72%，平均为 1.47%（8 个样品），无富有机质页岩集中段。

可见，古丈牛蹄塘组 TOC 值大于 2% 的富有机质页岩集中段总厚度在 45m 以上（图 2–16）。

3. 热成熟度

根据有机质激光拉曼测试资料，古丈地区牛蹄塘组 D 峰与 G 峰峰间距和峰高比分别为 262～273cm^{-1} 和 0.84～0.87，在 G′ 峰位置（对应拉曼位移 2659.16cm^{-1}）出现中高幅度石墨峰（图 2–17），计算的拉曼 R_o 为 3.74%～3.77%，说明古丈地区牛蹄塘组进入有机质严重炭化阶段，即已处于生气衰竭期。

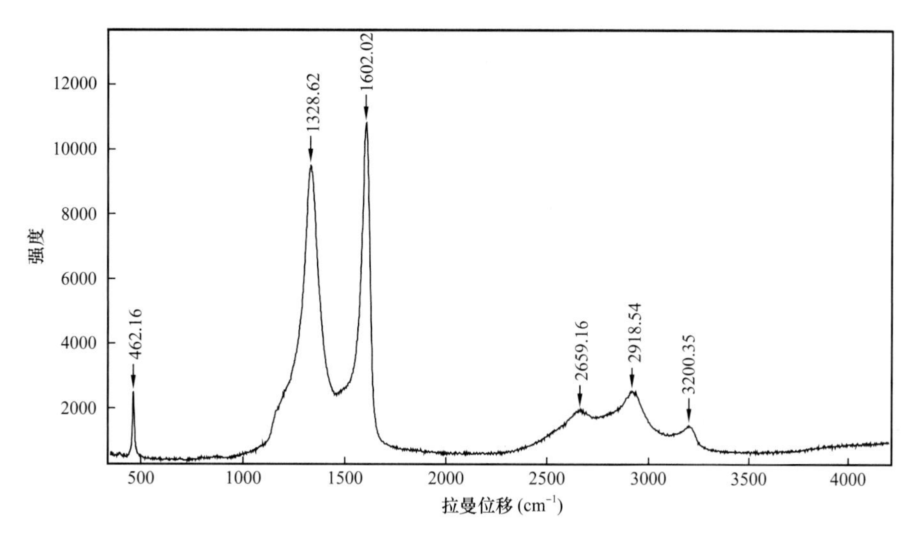

图 2–17　古丈地区牛蹄塘组有机质激光拉曼图谱

三、沉积特征

1. 岩相与岩石学特征

在古丈地区，麦地坪组以硅质岩为主，局部见硅质页岩。牛蹄塘组岩相总体较简单、均质，下段以深水相硅质页岩为主，局部见含碳质页岩和结核体，纹层不发育或欠发育；上段主要为半深水相黏土质硅质混合页岩，现自下而上分小层描述（图 2–16、图 2–18、图 2–19）。

1 层为麦地坪组，厚 0.7m，浅灰色薄层状硅质岩，含白云质（图 2–18a），GR 值为 128～164cps。TOC 值为 0.03%，岩石矿物组成为石英 61.6%、长石 4.8%、黄铁矿 12.2%、黏土矿物 21.4%。

2—6 层为麦地坪组，厚 25.49m，薄层状硅质岩（图 2–18a），单层厚 5～20cm，质硬，断面细腻，颗粒较细。GR 值一般为 80～150cps，局部达到 151～278cps（在 6 层上部）。TOC 值为 0.67%～1.88%，岩石矿物组成为石英 65.2%～87.8%、长石 2.1%～3.3%、白云石 0～21.2%、黄铁矿 0～0.8%、黏土矿物 8.2%～24.5%。

7 层为麦地坪组，厚 4.88m，薄—中层状硅质岩，单层厚 5～25cm（图 2–18b），裂缝发育且充填亮色方解石。镜下纹层不发育，见大量生物化石（海绵），化石呈环状，硅质，化石圈直径为 80～100μm，内部被有机质或黄铁矿充填（图 2-19a、b）。GR 值一般为 90～178cps。TOC 值为 0.44%～3.56%，岩石矿物组成为石英 92.3%～98.0%、长石 0～1.2%、白云石 0.5%～5.5%、黄铁矿 0～1.0%、黏土矿物 0～1.5%。

8 层厚 13.64m，下部 4.2m 为麦地坪组中层状硅质岩，断面细腻（图 2-18b），GR 值为 91～183cps。中上部为牛蹄塘组黑色薄层状硅质页岩，GR 出现高峰平台响应，平台值为 235～766cps。镜下纹层发育，见放射虫、海绵骨针化石（图 2-19c、d）。TOC 值为 1.62%～2.26%，岩石矿物组成为石英 63.4%～88.0%、长石 0.4%～1.4%、方解石 0.8%～1.7%、白云石 1.0%～16.6%、磷灰石 1.2%～5.4%、黄铁矿 1.9%～7.2%、黏土矿物 4.3%～6.7%。

9 层厚 5.61m，厚层状硅质岩，断面颗粒较细（图 2-18c）。GR 值一般为 111～189cps。TOC 值为 0.57%～1.39%，岩石矿物组成为石英 93.0%～93.2%、长石 0～2.7%、白云石 3.0%～3.3%、磷灰石 0～1.1%、黄铁矿 1.3%～2.4%。

10 层厚 3.98m，硅质页岩，下部为中层状（图 2-18c），上部为薄层状，节理发育。GR 值一般为 112～279cps。TOC 值为 0.81%，岩石矿物组成为石英 83.4%、长石 1.9%、方解石 2.3%、白云石 7.1%、黄铁矿 1.6%、黏土矿物 3.7%。

11 层厚 3.33m，中—厚层状硅质岩，黑色，质地硬而脆。GR 值一般为 101～256cps。TOC 值为 0.65%～0.80%，岩石矿物组成为石英 90.2%～95.5%、长石 0.9%～1.6%、方解石 0～1.5%、白云石 0～6.4%、黄铁矿 1.8%～2.1%。

(a) 麦地坪组底部，薄层状硅质岩、含白云质硅质岩

(b) 麦地坪组上部，厚层状硅质岩

(c) 牛蹄塘组下段 (9—10层)，厚层状硅质岩

(d) 牛蹄塘组下段 (12—13层)，碳质页岩与硅质 (页) 岩韵律层 (上升洋流相)

(e) 牛蹄塘组下段 (14层)，硅质页岩夹结核体 (黄色箭头所示)

(f) 牛蹄塘组下段 (17层和18层)，厚层状含钙质硅质页岩 (上升洋流相)

(g) 牛蹄塘组下段 (20层)，中层状含硅质页岩 (上升洋流相)

(h) 牛蹄塘组上段 (21层和22层)，块状黏土质硅质混合页岩

(i) 牛蹄塘组上段 (24层和25层)，块状黏土质硅质混合页岩

(j) 杷榔组下段 (27层)，块状粉砂质页岩，含粉砂

图 2–18　古丈默戎牛蹄塘组露头照片

12 层厚 8.61m，薄—中厚层状硅质页岩，在中部见硅质岩条带（单层厚 2～3cm）并显韵律层（图 2–18d）。镜下纹层发育，见海绵骨针化石（图 2–19e、f）。GR 值一般为 156～835cps。TOC 值为 3.68%～3.82%，岩石矿物组成为石英 82.3%～89.5%、长石 0.8%～1.2%、方解石 0～8.0%、白云石 2.4%～2.7%、黄铁矿 0～1.8%、黏土矿物 4.8%～6.5%。

13 层厚 1m，中层状硅质页岩，顶部 20cm 含碳质（图 2–18d）。GR 值一般为 285～387cps。

TOC 值为 7.87%，岩石矿物组成为石英 63.7%、长石 6.6%、方解石 11.4%、白云石 12.0%、黄铁矿 3.2%、黏土矿物 3.1%。

14 层厚 4.71m。下部为薄层状硅质页岩与碳质页岩互层（单层厚 3～5cm），其中上部 60cm 见多个燧石小球体（单个直径 1～5cm），局部呈层状分布（图 2-18e）。上部为薄层状硅质页岩。GR 值一般为 234～505cps。TOC 值为 5.50%～7.67%，岩石矿物组成为石英 47.0%～62.8%、长石 11.8%～14.9%、白云石 7.1%～10.7%、黄铁矿 7.7%～11.5%、石膏 0.5%～0.6%、黏土矿物 10.0%～15.4%。

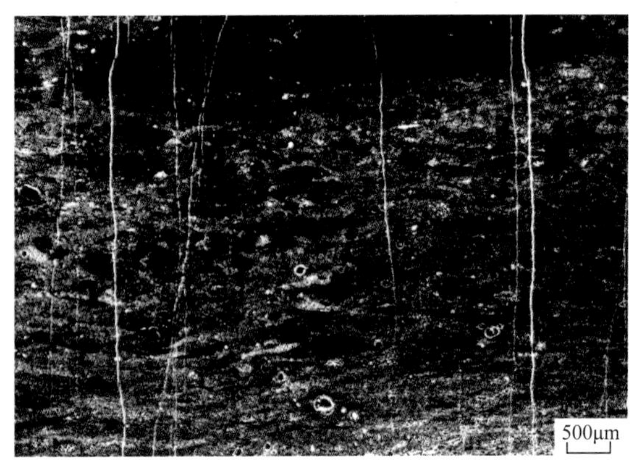

(a) 麦地坪组上部 (7层)，硅质页岩，纹层不发育，见大量放射虫、海绵等化石 (2.5×)

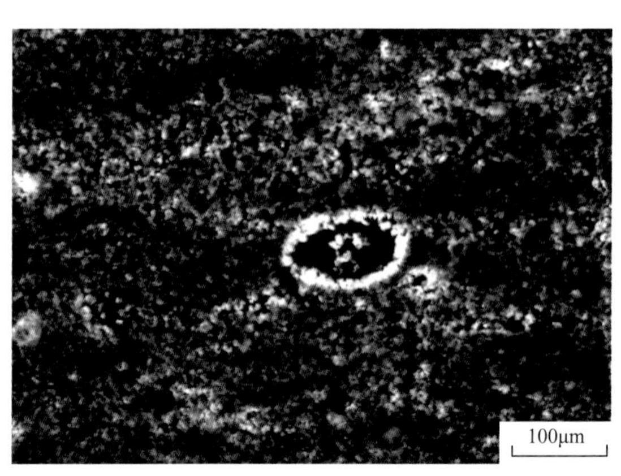

(b) 麦地坪组上部 (7层)，海绵化石呈环状，硅质，化石圈直径为 80～100μm，内部被有机质或黄铁矿充填 (20×)

(c) 牛蹄塘组底部 (8层)，硅质页岩，纹层发育，见少量生物化石 (2.5×)

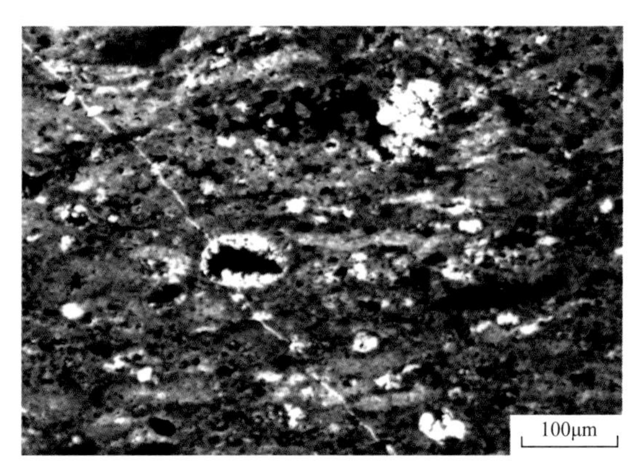

(d) 牛蹄塘组底部 (8层)，亮色颗粒主要为放射虫、石英 (20×)

(e) 牛蹄塘组下段韵律层 (12层)，纹层发育，见生物化石 (2.5×)

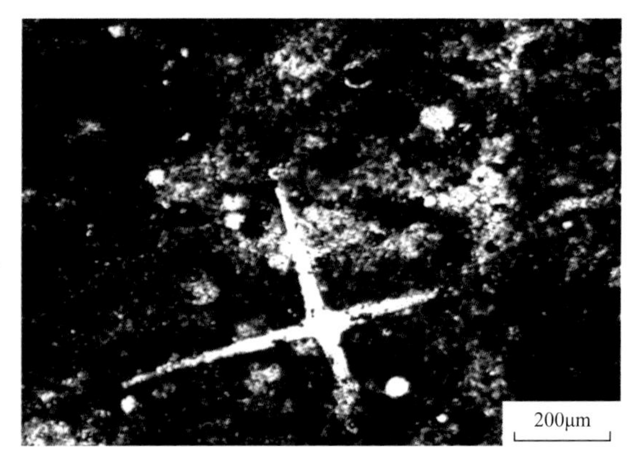

(f) 牛蹄塘组下段韵律层 (12层)，亮色颗粒主要为石英、海绵骨针和环形化石 (20×)

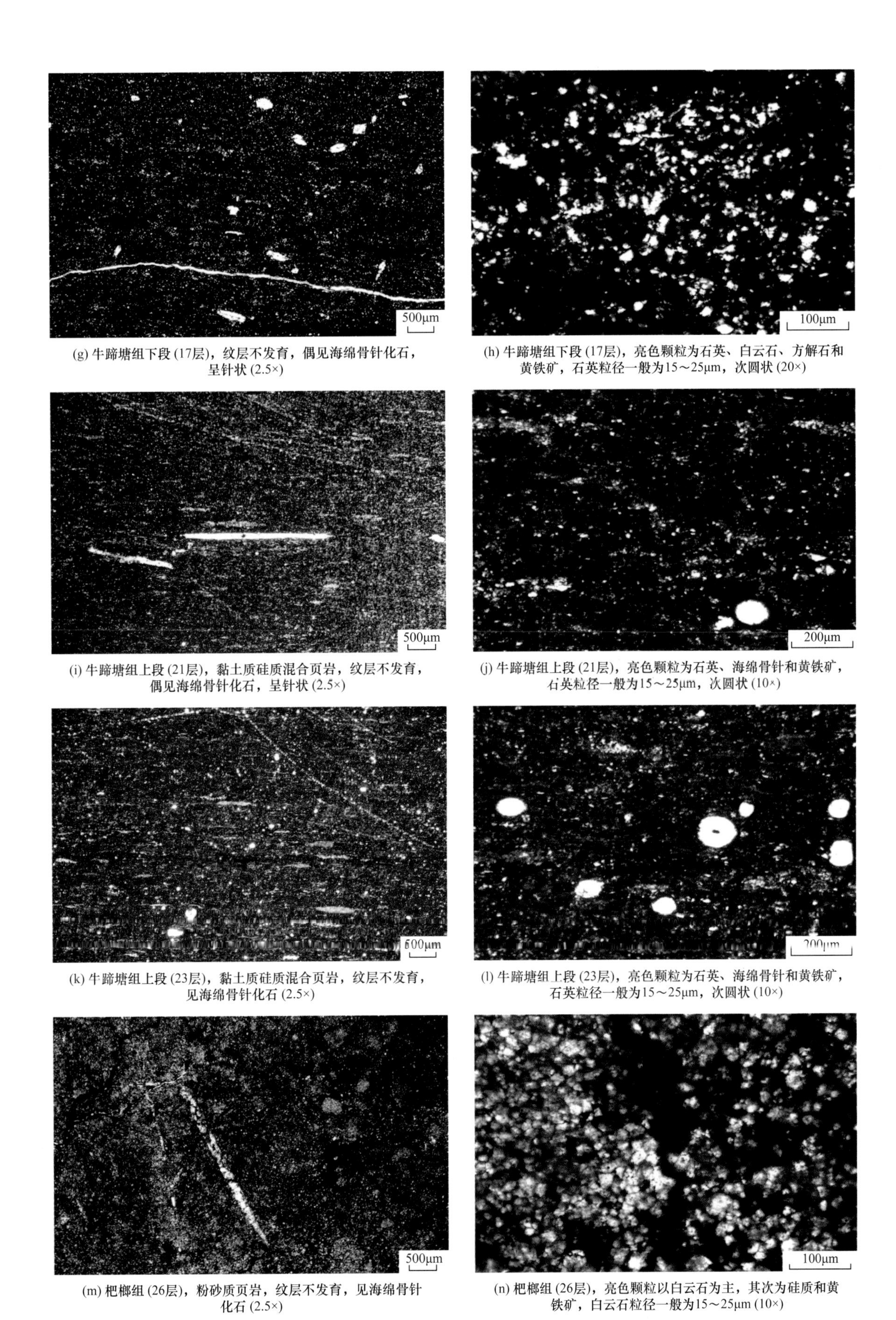

(g) 牛蹄塘组下段(17层)，纹层不发育，偶见海绵骨针化石，呈针状(2.5×)

(h) 牛蹄塘组下段(17层)，亮色颗粒为石英、白云石、方解石和黄铁矿，石英粒径一般为15～25μm，次圆状(20×)

(i) 牛蹄塘组上段(21层)，黏土质硅质混合页岩，纹层不发育，偶见海绵骨针化石，呈针状(2.5×)

(j) 牛蹄塘组上段(21层)，亮色颗粒为石英、海绵骨针和黄铁矿，石英粒径一般为15～25μm，次圆状(10×)

(k) 牛蹄塘组上段(23层)，黏土质硅质混合页岩，纹层不发育，见海绵骨针化石(2.5×)

(l) 牛蹄塘组上段(23层)，亮色颗粒为石英、海绵骨针和黄铁矿，石英粒径一般为15～25μm，次圆状(10×)

(m) 杷榔组(26层)，粉砂质页岩，纹层不发育，见海绵骨针化石(2.5×)

(n) 杷榔组(26层)，亮色颗粒以白云石为主，其次为硅质和黄铁矿，白云石粒径一般为15～25μm (10×)

图 2-19　古丈默戎牛蹄塘组重点层段薄片照片

15 层厚 3.53m，中层状硅质页岩，见球状风化。GR 值一般为 356～589cps。TOC 值为 7.24%，岩石矿物组成为石英 25.6%、长石 15.4%、白云石 46.1%、黄铁矿 8.0%、黏土矿物 4.9%。

16 层厚 3.98m，厚层状含碳质硅质页岩。GR 值一般为 224～516cps。TOC 值为 5.92%，岩石矿物组成为石英 40.4%、长石 18.8%、黄铁矿 5.6%、石膏 0.8%、黏土矿物 34.4%。

17 层厚 1.84m，上升洋流相中—厚层状硅质页岩，含钙质（图 2–18f）。镜下纹层不发育，见海绵骨针化石（图 2–19g、h）。GR 值一般为 422～569cps。TOC 值为 6.03%，岩石矿物组成为石英 37.7%、长石 17.5%、白云石 18.4%、黄铁矿 13.7%、石膏 0.9%、黏土矿物 11.8%。

18 层厚 5.35m，上升洋流相中—厚层状硅质页岩，单层厚 20～30cm（图 2–18f）。GR 值一般为 291～555cps。TOC 值为 2.25%～6.97%，岩石矿物组成为石英 19.4%～59.0%、长石 1.0%～12.2%、方解石 0～17.4%、白云石 11.6%～59.9%、黄铁矿 2.3%～7.2%、石膏 0～0.7%、黏土矿物 0～9.3%。

19 层厚 9.08m，中层状硅质页岩，单层厚 20～30cm。GR 值一般为 369～743cps。TOC 值为 6.39%～7.20%，岩石矿物组成为石英 48.5%～72.4%、长石 5.7%～6.7%、白云石 0～35.8%、黄铁矿 4.5%～7.7%、石膏 0～0.5%、铁白云石 0～2.6%、黏土矿物 5.0%～10.6%。

20 层厚 5.55m，下部 2m 为含碳质硅质页岩，黑色，黏土质增多。中上部为中层状硅质页岩，黏土含量明显增多（图 2–18g）。GR 值一般为 333～908cps。TOC 值为 5.2%，岩石矿物组成为石英 63.8%、长石 10.4%、黄铁矿 3.2%、黏土矿物 22.6%。

21 层厚 58.1m，下部为中层状硅质页岩，TOC 值为 4.23%～4.78%，岩石矿物组成为石英 57.8%～63.3%、长石 11.5%～11.6%、黄铁矿 5.5%～11.7%、黏土矿物 18.9%～19.7%。中部为植被和稻田覆盖。上部 10m 为黏土质硅质混合页岩，厚层—块状，黏土含量明显增多（图 2–18h），镜下纹层不发育，偶见海绵骨针化石（图 2–19i、j），TOC 值为 1.37%～1.72%，岩石矿物组成为石英 56.5%～57.7%、长石 7.8%～8.5%、黏土矿物 33.8%～35.7%。GR 值为底部 238～355cps、顶部 167～175cps。

22 层厚 10.42m，灰黑色黏土质硅质混合页岩，块状（图 2–18h），表面显竹叶状风化和球状风化（单个球体直径为 10～30cm），反映黏土质含量高，有机质丰度降低。GR 值一般为 170～213cps。TOC 值为 1.30%～1.39%，岩石矿物组成为石英 53.1%～53.9%、长石 6.9%～7.9%、黏土矿物 39.0%～39.5%。

23 层厚 16.7m，岩性与 22 层相似。镜下纹层不发育，见海绵骨针化石（图 2–19k、l）。GR 值一般为 162～196cps。TOC 值为 1.31%～1.32%，岩石矿物组成为石英 44.6%～52.1%、长石 7.4%～8.2%、黄铁矿 0～3.3%、黏土矿物 39.7%～44.7%。

24 层厚 22.03m，黏土质硅质混合页岩，出现大型球状风化（直径超过 5m），GR 值降至 160cps 以下。TOC 值为 1.72%，岩石矿物组成为石英 47.8%、长石 10.5%、黄铁矿 5.0%、黏土矿物 36.7%。

25 层为牛蹄塘组顶部，厚 9.04m，岩性与 24 层基本相似，GR 值普遍降至 155cps 以下，表面出现大型球状风化（图 2–18i）。TOC 值为 1.60%～1.84%，岩石矿物组成为石英 48.2%～50.4%、长石 8.7%～9.7%、黄铁矿 3.4%～3.9%、石膏 0～0.2%、黏土矿物 36.3%～39.2%。

26 层为杷榔组，厚 13.88m，中下部为灰黑色黏土质硅质混合页岩，顶部为粉砂质页岩，质地变硬。镜下纹层不发育，见海绵骨针化石（图 2–19m、n）。GR 值一般为 132～171cps。TOC 值为 0.96%，岩石矿物组成为石英 12.4%、长石 1.5%、方解石 0.6%、白云石 77.9%、黏土矿物 7.6%。

27 层为杷榔组，厚度为 9.09m，中—厚层状泥质粉砂岩，灰色，颜色变浅，颗粒较粗（图

2-18j）。GR 值一般为 135～165cps。TOC 值为 1.20%，岩石矿物组成为石英 49.0%、长石 11.8%、黄铁矿 3.1%、黏土矿物 36.1%。

可见，牛蹄塘组下段和上段岩相差异明显。下段为裂陷发展期形成的富有机质、富硅质页岩，以上升洋流相硅质页岩为主，硅质含量普遍超过 48.0%，局部含钙质，长石含量普遍介于 6.6%～18.8%，黏土矿物含量一般介于 4.8%～22.6%（与五峰组和鲁丹阶下部相当），镜下纹层不发育（或纹层总体较少）。上段主体为半深水黏土质硅质混合页岩，露头和镜下砂质纹层发育，黏土含量普遍介于 33.0%～40.0%。

2. 海平面

根据剖面干酪根 $\delta^{13}C$ 资料（图 2-16），下寒武统 $\delta^{13}C$ 值在麦地坪组和牛蹄塘组下段普遍负漂移，一般介于 -36.50‰～-33.02‰，在牛蹄塘组上段出现缓慢正漂移，一般介于 -33.21‰～-31.17‰，在杷榔组介于 -31.29‰～-31.26‰，显示古丈海域在麦地坪组沉积期和牛蹄塘组沉积早期处于高水位状态，在牛蹄塘组沉积晚期下降至中—高水位状态，在杷榔组沉积期下降至中—低水位状态。可见，在牛蹄塘组沉积期，古丈海域始终处于有利于有机质保存的中—高水位状态。

3. 海域封闭性与古地理

古丈地区在牛蹄塘组沉积期处于湘鄂西坳陷中央，紧邻华南洋入口，海域封闭性弱。根据古海洋研究成果，可以利用 S/C 值来反映海盆水体的盐度和封闭性（Berner 等，1983；王清晨等，2008），进而判断古地理环境。在古丈地区，S/C 值在牛蹄塘组沉积早期和晚期普遍较低且变化不大（图 2-16），具体表现为在牛蹄塘组下段，S/C 比值大多介于 0.05～0.59，仅在硅质层和结核层出现异常（超过 0.60），反映古水体主体处于低盐度、弱封闭状态；在牛蹄塘组上段，S/C 值一般介于 0.01～0.42，局部超过 0.60，反映古水体主体处于低—正常盐度、弱—半封闭状态（图 2-16）。

另据微量元素资料显示（图 2-16、图 2-20），古丈海域在牛蹄塘组沉积早期和晚期均具有较高 Mo 含量，Mo 值大多介于 6.0～454.0μg/g，以弱封闭的缺氧环境为主。

这说明，古丈海域在牛蹄塘组沉积期处于弱—半封闭的缺氧陆棚环境。

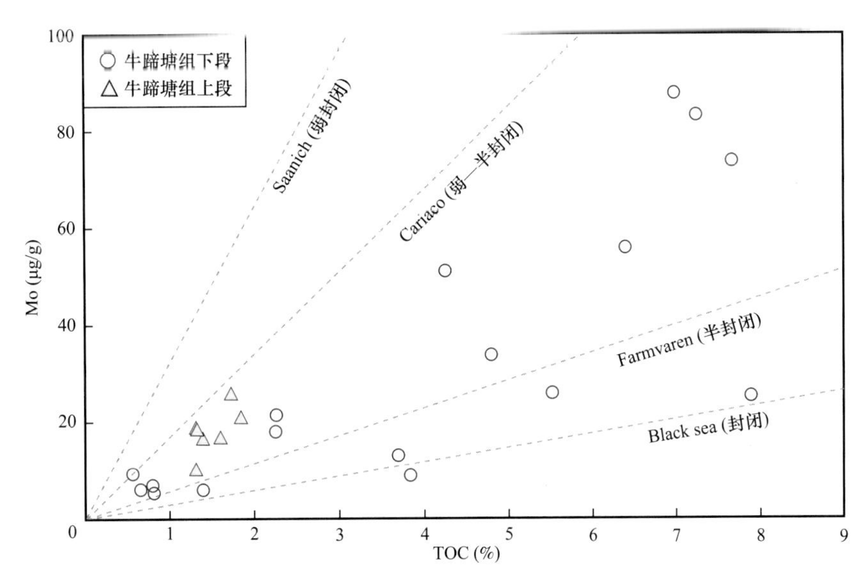

图 2-20　古丈地区牛蹄塘组 Mo 含量与 TOC 关系图版

4. 古生产力

在古丈地区，受海域封闭性弱和洋流活动等因素影响，古海洋 P、Ba、Si 等营养物质含量丰富（图 2–16，表 2–6）。P_2O_5/TiO_2 值在牛蹄塘组下段较高，一般为 0.20～10.19，平均为 1.06，在牛蹄塘组上段受黏土含量高和沉积速度加快等因素影响略有降低，普遍介于 0.08～0.13（平均为 0.10）。Ba 含量在牛蹄塘组下段出现异常高值，达到 433～21516μg/g（平均为 10306μg/g），峰值出现在 13 层至 21 层底部，在牛蹄塘组上段下降至 2326～4474μg/g（平均为 3447μg/g），与巫溪田坝埃隆阶上升洋流相页岩（王玉满等，2021）相当（表 2–6），说明上升洋流在牛蹄塘组沉积期均很活跃。硅质含量自下而上总体呈递减趋势，分别为下段 40.4%～98.0%（平均为 69.7%）、上段 44.6%～57.7%（平均为 51.6%）。从 P_2O_5/TiO_2 值、Ba 含量和硅质含量变化趋势看，古丈海域古生产力在牛蹄塘组沉积期普遍较高，在早期最高，显示上升洋流对高古生产力的突出贡献。

表 2–6　古丈地区牛蹄塘组营养物质含量统计表

层段	P_2O_5/TiO_2 值	Ba 含量（μg/g）	硅质含量（%）
牛蹄塘组上段	0.08～0.13/0.10（11）	2326～4474/3447（9）	44.6～57.7/51.6（9）
牛蹄塘组下段	0.20～10.19/1.06（20）	433～21516/10306（22）	40.4～98.0/69.7（20）

注：表中数值区间表示为最小值～最大值 / 平均值，括号（）内为样品数。

5. 沉积速率

根据四川盆地下志留统龙马溪组结核体发育特征资料（王玉满等，2019，2021），海相页岩结核体主要形成于同沉积—早期成岩阶段，发育于盆地挠曲（或裂陷）发展期，是深水—半深水陆棚较快沉积产物，结核体发育段沉积速率一般为 16.20～51.56m/Ma（平均为 31.18m/Ma）。

古丈默戎牛蹄塘组下段为富有机质页岩与结核体共生段，其沉积环境与川南—川东坳陷埃隆阶结核体发育段（表 2–2）基本相似。由此推测，古丈牛蹄塘组下段也为裂陷发展期深水陆棚较快沉积产物，其沉积速率为 16.20～51.56m/Ma，约为五峰组—鲁丹阶下段的 5～10 倍。

6. 氧化还原条件

在古丈默戎剖面点，Ni/Co 值与 TOC 相关性总体较好（图 2–16），是反映氧化还原条件的有效指标。Ni/Co 值在牛蹄塘组下段高，一般为 5.67～85.85，平均为 20.18（22 个样品），在牛蹄塘组上段下降至 4.24～16.02，平均为 9.83（9 个样品），在杷榔组则降为 4.15～4.46（图 2–16）。这说明，古丈海域在牛蹄塘组沉积期总体为深水缺氧环境，在杷榔组沉积期出现浅水贫氧—富氧环境。

第三章　黔北坳陷寒武系页岩典型剖面地质特征

黔北坳陷是位于上扬子地台东南缘的重要裂陷区，主要指贵州北部和东北部（图 1–2），面积约为 $6 \times 10^4 km^2$。该地区寒武系页岩露头剖面较多，本章重点介绍瓮安永和、镇远鸡鸣村、松桃盘石、湄潭梅子湾和遵义中南村等 5 个剖面。

第一节　瓮安永和牛蹄塘组剖面

剖面位于贵州省瓮安县永和镇朵丁关县道边，地理位置为北纬 27°4′14″、东经 107°34′56″（图 3–1），海拔为 1137m。地层顶底界限清晰，出露厚度超过 135m。

图 3–1　瓮安永和朵丁关牛蹄塘组剖面

一、基本地质特征

在瓮安地区，下寒武统页岩出露较完整，与上震旦统灯影组之间呈假整合接触，界面清楚，自下而上可见麦地坪组、牛蹄塘组和杷榔组等 3 套地层（图 3–2）。

灯影组为灰白色白云岩，表面见刀砍纹，GR 值为 110～180cps。

麦地坪组厚度为 8.87m（小层编号 1 层），为裂陷初期形成的薄层状硅质岩，主体被植被覆盖且风化严重，仅顶部出露 80cm。底部 GR 响应值为 196cps，顶部 GR 显峰值响应（491～1183cps），与牛蹄塘组 GR 峰形成自然衔接。

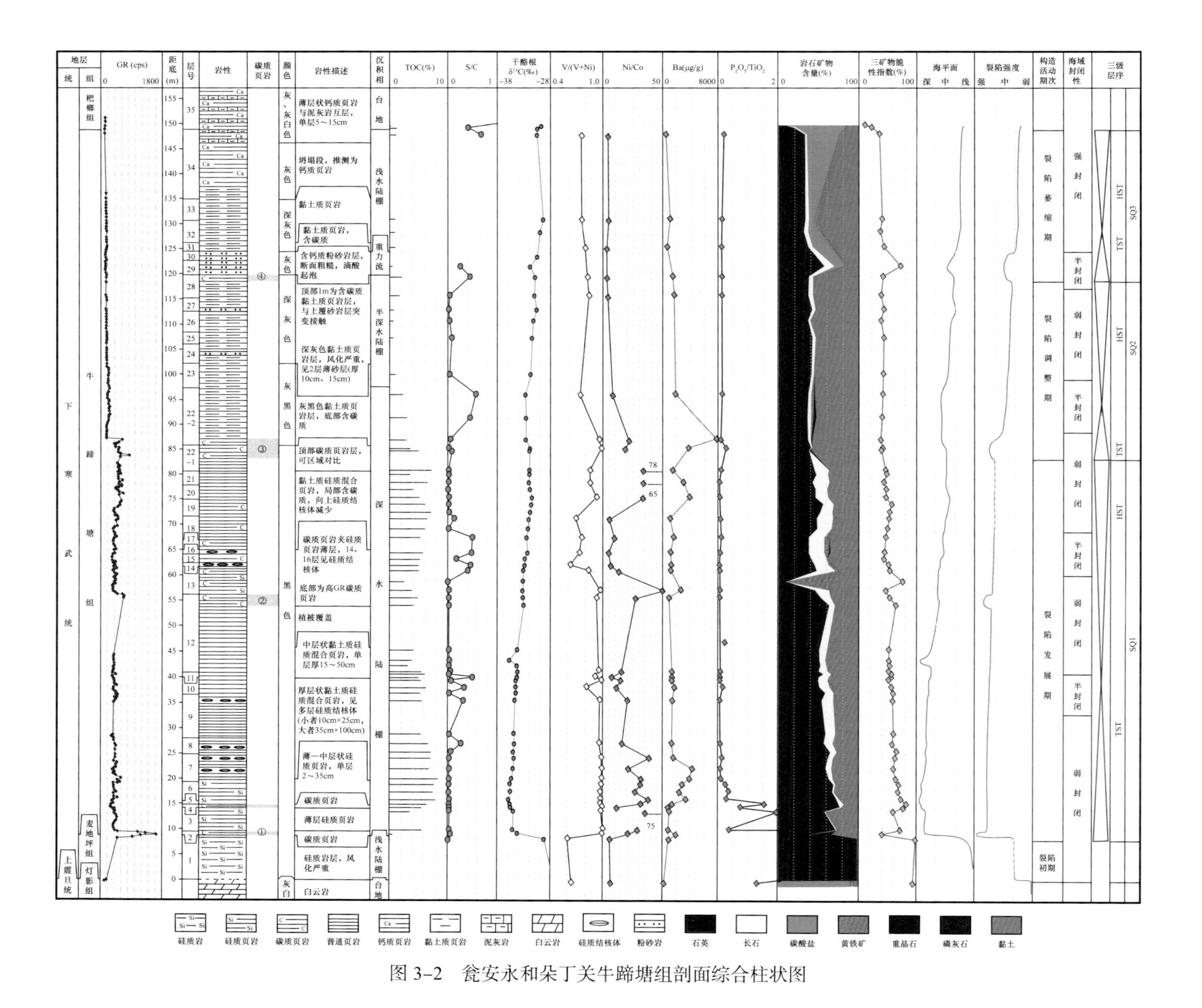

图 3-2　瓮安永和朵丁关牛蹄塘组剖面综合柱状图

牛蹄塘组厚度超过135m（小层标号2—34层），自下而上可划分为SQ1、SQ2和SQ3等3个三级层序，具体描述如下。

SQ1为裂陷发展期形成的富有机质页岩段，岩相总体较为简单、均质，反映黔北裂陷区在区域拉张应力场作用下急剧扩大，海平面大幅度上升，上升洋流大规模涌入，古生产力空前提高。底部（即低位体系域）为厚0.6m高自然伽马碳质页岩层，GR值为1095～1638cps，与五峰组底部斑脱岩密集段①类似，为构造转换界面，代表黔北坳陷由裂陷初期转入裂陷发展期，是区域对比标志层。下部（即海侵体系域）为薄—中层状硅质页岩，局部见碳质页岩层，GR显高幅度值（300～495cps）。中部（即最大海泛面上下）为中—厚层状黏土质硅质混合页岩，见多层硅质结核体（单个尺寸小者为10cm×20cm，大者为15cm×30cm），GR显高幅度值（326～588cps）。上部（即高位体系域）为厚层状碳质页岩、黏土质硅质混合页岩夹硅质结核体组合，GR显高幅度值（323～691cps）。

SQ2为裂陷调整期形成的黑色页岩段，反映海盆裂陷强度开始转弱，裂陷规模快速变小，区域抬升开始加强，古水体显著变浅，陆源碎屑输入大量增多。底部（即低位体系域）为厚2m的碳质页岩层，GR值为430～830cps，性质与SQ1底部碳质页岩层类似，为构造转换界面，代表黔北坳陷规模开始收缩和沉降沉积中心开始迁移，可作为区域对比标志层。下部（即海侵体系域）为厚层状黏土质页岩，TOC下降至2%，GR显中等幅度值（160～266cps）。中部和上部（即高位体系域）为厚层状黏土质页岩夹薄层粉砂岩，GR显中低幅度值（140～170cps）。

SQ3为裂陷萎缩期形成的含碳质黏土质页岩、重力流钙质砂岩、钙质页岩与泥灰岩组合，岩相变化大，反映黔北地区裂陷活动基本停止，构造活动以区域抬升为主，古水体持续变浅。下部（即低位体系域和海侵体系域）为含碳质黏土质页岩与重力流钙质砂岩组合，GR值为159～166cps，代表构造区域抬升和沉降沉积中心迁移开始增强。中部和上部（即高位体系域）分别为厚层状钙质页岩、钙质页岩与泥灰岩互层，GR值分别为136～175cps、96～105cps。

杷榔组为泥灰岩夹钙质页岩，GR值为108～121cps。

二、地球化学特征

瓮安地区麦地坪—牛蹄塘组主体为浅水→深水→半深水→浅水陆棚沉积的黑色页岩段（图3-2），干酪根类型为Ⅰ型，成熟度较高。

1. 有机质类型

根据有机地球化学测试资料，瓮安地区牛蹄塘组干酪根$\delta^{13}C$值自下而上为SQ1段-35.9‰～-31.6‰、SQ2段-32.8‰～-30.7‰和SQ3段-31.9‰～-29.5‰（图3-2）。这表明，瓮安地区牛蹄塘组干酪根主体为Ⅰ型。

2. 有机质丰度

牛蹄塘组TOC值一般为0.42%～8.26%，平均为4.30%（59个样品），总体呈现自下而上减少趋势（图3-2）。

麦地坪组资料点少，TOC值0.02%不具代表性。

SQ1段74m（2层至22-1层下部）为TOC值大于2%的富有机质页岩集中段，TOC值一般为0.56%～8.26%，平均为5.39%（42个样品）。

SQ2段37m（22-1层上部至28层下部）有机质丰度普遍降低，一般为0.54%～4.86%，平均为2.05%（10个样品），其中下部15m仍为TOC值大于2%的富有机质页岩集中段，上部因露头风化严重 TOC 实测值普遍低于 1%，可能不具代表性。

SQ3 段 33m（28 层上部至 34 层）有机质丰度普遍低于 1.5%，一般为 0.42%～2.00%，平均为 1.00%（7 个样品），其中底部 2m 仍为 TOC 值大于 2% 的富有机质页岩集中段，中上部主要为 TOC 值小于 1% 的贫有机质页岩段。

可见，瓮安地区牛蹄塘组 TOC 值大于 2% 富有机质页岩段总厚度为 111m（图 3–2）。

3. 成熟度

根据有机质激光拉曼测试资料，瓮安永和牛蹄塘组 D 峰与 G 峰峰间距和峰高比分别为 257cm^{-1} 和 0.67，在 G′ 峰位置（对应拉曼位移 2639.74cm^{-1}）呈斜坡状响应，并未出现石墨峰（图 3–3），计算拉曼 R_o 为 3.1%，说明瓮安地区龙马溪组成熟度较高，但并未进入有机质炭化阶段，尚处于有效生气窗内。

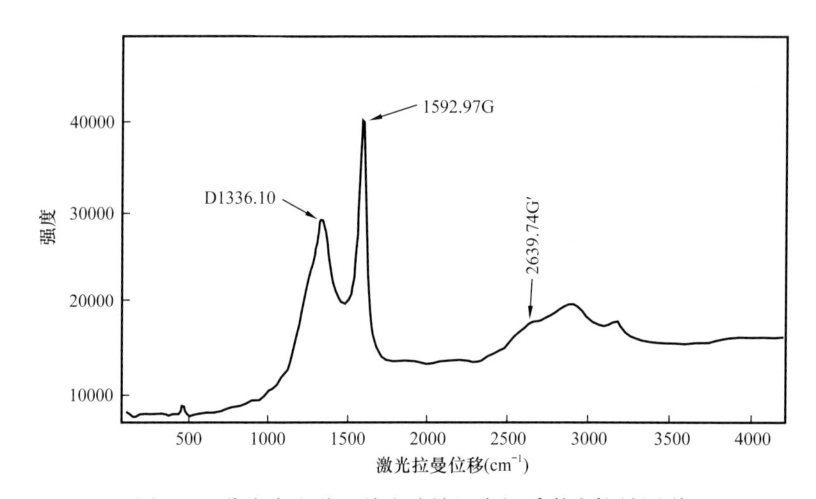

图 3–3　瓮安永和朵丁关牛蹄塘组有机质激光拉曼图谱

三、沉积特征

在瓮安地区，牛蹄塘组自下而上主体为连续沉积，受构造活动和沉积要素变化影响，在沉积学和岩石学特征方面呈现规律性变化（图 3–2、图 3–4、图 3–5）。

1. 岩相与岩石学特征

牛蹄塘组 SQ1 和 SQ2 主要为半深水—深水相硅质页岩、碳质页岩、黏土质硅质混合页岩和黏土质页岩组合，在下部硅质页岩和黏土质硅质混合页岩段纹层不发育或欠发育，在上部黏土质页岩段出现纹层；SQ3 主要为半深水—浅水相钙质页岩、黏土质页岩和粉砂岩组合，纹层发育（图 3–2、图 3–4、图 3–5）。

现自下而上对麦地坪组—牛蹄塘组进行分层描述，以了解其变化趋势（图 3–2、图 3–4、图 3–5）。

1 层厚 8.87m，薄层状硅质岩，在黔北、湘西和渝东南地区广泛分布。中下部风化严重并为土壤层所覆盖，顶部出露 80cm，风化严重，质地硬而脆，断面细腻，单层厚 8～15cm（图 3–4a、b）。GR 响应值在 500cps 以上，TOC 值为 0.02%，岩石矿物组成为石英 98.1%、白云石 0.2%、黏土矿物 1.7%，石英 + 白云石 + 黄铁矿三矿物脆性指数为 98.3%。

2 层厚 0.6m，碳质页岩夹硅质岩薄层（夹层厚 2cm），含磷，黑色，染手，镜下纹层不发育，硅质主要为燧石，其次为蛋白石和少量石英（图 3–4b、图 3–5a、图 3–5b）。GR 呈高幅度峰值响应，一般为 1095～1638cps。根据实验分析结果（仅 1 个样品），TOC 值为 0.56%，岩石矿物组成为石英 39.6%、磷灰石 26.8%、黏土矿物 33.6%，三矿物脆性指数为 39.6%。

3 层厚 4.7m，薄层状硅质页岩，单层厚 2～5cm，顺层揉皱严重。GR 值一般为 314～495cps。TOC 值为 3.47%～5.50%，岩石矿物组成为石英 58.7%～71.6%、长石 0～0.9%、黏土矿物 27.5%～41.3%，三矿物脆性指数为 58.7%～71.6%。

4 层厚 0.57m，碳质页岩层，黑色，染手。GR 值一般为 277～303cps。TOC 值为 5.44%，岩石矿物组成为石英 76.7%、长石 1.6%、黏土矿物 21.7%，三矿物脆性指数为 76.7%。

5 层厚 0.75m，薄层状硅质页岩，单层较 2 层明显增厚，一般厚 2～10cm，黑色，断面见大量黄铁矿晶粒呈星点状分布。GR 值一般为 293～374cps。TOC 值为 6.35%，岩石矿物组成为石英 82.1%、黏土矿物 17.9%，三矿物脆性指数 82.1%。

(a) 麦地坪组底界，麦地坪组硅质（页）岩与灯影组白云岩

(b) 牛蹄塘组底部，含磷碳质页岩与薄层状硅质页岩

(c) SQ1下部，中—厚层状硅质页岩 (6层)

(d) SQ1中部，厚层状硅质页岩 (9—10层)

(e) SQ1中上部，碳质页岩与硅质页岩组合 (12—13层)

(f) SQ1顶部，厚层状黏土质硅质混合页岩 (21层和22-1层下部)

(g) SQ2底部，块状碳质页岩（22-1层上部）

(h) SQ2中部，块状黏土质页岩（22-2层上部和23层）

(i) SQ2中上部，块状黏土质页岩夹粉砂岩（24层）

(j) SQ2上部，块状黏土质页岩（25—26层）

(k) SQ3底部，含碳质黏土质页岩与薄层状钙质砂岩

(l) SQ3下部，薄层状钙质砂岩与黏土质页岩（30层和31层）

(m) SQ3中部，块状黏土质页岩（33层和34层底部）

(n) SQ3顶部，钙质页岩夹泥灰岩（34层顶部）

图 3-4　瓮安永和朵丁关牛蹄塘组露头照片

(a) SQ1底部（2层），含磷硅质页岩，纹层不发育（2×）

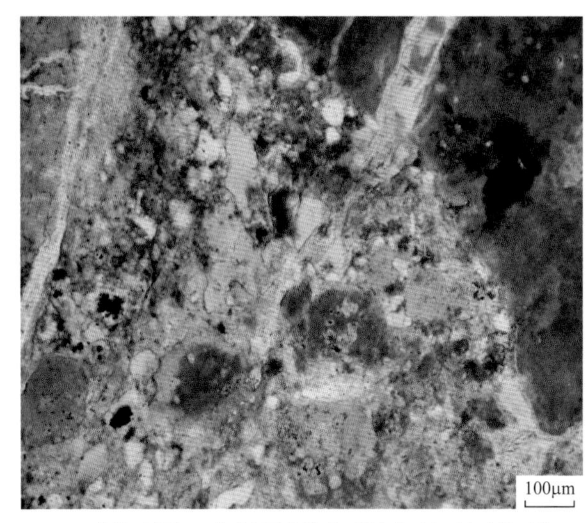

(b) SQ1底部（2层），硅质主要为燧石，其次为蛋白石和少量石英，黄铁矿呈分散状分布（10×）

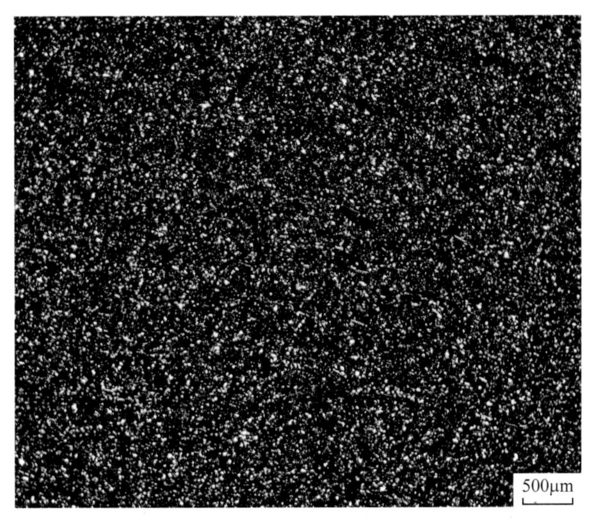

(c) SQ1下部（6层），硅质页岩，纹层不发育（2×）

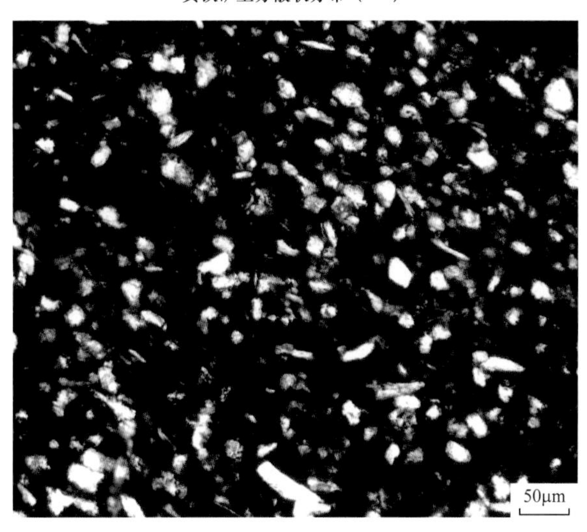

(d) SQ1下部（6层），亮色为石英颗粒，暗色为有机质和黏土复合体，呈分散状分布（20×）

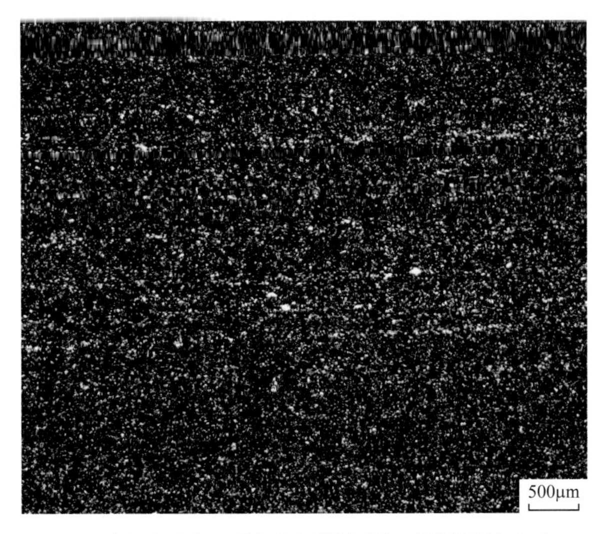

(e) SQ1中部（10层），黏土质硅质混合页岩，偶见细纹层（2×）

(f) SQ1中部（10层），亮色主要为石英、长石，见椭球形放射虫颗粒，暗色为有机质和黏土复合体，呈分散状分布（20×）

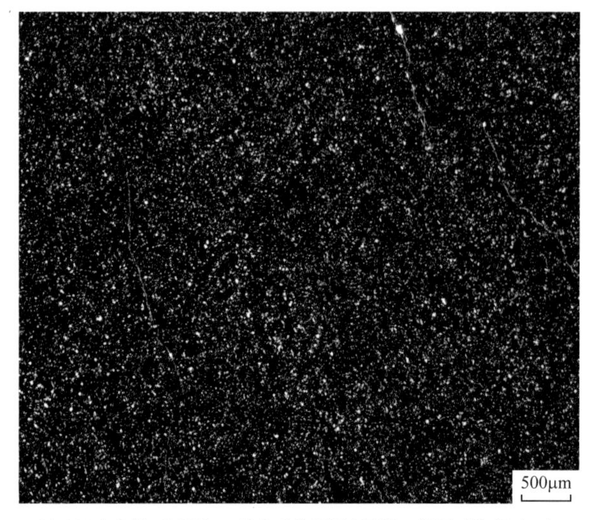

(g) SQ1中上部（13层），黏土质硅质混合页岩，纹层不发育（2×）

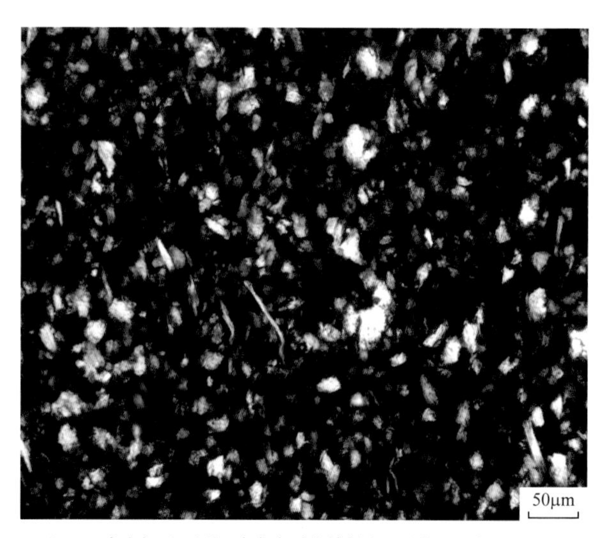

(h) SQ1中上部（13层）亮色主要为放射虫、石英，见少量云母，暗色为有机质和黏土复合体，呈分散状分布（20×）

(i) SQ1上部（18层），黏土质硅质混合页岩，纹层不发育（2×）

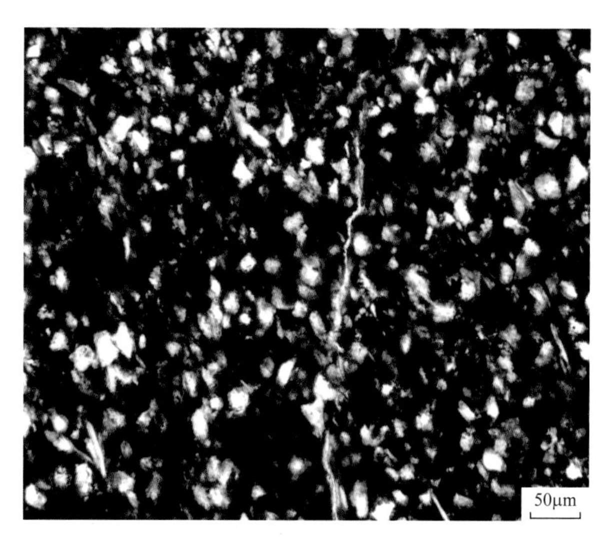

(j) SQ1上部（18层），亮色主要为放射虫、石英，见少量云母，暗色为有机质和黏土复合体，呈分散状分布（20×）

(k) SQ1顶部（22-1层），黏土质硅质混合页岩，纹层不发育（2×）

(l) SQ1顶部（22-1层），亮色主要为放射虫、石英，见少量云母，暗色为有机质和黏土复合体，呈分散状分布（20×）

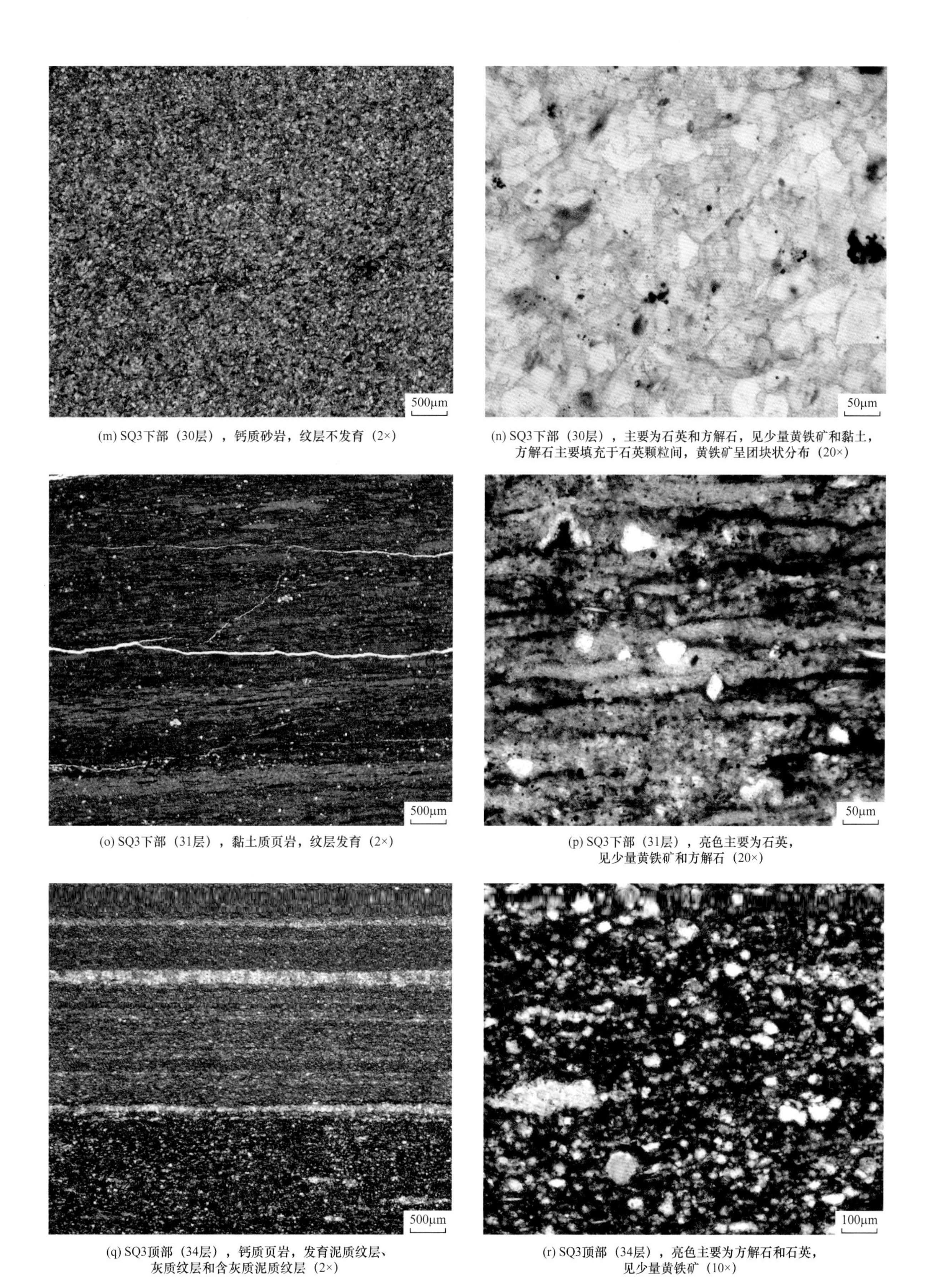

(m) SQ3下部（30层），钙质砂岩，纹层不发育（2×）

(n) SQ3下部（30层），主要为石英和方解石，见少量黄铁矿和黏土，方解石主要填充于石英颗粒间，黄铁矿呈团块状分布（20×）

(o) SQ3下部（31层），黏土质页岩，纹层发育（2×）

(p) SQ3下部（31层），亮色主要为石英，见少量黄铁矿和方解石（20×）

(q) SQ3顶部（34层），钙质页岩，发育泥质纹层、灰质纹层和含灰质泥质纹层（2×）

(r) SQ3顶部（34层），亮色主要为方解石和石英，见少量黄铁矿（10×）

图 3–5　瓮安永和牛蹄塘组重点层段薄片照片

6 层厚 3.77m，中—厚层状硅质页岩，黑色，单层厚度明显增大，一般厚 15～35cm，断面见纹层，反映黏土含量增加（图 3–4c）。镜下纹层不发育，亮色为石英颗粒；暗色为有机质和黏土复合体，呈分散状分布（图 3–5c、d）。GR 值一般为 334～480cps。TOC 值为 7.40%～7.77%，岩石矿物组成为石英 67.5%～72.7%、长石 1.8%～3.2%、黏土矿物 24.1%～30.7%，三矿物脆性指数为 67.5%～72.7%（平均为 69.7%）。

7 层厚 5.5m，厚层状硅质页岩、黏土质硅质混合页岩，黏土质明显增多，不染手，黑色，单层厚 50～100cm（图 3–4c）。表层经构造改造和风化作用，见大量硅质椭球体呈顺层状分布，单个椭球体尺度为小者 10cm × 25cm，大者 20cm × 50cm。GR 值一般为 365～589cps。TOC 值为 6.69%～8.26%，岩石矿物组成为石英 59.1%～62.8%、长石 5.4%～7.0%、黏土矿物 31.8%～33.9%，三矿物脆性指数为 59.1%～62.8%（平均为 61.3%）。

8 层厚 3.2m，厚层—块状黏土质硅质混合页岩，灰黑色，见大量呈顺层状分布的硅质球状体，大者 15cm × 50cm，小者 10cm × 25cm。GR 值一般为 370～452cps。TOC 值为 6.61%～7.05%，岩石矿物组成为石英 56.9%～64.8%、长石 8.1%～10.6%、黏土矿物 27.1%～32.5%，三矿物脆性指数 56.9%～64.8%。

9 层厚 8.6m，厚层状黏土质硅质混合页岩（图 3–4d）。中下部为植被覆盖。顶部出露 1.5m，单层厚超过 1.0m，见大型硅质椭球体（尺寸为 35cm × 100cm）。GR 值为 312～494cps。TOC 值为 5.33%～5.52%，岩石矿物组成为石英 54.2%～58.9%、长石 12.4%～14.5%、黄铁矿 0～3.5%、黏土矿物 27.8%～28.7%，三矿物脆性指数为 57.7%～58.9%。

10 层厚 3.3m，厚层状黏土质硅质混合页岩，单层厚 80～100cm（图 3–4d）。镜下纹层不发育，亮色主要为石英、长石，见椭圆形放射虫颗粒；暗色为有机质和黏土复合体，呈分散状分布（图 3–5e、f）。GR 值为 347～467cps。TOC 值为 5.18%～6.21%，岩石矿物组成为石英 49.8%～58.5%、长石 12.3%～12.8%、黄铁矿 0～4.2%、黏土矿物 30.9%～37.3%，三矿物脆性指数为 50.4%～58.5%（平均为 54.9%）。

11 层厚 1.05m，中层状黏土质硅质混合页岩，单层厚 25～50cm。GR 值为 326～440cps。TOC 值为 4.88%～6.00%，岩石矿物组成为石英 50.6%～55.9%、长石 10.0%～12.8%、黄铁矿 0～5.2%、黏土矿物 31.4%～34.1%，三矿物脆性指数为 55.8%～55.9%。

12 层厚 15.2m，下段 5.0m 为中—厚层状黏土质硅质混合页岩，单层厚 15～30cm，顺层挤压变形严重，GR 值为 336～393cps。中上部为植被覆盖，顶部出露碳质页岩，厚 2m 左右（图 3–4e），GR 值达到 660～690cps 的高峰值。TOC 值为 3.07%～5.35%，岩石矿物组成为石英 50.0%～63.1%、长石 7.1%～12.7%、黄铁矿 0～0.3%、黏土矿物 29.5%～41.4%，三矿物脆性指数为 50.3%～63.1%（平均为 53.4%）。

13 层厚 5.55m，厚层状碳质页岩夹硅质页岩，底部见 30cm 厚硅质页岩层（图 3–4e），距底 2m 处见 60cm 厚硅质页岩层，顶部 1.5m 为含黏土质硅质页岩，见小型硅质结核体（10cm × 20cm）。镜下纹层不发育，亮色主要为放射虫、石英，见少量云母；暗色为有机质和黏土复合体，呈分散状分布（图 3–5g、h）。GR 值为 327～472cps。TOC 值为 2.43%～4.91%，岩石矿物组成为石英 45.7%～47.5%、长石 17.7%～22.4%、黄铁矿 0～5.0%、黏土矿物 25.1%～36.6%，三矿物脆性指数为 45.7%～52.5%。

14 层厚 0.75m，硅质页岩，见大型硅质椭球体（70cm × 150cm）。GR 值为 356～416cps。TOC 值为 4.88%，岩石矿物组成为石英 45.2%、长石 17.0%、黄铁矿 5.4%、黏土矿物 32.4%，三矿物脆性指数为 50.6%。

15 层厚 1.7m，碳质页岩，成层性差，断面灰黑色，微染手。GR 值为 323～419cps。TOC 值为 5.12%，岩石矿物组成为石英 40.8%、长石 19.0%、黄铁矿 1.5%、黏土矿物 38.7%，三矿物脆性指数为 42.3%。

16 层厚 0.9m，含黏土质硅质页岩层，内部见硅质椭球体（10cm×25cm）。GR 值为 389～410cps。TOC 值为 5.60%，岩石矿物组成为石英 38.0%、长石 19.2%、黄铁矿 5.6%、重晶石 1.5%、黏土矿物 35.7%，三矿物脆性指数为 43.6%。

17 层厚 1.85m，黏土质页岩，含碳质，见硅质椭球体（小者为 10cm×20cm，大者为 15cm×30cm），GR 响应值为 353～439cps，较碳质层略低。

18 层厚 4.8m，厚层—块状含黏土质硅质页岩层。中上部见厚 1m 含碳质黏土质页岩层。下部 2.4m 硅质含量相对较高，表面显大型椭球体（60cm×130cm）。顶部 1.0m 岩性与下部相似，断面为灰黑色，手感较粗糙。镜下纹层不发育，亮色主要为放射虫、石英，见少量云母；暗色为有机质和黏土复合体，呈分散状分布（图 3–5i、j）。GR 值为 353～495cps。TOC 值为 5.19%～6.29%，岩石矿物组成为石英 38.2%～48.5%、长石 17.7%～20.6%、黄铁矿 0～7.0%、黏土矿物 28.4%～35.9%，长石含量明显增高，反映海平面下降和陆源碎屑显著增多。三矿物脆性指数为 45.2%～51.0%（平均 48.2%）。

19 层厚 3.25m，厚层状含碳质黏土质页岩，局部见硅质椭球体（10cm×20cm），成层性较差。GR 值为 363～601cps。TOC 值为 5.99%～7.02%，岩石矿物组成为石英 52.0%～55.8%、长石 13.5%～15.0%、黏土矿物 30.7%～33.0%，三矿物脆性指数为 52.0%～55.8%。

20 层厚 2.9m，厚层状含碳质黏土质页岩，硅质椭球体少，顶部 30cm 显薄层状，单层厚 2～5cm。GR 值为 413～657cps。TOC 值为 4.06%～5.05%，岩石矿物组成为石英 46.0%～46.2%、长石 14.2%～16.2%、黏土矿物 37.8%～39.6%，三矿物脆性指数为 46.0%～46.2%。

21 层厚 2.75m，块状含碳质黏土质页岩，硅质椭球体少（图 3–4f）。GR 值为 489～633cps。TOC 值为 3.42%～6.37%，岩石矿物组成为石英 42.5%～46.7%、长石 14.7%～21.3%、黏土矿物 36.2%～38.6%，三矿物脆性指数为 42.5%～46.7%。

22–1 层厚 5.27m，底部 2.75m 位于县道边，为碳质页岩层，硅质椭球体少（图 3–4f），该点上部被坍塌物覆盖，镜下纹层不发育（图 3–5k、l），GR 值为 504～551cps，TOC 值为 7.07%，岩石矿物组成为石英 45.2%、长石 18.3%、黏土矿物 36.5%。上部 2～3m 位于岔口村道旁，碳质页岩层，疏松，染手（图 3–4g），GR 值为 431～523cps，TOC 值为 3.45%～4.86%，岩石矿物组成为石英 37.8%～40.6%、长石 0.6%～1.6%、重晶石 0～2.8%、黏土矿物 57.8%～58.8%，三矿物脆性指数为 37.8%～40.6%。

22–2 层厚 11.49m，含碳质黏土质页岩，块状（图 3–4h），GR 值为底部 386～624cps、中上部 160～266cps，表面风化为灰黄、土黄和褐灰色。TOC 值为 2.22%～2.86%，岩石矿物组成为石英 36.2%～36.9%、长石 3.6%～4.5%、黄铁矿 0～3.3%、重晶石 0.9%～3.5%、黏土矿物 52.9%～58.5%，三矿物脆性指数为 36.6%～40.2%。

23 层厚 4.8m，下部与 22 层相似（图 3–4h），顶部在县道边出露，新鲜面呈灰黑色，风化严重，风化后呈灰白色、灰褐色。GR 值为 161～236cps，TOC 值为 0.95%，岩石矿物组成为石英 40.8%、长石 3.3%、黄铁矿 0.4%、黏土矿物 55.5%，三矿物脆性指数为 41.2%。

24 层厚 3.9m，深灰色黏土质页岩，块状，中部夹 1 层 10cm 厚粉砂岩（图 3–4i），断面粗糙，表明水体变浅。GR 值为 156～167cps。

25 层厚 2.4m。块状黏土质页岩，颜色略变浅，灰色（图 3–4j），断面见粉砂质纹层，总体较细腻。GR 值为 157～174cps，TOC 值为 0.54%，岩石矿物组成为石英 42.2%、长石 4.1%、黏土矿物 53.7%，三矿物脆性指数为 42.2%。

26 层厚 4.2m，块状黏土质页岩，深灰色，表面风化为土黄色（图 3-4j）。GR 值为 146～155cps，TOC 值为 0.58%，岩石矿物组成为石英 37.0%、长石 2.8%、黏土矿物 60.2%，三矿物脆性指数为 37.0%。

27 层厚 2.4m，块状黏土质页岩，深灰色，风化严重且被植被覆盖。底部见 1 层 15cm 厚粉砂岩层。GR 值为 141～162cps，TOC 值为 0.64%，岩石矿物组成为石英 42.0%、长石 4.0%、黏土矿物 54.0%，三矿物脆性指数为 42.0%。

28 层厚 4.8m，主体被植被覆盖，仅顶部出露 1m 厚含碳质黏土质页岩，与上覆含钙质粉砂岩层呈突变接触（图 3-4k）。GR 值为 133～174cps。TOC 值为 1.64%～2.00%，岩石矿物组成为石英 37.3%～37.9%、长石 5.4%～5.6%、黄铁矿 0～2.8%、黏土矿物 53.9%～57.1%，三矿物脆性指数为 37.3%～40.7%。

29—30 层厚 4.7m，含钙质粉砂岩层，灰色，新鲜面滴酸起泡，断面粗糙，为重力流沉积（图 3-4k、l）。镜下纹层不发育，主要为石英和方解石，见少量黄铁矿和黏土，方解石主要填充于石英颗粒间，黄铁矿呈团块状分布（图 3-5m、n）。GR 值为 122～142cps。TOC 值为 0～0.42%，岩石矿物组成为石英 57.1%、长石 11.7%、方解石 2.2%、白云石 12.6%、黄铁矿 1.8%、黏土矿物 14.6%。

31 层厚 1.7m，含碳质黏土质页岩，灰黑色，微染手，滴酸不起泡（图 3-4l）。镜下纹层发育，亮色主要为石英，见少量黄铁矿和方解石（图 3-5o、p）。GR 值为 140～175cps。TOC 值为 0.88%，岩石矿物组成为石英 37.5%、长石 5.6%、黄铁矿 4.7%、黏土矿物 52.2%，三矿物脆性指数为 42.2%。

32—33 层厚 8.72m，黏土质页岩，深灰色，表面风化严重（图 3-4m），断面见粉砂质纹层。GR 值为 139～159cps，TOC 值为 0.77%～0.83%，岩石矿物组成为石英 31.5%～33.8%、长石 4.6%～5.1%、方解石 6.6%～11.8%、白云石 0～0.8%、黄铁矿 3.5%～5.2%、黏土矿物 47.3%～49.8%，三矿物脆性指数为 35.8%～39.0%。

34 层厚 13.91m，下部为黏土质页岩，坍塌严重（图 3-4m）。上部和顶部为薄—中层状钙质页岩与泥灰岩互层（图 3-4n），滴盐酸起浓泡，单层厚 5～15cm，镜下纹层发育，见泥质纹层、灰质纹层和含灰质泥质纹层，纹层中亮色颗粒主要为方解石和石英，见少量黄铁矿（图 3-5q、r）。瓮安永和剖面点牛蹄塘组顶界定在 34 层上部。GR 值为 103～108cps，TOC 值为 1.03%，岩石矿物组成为石英 32.7%、长石 2.8%、方解石 40.9%、黄铁矿 1.7%、黏土矿物 21.9%，三矿物脆性指数为 34.4%。

根据上述岩相和岩石学特征描述，牛蹄塘组在 SQ1—SQ3 段主体呈三段式变化特征。SQ1 主体为裂陷发展期形成的深水相硅质页岩和黏土质硅质混合页岩，硅质含量普遍超过 45.0%，不含钙质，下部长石少（含量普遍低于 5.0%），中上部长石显著增多（含量一般介于 5.0%～22.0%），黏土矿物含量一般介于 25.0%～40.0%（明显高于五峰组和鲁丹阶下部），镜下纹层不发育（或纹层总体较少），三矿物脆性指数总体较高（一般为 39.6%～98.3%，平均为 57.1%）且向上呈减小趋势。SQ2 主体为深水—半深水相黏土质页岩，局部含碳质，硅质含量普遍低于 40.0%，不含钙质，长石少（含量普遍低于 5.0%），陆源黏土矿物含量普遍在 50.0% 以上（与长宁双河埃隆阶半耙笔石带相当），三矿物脆性指数减小为 37.0%～45.2%（平均为 39.9%）。SQ3 主体为黏土质页岩、重力流砂岩和钙质页岩夹泥灰岩组合，普遍含钙质，局部含碳质，页岩段岩矿组成与长宁双河剖面埃隆阶上段相当，即硅质含量普遍低于 35.0%，方解石含量为 6.6%～40.9%，陆源黏土矿物含量普遍介于 21.9%～52.2%，镜下纹层发育，三矿物脆性指数为 34.4%～42.2%（平均为 37.9%）。

2. 海平面

根据永和剖面干酪根 $\delta^{13}C$ 资料（图 3–2），在麦地坪组沉积期，瓮安海域海平面处于中—低水位，$\delta^{13}C$ 值为 –29.3‰；在 SQ1 沉积早期，$\delta^{13}C$ 值发生大幅度负漂移，一般为 –35.9‰～–34.2‰，显示海平面大幅度飙升至高水位；在 SQ1 沉积晚期，$\delta^{13}C$ 值显缓慢正漂移，一般为 –33.3‰～–31.6‰，显示海平面开始缓慢下降并处于中—高水位；在 SQ2 沉积期，$\delta^{13}C$ 值发生小幅度波动并介于 –32.8‰～–30.7‰，显示海平面小幅度下降但仍处于中—高水位；在 SQ3 沉积期，$\delta^{13}C$ 值持续正漂移，一般为 –31.9‰～–29.5‰，显示海平面下降至中等—低水位。可见，在 SQ1 和 SQ2 沉积期，瓮安海域始终处于有利于有机质保存的中—高水位状态。

3. 海域封闭性与古地理

瓮安地区在牛蹄塘组沉积期处于川东—湘鄂西—黔北裂陷区的南部，东邻华南洋入口，海域封闭性总体较弱。根据古海洋研究成果，可以利用 S/C 值来反映海盆水体的盐度和封闭性（Berner 等，1983；王清晨等，2008），进而判断古地理环境。在瓮安地区，S/C 值在 SQ1 和 SQ2 沉积期普遍较低，在 SQ3 沉积期较高（图 3–2），具体表现为在 SQ1 和 SQ2 段，S/C 值大多介于 0.01～0.17，仅在少量点出现异常（介于 0.26～0.56），反映古水体主体处于低盐度、弱封闭状态，偶尔出现正常盐度、弱—半封闭状态；在 SQ3 段，S/C 值大幅度上升，一般介于 0.2～2.0（平均为 1.0），显示古水体以高盐度和强封闭状态为主（图 3–2）。

另据微量元素资料显示（图 3–2、图 3–6），瓮安海域在牛蹄塘组沉积期具有较高 Mo 含量。在 SQ1 和 SQ2 沉积期，Mo 值大多介于 4.7～87.6μg/g，与巫溪白鹿五峰组—龙马溪组相当（王玉满等，2021），以弱封闭—半封闭的缺氧环境为主；在 SQ3 沉积期，Mo 值快速下降至 2.9～7.4μg/g（平均为 4.4μg/g），与道真沙坝埃隆阶相当（王玉满等，2021），以强封闭的贫氧—氧化环境为主。

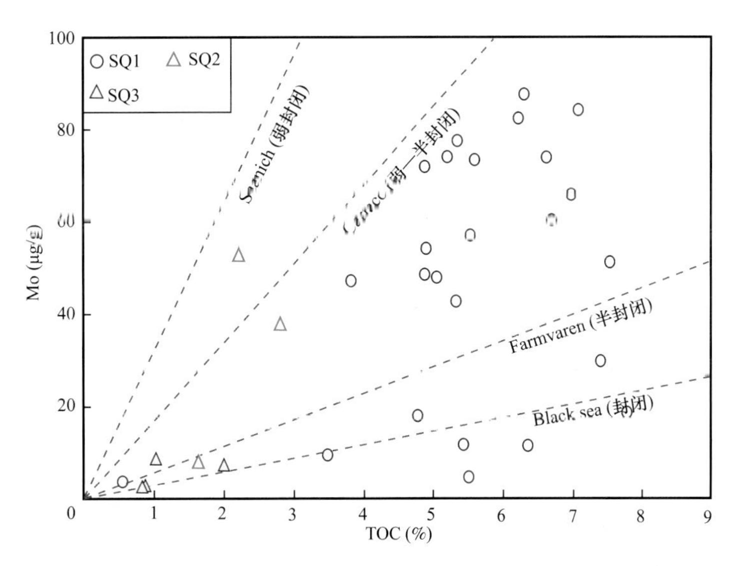

图 3–6　瓮安永和朵丁关牛蹄塘组 Mo 含量与 TOC 关系图版

这说明，瓮安海域在牛蹄塘组沉积早期和中期的较长时期内处于弱封闭的缺氧陆棚环境。

4. 古生产力

在瓮安地区，受海域封闭性弱和洋流活动等因素影响，古海洋 P、Ba、Si 等营养物质含量丰富

（图 3-2，表 3-1）。P_2O_5/TiO_2 值在 SQ1 下段较高，一般为 0.26～1.95，局部达到 13.57～105.69，峰值出现在底部碳质页岩段，在 SQ1 上段—SQ3 段受黏土含量高和沉积速率加快等因素影响略有降低，普遍介于 0.06～0.27（平均为 0.11）。Ba 含量在 SQ1、SQ2 和 SQ3 总体保持稳定，分别为 781～4245μg/g（平均为 1860μg/g）、1630～7769μg/g（平均为 3730μg/g）、421～1410μg/g（平均为 875μg/g），峰值出现在 SQ1 下段（6 层和 7 层）、SQ1 与 SQ2 界限附近（20—22 层），平均水平与利川毛坝埃隆阶（王玉满等，2021）相当。硅质含量在 SQ1、SQ2 和 SQ3 三段总体呈递减趋势，分别为 38.0%～82.1%（平均为 54.4%）、36.2%～42.2%（平均为 38.7%）、31.5%～37.9%（平均为 34.7%），高值出现在 SQ1 下段（3—12 层）。从 P_2O_5/TiO_2 值、Ba 含量和硅质含量变化趋势看，瓮安海域古生产力在牛蹄塘组沉积早期和中期普遍较高，峰值出现在 SQ1 沉积早期和 SQ2 沉积早期。

表 3-1　瓮安永和牛蹄塘组页岩营养物质含量统计表

三级层序	P_2O_5/TiO_2 值	Ba 含量（μg/g）	硅质含量（%）
SQ3	0.12～0.20/0.14（4）	421～1410/875（4）	31.5～37.9/34.7（5）
SQ2	0.11～0.27/0.16（4）	1630～7769/3730（4）	36.2～42.2/38.7（10）
SQ1	0.06～1.95/0.28（26）	781～4245/1860（27）	38.0～82.1/54.4（41）

注：表中数值区间表示为最小值～最大值 / 平均值，括号（ ）内为样品数。

5. 沉积速率

根据四川盆地下志留统龙马溪组结核体发育特征资料（表 2-2），海相页岩地层结核体主要形成于水体较深且安静、陆源碳酸盐和黏土质输入量较高、沉积速率较快（16.20～51.56m/Ma）的海盆活动期。瓮安牛蹄塘组 SQ1 为富有机质页岩与结核体共生段，其沉积环境与川南—川东坳陷埃隆阶结核体发育段（表 2-2）具有相似性。由此推测，瓮安牛蹄塘组 SQ1 亦为裂陷发展期深水—半深水陆棚较快沉积产物，其沉积速率为 16.20～51.56m/Ma（平均为 31.18m/Ma），为五峰组—鲁丹阶下段的 5～10 倍。

6. 氧化还原条件

在瓮安永和剖面点，Ni/Co 值与 TOC 相关性总体较好（图 3-2），是反映氧化还原条件的有效指标。Ni/Co 值在 SQ1 和 SQ2 下部较高，一般为 5.01～78.07，平均为 25.77（30 个样品；图 3-2），在 SQ2 上部和 SQ3 为 2.69～4.10，平均为 3.37（5 个样品）。这说明，瓮安海域在牛蹄塘组沉积早期和中期主体为深水缺氧环境，在牛蹄塘组沉积晚期随着海平面下降出现贫氧—富氧环境。

四、富有机质页岩发育模式

瓮安地区在早寒武世初期处于湘黔坳陷腹部，受大规模裂陷作用和上升洋流活动共同控制，富有机质页岩广泛沉积于牛蹄塘组中下部（图 3-7），即在牛蹄塘组沉积初期（SQ1 沉积期），在区域拉张应力场作用下，黔北—湘西地区发生大规模深度裂陷，海平面飙升至高位（在瓮安海域水深远超过 200m），上升洋流大规模涌入至黔北地区，并带来 P、Ba、Si 等丰富的营养物质，促进表层海水藻类、海绵、骨针等浮游生物大量繁殖，在海底则出现有利于有机质保存的缺氧环境，并在瓮安深陷区沉积厚度为 75m 的富有机质页岩；在牛蹄塘组沉积中期（SQ2 沉积期），黔北裂陷区拉张活动减弱，周边隆起开始扩张，海平面下降，黏土质等陆源碎屑大量进入坳陷区，有机质丰度显著下

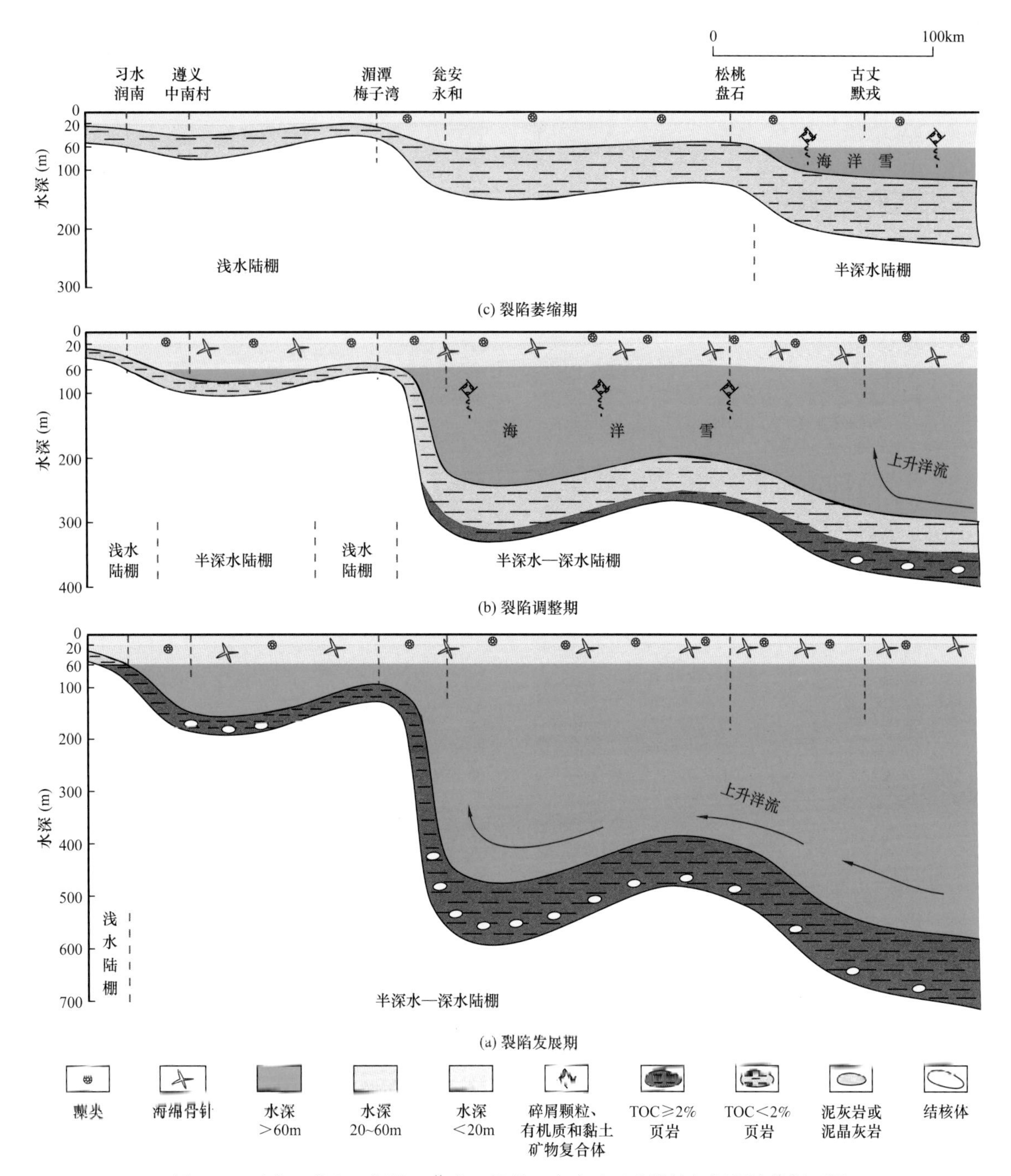

图 3-7 习水—遵义—湄潭—瓮安—松桃—古丈地区牛蹄塘组沉积演化剖面图

降，仅在该时期早期沉积富有机质页岩；在牛蹄塘组沉积晚期（SQ3 沉积期），随着黔北地区裂陷活动萎缩，构造活动以区域抬升为主，水体变浅，瓮安地区基本不发育富有机质页岩。

五、储集特征

1. 储集空间类型

根据瓮安永和剖面电镜资料，黔北地区牛蹄塘组孔缝类型多样，主要为有机质孔、黏土矿物晶间孔、脆性矿物粒内孔（包括白云石粒内溶孔、长石颗粒溶蚀孔、石英颗粒粒间孔、黄铁矿晶间孔、脆性矿物与片状黏土矿物间微裂隙等)、微裂隙、裂缝等(图 3-8),孔隙类型与长阳白竹岭水井沱组相似。受高—过成熟影响,有机质孔总体较少(图 3-8a)。

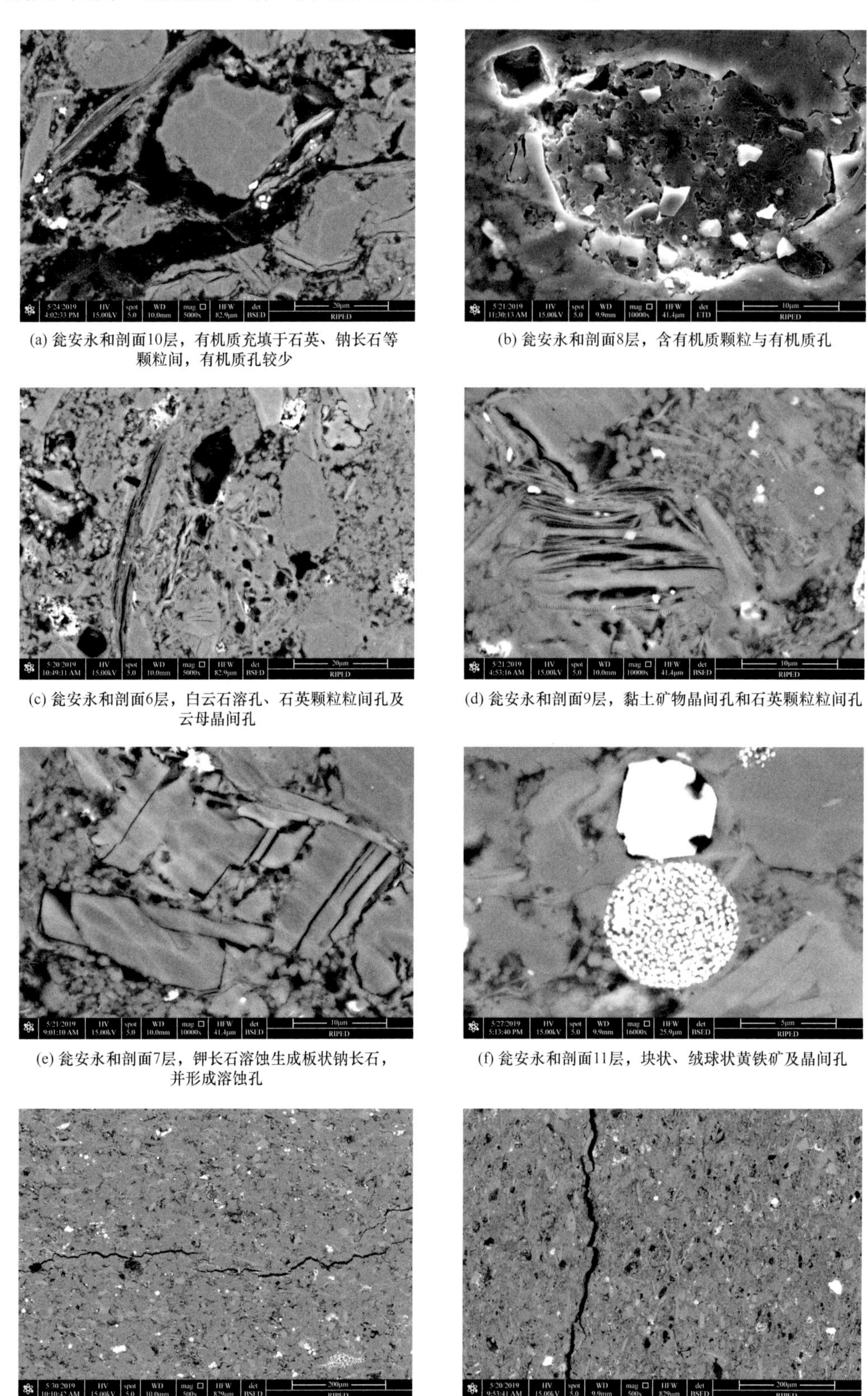

(a) 瓮安永和剖面10层,有机质充填于石英、钠长石等颗粒间,有机质孔较少

(b) 瓮安永和剖面8层,含有机质颗粒与有机质孔

(c) 瓮安永和剖面6层,白云石溶孔、石英颗粒粒间孔及云母晶间孔

(d) 瓮安永和剖面9层,黏土矿物晶间孔和石英颗粒粒间孔

(e) 瓮安永和剖面7层,钾长石溶蚀生成板状钠长石,并形成溶蚀孔

(f) 瓮安永和剖面11层,块状、绒球状黄铁矿及晶间孔

(g) 瓮安永和剖面16层,微裂隙

(h) 瓮安永和剖面6层,裂缝

图 3-8　瓮安永和剖面牛蹄塘组镜下孔缝特征

2. 物性特征

为了解黔北下寒武统页岩的物性特征，笔者对位于瓮安以南的黄平地区 HY1 牛蹄塘组开展储层评价，结果如下（图 3–9，表 3–2）。

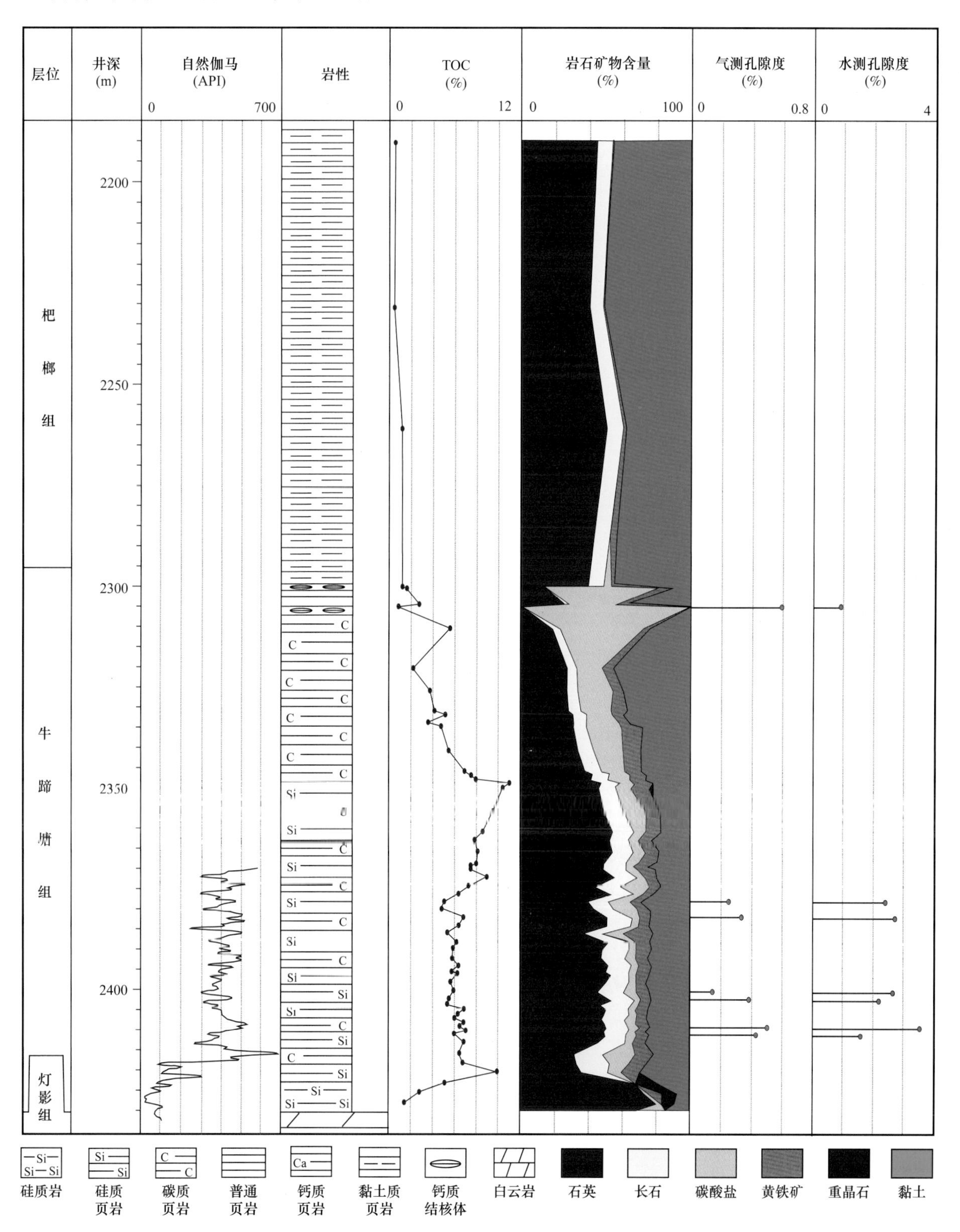

图 3–9　黔北 HY1 井牛蹄塘组综合柱状图

表 3-2　黔北 HY1 井牛蹄塘组页岩地质参数表

序号	井深（m）	TOC（%）	岩石矿物百分含量（%）								物性参数			
			石英	钾长石	斜长石	方解石	白云石	黄铁矿	白铁矿	黏土矿物	BET 比表面积（m^2/g）	气测孔隙度（%）	水测孔隙度（%）	脉冲渗透率（mD）
1	2300.55～2300.59	1.53	12.5			66.0	3.5	7.5		10.5	5.52			
2	2305.09～2305.15	0.80	1.2			98.8						0.59	0.90	0.0035
3	2370.16～2370.23	7.46	49.0	2.2	11.1		7.3	10.0		20.4	30.42			
4	2376.34～2376.38	6.37	53.3	2.3	10.8		6.7	4.1	1.4	21.4	29.74			
5	2378.17～2378.21	5.07	39.7	2.3	9.8		13.0	4.5	1.7	29.0	24.24	0.25	2.41	0.0102
6	2382.08～2382.13	6.82	50.8	2.3	12.5		5.3	4.2	1.5	23.4		0.33	2.73	0.0138
7	2384.30～2384.32	6.37	51.1	2.4	11.3		5.1	4.3	1.5	24.3	30.17			
8	2388.26～2388.32	6.21	51.3	2.3	10.3		4.6	5.9	1.9	23.7	30.53			
9	2392.33～2392.36	5.78	47.5	2.5	11.8		5.9	5.6	1.6	25.1	25.79			
10	2396.13～2396.18	6.28	53.1	2.5	13.6			4.5	2.2	24.1	26.58			
11	2400.37～2400.42	5.89	45.5	2.1	12.9		7.5	6.0	1.7	24.3	24.94	0.14	2.66	0.0338
12	2402.51～2402.57	5.47	53.4	2.0	12.0		3.4	3.8	2.2	23.2		0.38	2.20	0.0055
13	2406.29～2406.33	6.30	49.0	2.2	12.7		5.0	4.5	1.5	25.1	29.08			
14	2409.38～2409.43	6.46	50.3	2.2	12.2		5.7	4.2	1.4	24.0		0.50	3.55	0.0016
15	2411.17～2411.23	5.95	50.0	2.2	10.1		6.3	5.5	1.5	24.4	26.43	0.43	1.59	
平均											25.77	0.38	2.29	0.0114

牛蹄塘组厚 135m，主体为富含有机质的硅质页岩，TOC 值一般为 0.8%～11.0%（平均为 6.0% 左右）。根据物性测试资料，BET 比表面积一般为 5.52～30.53m^2/g（平均为 25.77m^2/g），气测孔隙度为 0.14%～0.59%（平均为 0.38%），水测孔隙度为 0.90%～3.55%（平均为 2.29%），脉冲渗透率为 0.0016～0.0338mD（平均为 0.0114mD），说明黔北下寒武统页岩较致密，物性总体较差，略低于长阳水井沱组。

第二节　镇远鸡鸣村牛蹄塘组剖面

剖面位于贵州省镇远县青溪镇鸡鸣村省道 306 旁边，牛蹄塘组出露厚度超过 110m（图 3-10）。

一、基本地质特征

在黔东北地区，下寒武统自下而上依次沉积麦地坪组、牛蹄塘组和杷榔组等地层，在镇远鸡鸣村剖面点仅见麦地坪组（未见底）和牛蹄塘组（图 3-11），其中牛蹄塘组黑色页岩段全部出露。

依据瓮安永和剖面资料，灯影组岩性为灰白色白云岩，表面见刀砍纹，GR 值为 110～180cps。

麦地坪组出露厚度为 13.4m（小层编号 1-1 层），为裂陷初期形成的薄—中层状硅质岩与硅质

图 3-10　镇远鸡鸣村牛蹄塘组剖面

白云岩，未见底，顶部与牛蹄塘组为整合接触。GR 响应值为下段 112～151cps、上段 150～277cps，并在顶部与牛蹄塘组底部 GR 峰形成自然衔接。

牛蹄塘组厚度超过 100m（小层标号 1-2，2—28 层），见 SQ1、SQ2 和 SQ3 下部等 2.5 个三级层序，具体描述如下。

SQ1 厚 52.53m，为富有机质页岩沉积层序，岩性总体较复杂，以硅质页岩、碳质页岩、碳质页岩与硅质（页）岩韵律层、碳质页岩夹多种结核体（硅质结核体、钙质结核体等）等多种组合为主，反映镇远地区在裂陷发展期裂陷规模大，海平面大幅度上升，上升洋流大规模涌入，古生产力显著提高。底部（即低位体系域）为厚 1.0m 的碳质层，GR 显高幅度峰值响应，一般为 426～1180cps，与长阳白竹岭水井沱组底部含磷层（0.4m）类似，为构造转换界面，代表黔东北坳陷转入裂陷发展期，是区域对比标志层。下部（即海侵体系域，1-2 层中部—2 层）为厚层—块状含碳质硅质页岩，GR 显高幅度值（586～794cps）。中部（即最大海泛面上下，3—6 层）为碳质页岩与硅质（页）岩薄互层、碳质页岩夹硅质（页）岩，GR 显中高幅度值（369～1314cps）。上部（即高位体系域，7—15 层）为块状碳质页岩夹硅质白云质结核体（局部为层状硅质白云岩），GR 显中高幅度值（213～640cps）。

SQ2 为裂陷调整期形成的含砂质页岩段（16—26 层），薄砂层显著增多，反映盆地裂陷活动减弱，构造运动以区域抬升为主，沉降沉积中心向北迁移，古水体显著变浅，来自东南物源区的陆源碎屑大量增多。SQ2 底部 5.6m（16 层）为低位和海侵体系域沉积的深灰色黏土质页岩，GR 值为 177～257cps，与 SQ1 上部黑色碳质层形成岩性突变，为构造转换界面，代表黔东北坳陷已转入抬升和沉降沉积中心迁移阶段，可作为区域对比标志层。SQ2 中部（17—23 层）为最大海泛期沉积的黏土质页岩夹薄砂层、灰色黏土质页岩与粉砂层互层段，GR 显中低幅度值（144～189cps）。SQ2 上部（24—26 层）为高位体系域沉积的块状黏土质页岩，GR 显低幅度值（138～159cps）。

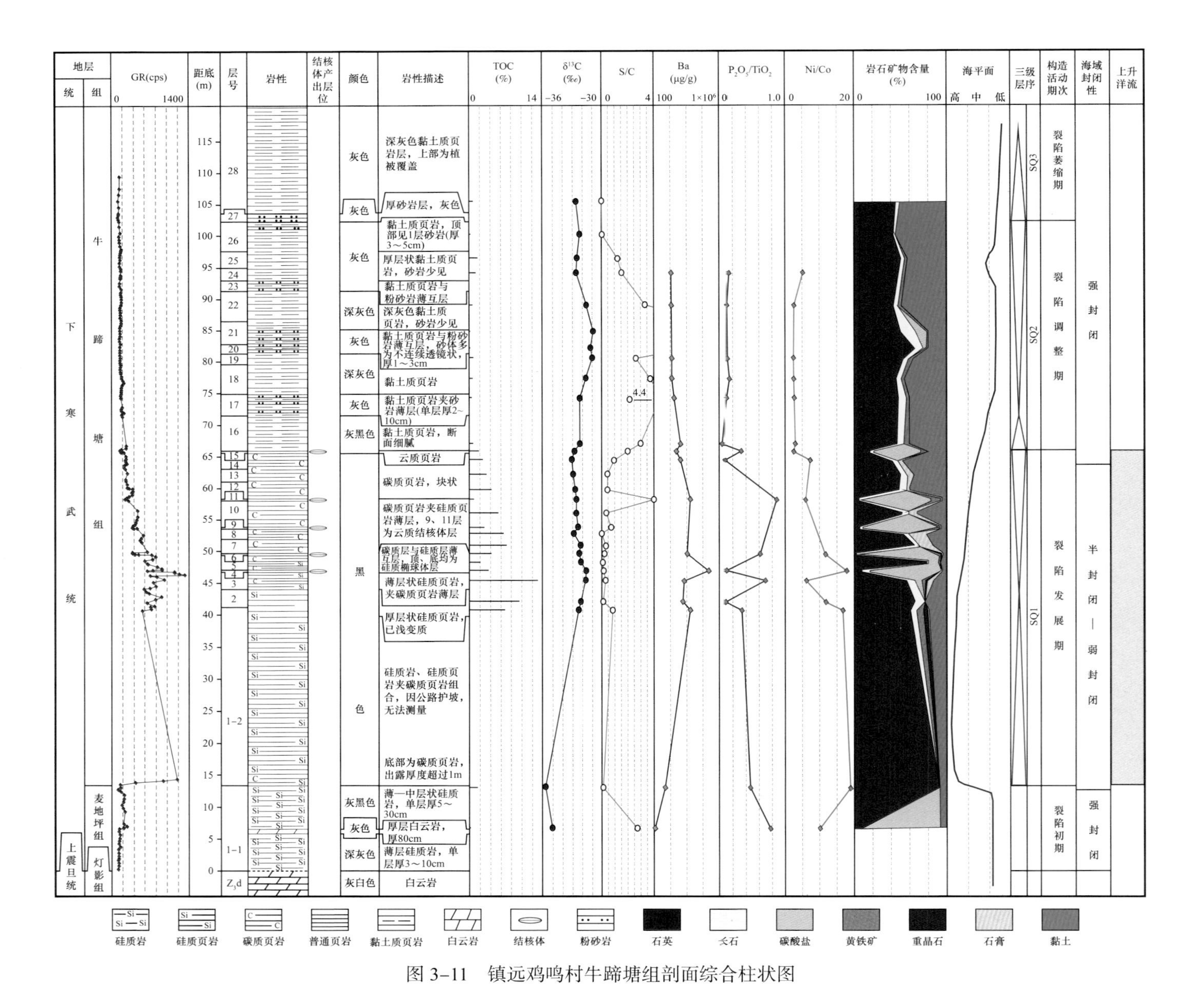

图3-11 镇远鸡鸣村牛蹄塘组剖面综合柱状图

SQ3 为裂陷萎缩期形成的浅水相岩相组合（27 层以上），以灰色、灰绿色黏土质页岩为主，岩相简单，底部为厚层状砂岩。GR 值为 109～140cps，反映黔东北地区构造运动以区域抬升为主，古水体持续变浅。

二、地球化学特征

黔东北镇远地区牛蹄塘组主体为深水→半深水→浅水陆棚沉积的暗色页岩段（图 3–11），干酪根类型为 I 型，成熟度较高。

1. 有机质类型

根据有机地球化学测试资料，镇远地区牛蹄塘组干酪根 $\delta^{13}C$ 值自下而上为 SQ1 段 –33.1‰～–31.6‰、SQ2 段 –32.6‰～–30.9‰和 SQ3 段 –32.7‰（图 3–11），显示镇远地区牛蹄塘组干酪根主体为 I 型。

2. 有机质丰度

麦地坪组有机质含量总体较低，TOC 值一般为 0.13%～1.52%。

牛蹄塘组 TOC 值一般为 0.20%～13.06%，平均为 3.09%（26 个样品），总体呈现自下而上减少趋势（图 3–11）。

SQ1 段为 TOC 值大于 2% 的富有机质页岩集中段，TOC 值一般为 0.85%（结核体）～13.06%，平均为 4.92%（15 个样品）。

SQ2 段有机质丰度普遍降低，TOC 值一般为 0.20%～1.54%，平均为 0.60%（10 个样品），无富有机质页岩集中段。

SQ3 段有机质丰度普遍低于 1%，TOC 值一般为 0.20%～0.64%。

可见，镇远牛蹄塘组 TOC 值大于 2% 的富有机质页岩集中段总厚度在 52.5m 左右（图 3–11）。

3. 成熟度

根据有机质激光拉曼测试资料，镇远地区牛蹄塘组 D 峰与 G 峰峰间距和峰高比分别为 263～266cm^{-1} 和 0.6[illegible]，在 G′ 峰位置（对应拉曼位移 2639.74cm^{-1}）出现平台但尚未成峰（图 3–12），计算的拉曼 R_o 为 3.44%，说明牛蹄塘组未进入有机质炭化阶段，仍处于有效生气窗内。

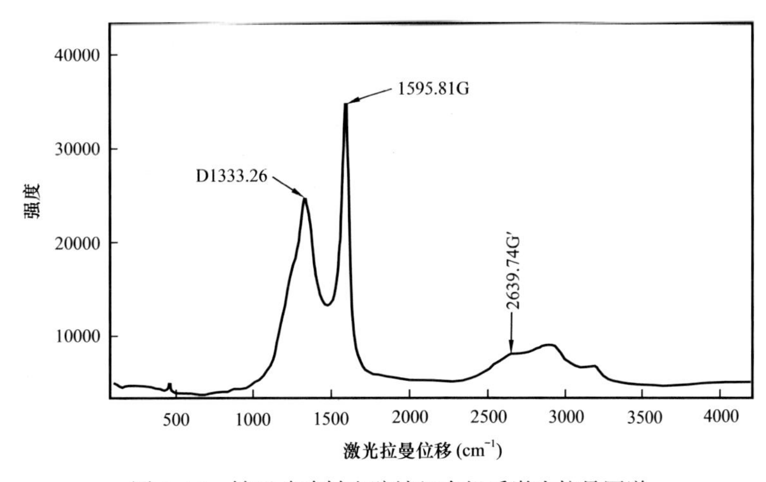

图 3–12　镇远鸡鸣村牛蹄塘组有机质激光拉曼图谱

三、沉积特征

1. 岩相与岩石学特征

牛蹄塘组 SQ1 主要为半深水—深水相硅质页岩、碳质页岩、碳质页岩与硅质页岩韵律层、白云岩和多种结核体组合，纹层总体不发育或欠发育；SQ2 和 SQ3 主要为浅水相黏土质页岩夹粉砂岩层，纹层发育（图 3-11、图 3-13、图 3-14），现自下而上分小层描述（图 3-11、图 3-13、图 3-14）。

1-1 层厚 13.4m，下部为薄层状硅质岩，单层厚 3～10cm，深灰色，硬而脆，GR 值为 112～155cps。中部见 1 层厚 70～80cm 的硅质白云岩，表面风化为黄色（图 3-13a），镜下显晶粒结构（图 3-14a、b），GR 值为 124～144cps，TOC 值为 0.13%，岩石矿物组成为石英 8.4%、方解石 2.0%、白云石 83.2%、黄铁矿 1.0%、黏土矿物 5.4%。上部为薄—中层状硅质岩，单层厚 5～30cm，GR 值显著增高，一般为 166～277cps，TOC 值为 1.52%，岩石矿物组成为石英 93.5%、白云石 1.0%、黏土矿物 5.5%。

1-2 层厚 27.8m，为硅质岩、硅质页岩夹碳质页岩组合，底部见碳质层（厚度超过 1m，GR 值为 426～1180cps；图 3-13b）。因出露于省道旁，受护坡限制，大部分无法测量。顶部在菜地处出露，厚度超过 1m，硬而脆，呈厚层—块状，GR 值为 558～716cps。TOC 值为 6.75%，岩石矿物组成为石英 60.5%、长石 7.7%、黄铁矿 6.7%、重晶石 4.8%、石膏 1.2%、黏土矿物 19.1%。

2 层厚 2.8m，厚层状硅质页岩，硬而脆，表面已出现浅变质（图 3-13c），GR 值为 586～893cps。TOC 值为 9.48%，岩石矿物组成为石英 65.8%、长石 11.7%、黏土矿物 22.5%。

3 层厚 2.8m，下部以薄—中层状硅质页岩为主，夹碳质页岩薄层，上部为碳质页岩与硅质（页）岩薄互层（即韵律层；图 3-13e）。镜下纹层不发育，亮色颗粒主要为放射虫、石英、方解石、黄铁矿，见数条微裂缝（图 3-14c、d）。GR 值为 694～1314cps。TOC 值为 13.06%，岩石矿物组成为石英 56.7%、长石 9.5%、白云石 7.3%、黄铁矿 3.4%、重晶石 1.7%、石膏 7.2%、黏土矿物 14.2%。

4 层厚 0.29m，含硅质白云质结核体，单个结核体尺寸为 150cm × 30cm（图 3-13d）。镜下以粉晶白云石为主，显晶粒结构，见白云石、硬石膏、石英和黄铁矿等颗粒（图 3-14e、f）。GR 值为 635～913cps。TOC 值为 3.62%，岩石矿物组成为石英 8.7%、长石 8.5%、方解石 5.3%、白云石 21.3%、钡解石 31.0%、菱碱土矿 20.0%、石膏 1.0%、黏土矿物 4.2%。

5 层厚 2.3m，碳质层与硅质层薄互层（即韵律层），硅质层单层厚 2～3cm，碳质层单层厚 2～10cm（图 3-13f）。GR 值为 607～900cps。TOC 值为 2.05%，岩石矿物组成为石英 78.5%、长石 1.5%、方解石 2.2%、白云石 1.6%、钡解石 7.5%、黄铁矿 1.6%、黏土矿物 7.1%。

6 层厚 0.34m，钙质结核层，局部呈层状，单个结核体尺寸为 180cm × 45cm。GR 值为 368～484cps。TOC 值为 4.17%，岩石矿物组成为石英 2.7%、长石 2.2%、方解石 18.9%、白云石 69.1%、黄铁矿 1.4%、重晶石 1.2%、石膏 0.4%、黏土矿物 4.1%。

7—8 层厚 3.82m，以碳质页岩为主，夹少量硅质（页）岩薄层（单层厚 2～3cm），碳质层风化严重。GR 值为 455～640cps，TOC 值为 6.53%～7.11%，岩石矿物组成为石英 53.2%～65.3%、长石 6.3%～6.8%、石膏 13.4%～18.7%、黏土矿物 14.5%～21.8%。

9 层厚 0.18m，白云岩层，局部呈椭球状，滴盐酸不起泡。GR 值为 363～387cps。TOC 值为 2.81%，岩石矿物组成为石英 6.7%、长石 2.9%、白云石 80.0%、钡解石 1.2%、黄铁矿 2.8%、石膏

0.5%、黏土矿物 5.9%。

10 层厚 4.3m，块状碳质页岩，页理发育，风化严重。GR 值为 298～468cps。TOC 值为 5.53%，岩石矿物组成为石英 51.8%、长石 8.8%、石膏 7.4%、黏土矿物 32.0%。

11 层厚 0.2m，硅质白云岩层，局部呈椭球状。GR 值为 239～252cps。TOC 值为 0.85%，岩石矿物组成为石英 6.1%、长石 1.8%、方解石 20.2%、白云石 55.5%、黄铁矿 11.0%、石膏 0.4%、黏土矿物 5.0%。

(a) 麦地坪组中部，薄层状硅质岩、含硅质白云岩与中层状硅质岩

(b) 牛蹄塘组底部，碳质页岩，厚1m左右，黑色，染手

(c) SQ1中部，厚层状硅质页岩 (2层)

(d) SQ1中部，碳质页岩 (3层和5层) 与结核层 (4层)

(e) SQ1中部 (3层)，碳质页岩 (绿色箭头所示) 与硅质 (页) 岩
(黄色箭头所示) 薄互层 (即韵律层)

(f) SQ1中部 (5层)，碳质页岩与硅质 (页) 岩
(黄色箭头所示) 薄互层

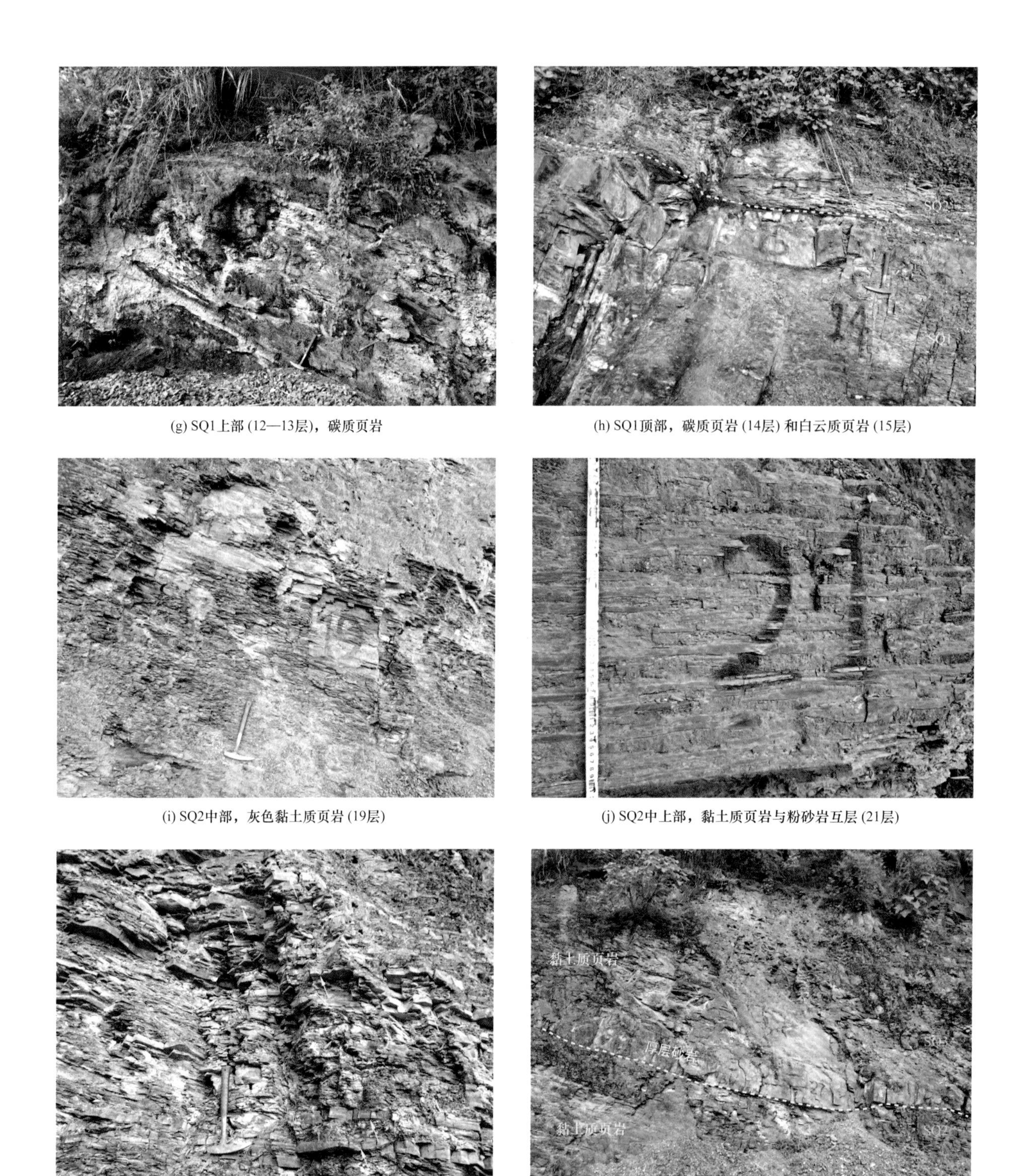

(g) SQ1上部(12—13层)，碳质页岩

(h) SQ1顶部，碳质页岩(14层)和白云质页岩(15层)

(i) SQ2中部，灰色黏土质页岩(19层)

(j) SQ2中上部，黏土质页岩与粉砂岩互层(21层)

(k) SQ2上部(23层)，黏土质页岩夹粉砂岩(黄色箭头所示)

(l) SQ3底部，黏土质页岩与厚层砂岩(27层)

图 3-13　镇远鸡鸣村牛蹄塘组露头照片

12—14 层厚 7.4m，块状碳质页岩，页理发育，风化严重（图 3-13g）。GR 值为 213～383cps。TOC 值为 2.55%～4.19%，岩石矿物组成为石英 41.4%～50.2%、长石 6.6%～9.3%、石膏 2.3%～6.0%、黏土矿物 35.3%～47.7%。

15 层厚 0.3m，层状含硅质白云质页岩，深灰色（图 3-13h）。镜下以粉晶白云石为主，显晶粒结构，见白云石和黄铁矿颗粒（图 3-14g、h）。GR 值为 149～171cps。TOC 值为 1.81%，岩石矿物

(a) 麦地坪组中部，粉晶白云石，显晶粒结构 (2×)

(b) 麦地坪组中部，以白云石为主，含少量黏土矿物和黄铁矿 (20×)

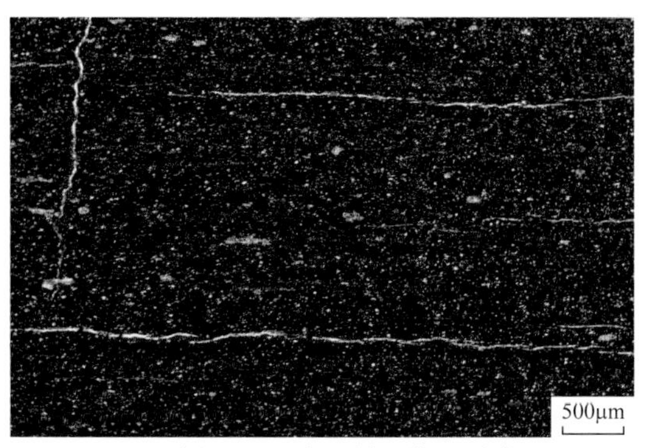

(c) SQ1中部 (3层)，碳质页岩，纹层不发育，见数条微裂缝 (2×)

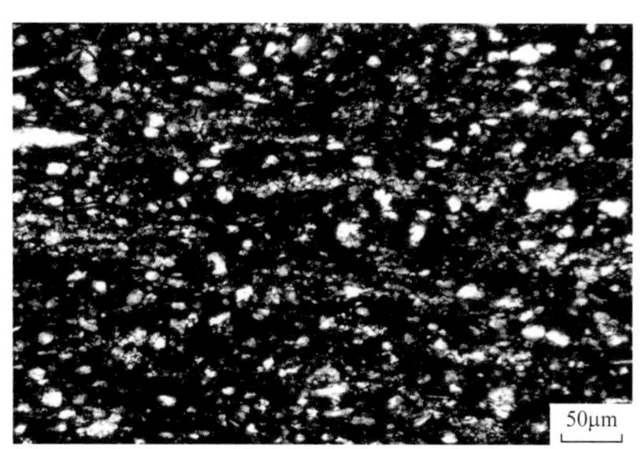

(d) SQ1中部 (3层)，亮色颗粒主要为放射虫、石英、方解石、黄铁矿 (20×)

(e) SQ1中部钙质结核体 (4层)，以粉晶白云石为主，晶粒结构 (2×)

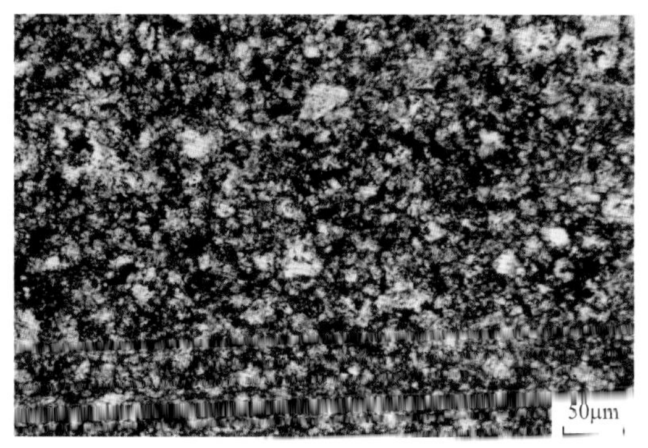

(f) SQ1中部钙质结核体 (4层)，亮色颗粒主要为白云石、硬石膏、石英和黄铁矿 (20×)

(g) SQ1顶部白云岩 (15层)，粉晶白云石，显晶粒结构 (2×)

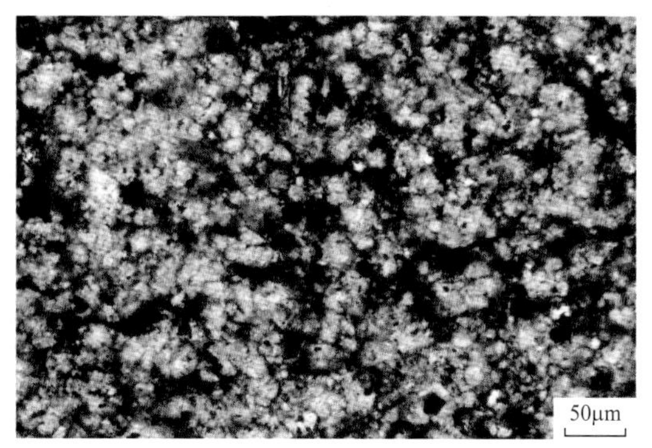

(h) SQ1顶部白云岩 (15层)，亮色为白云石、黄铁矿，黄铁矿呈团块状分布 (20×)

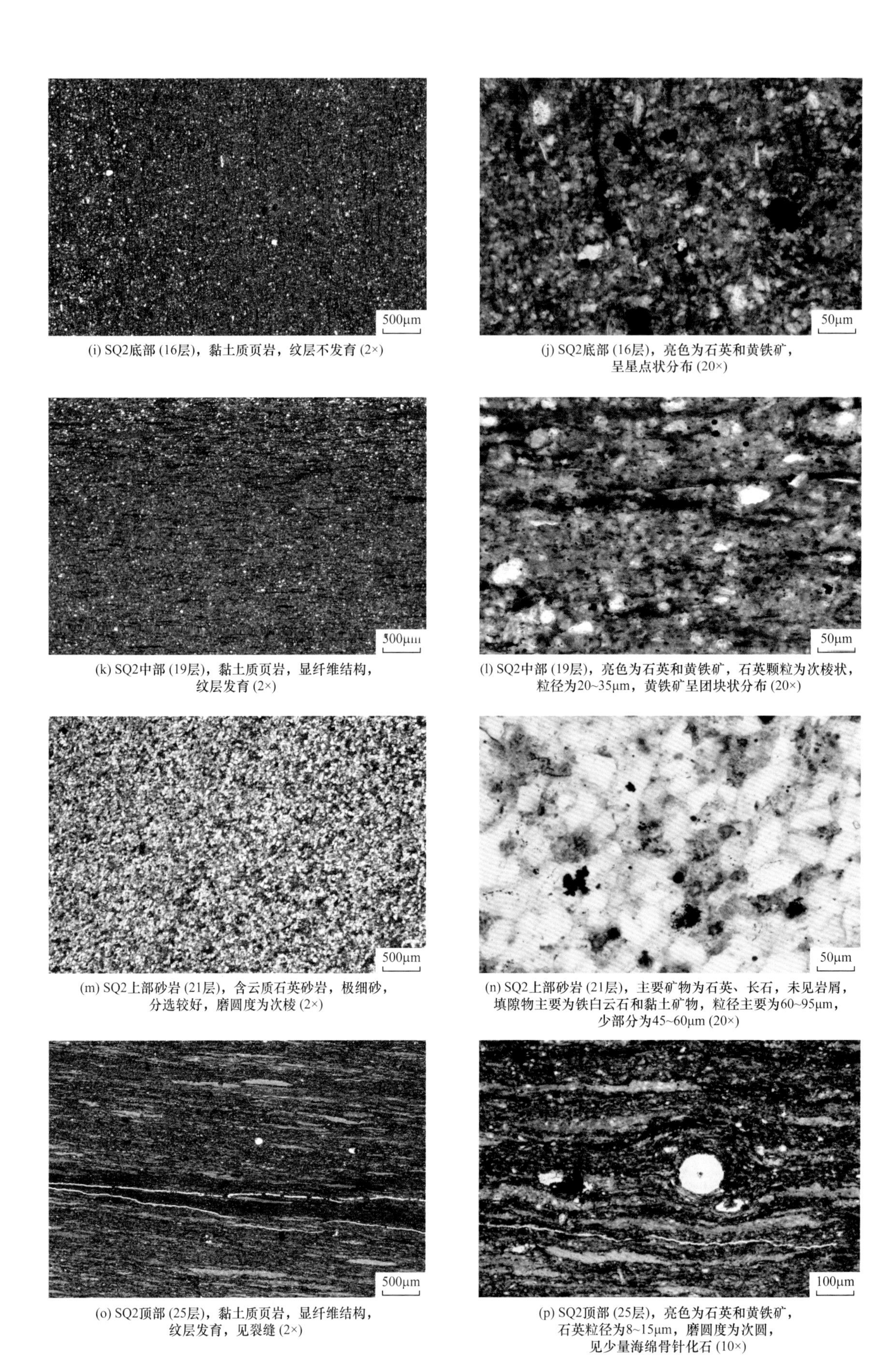

(i) SQ2底部 (16层)，黏土质页岩，纹层不发育 (2×)

(j) SQ2底部 (16层)，亮色为石英和黄铁矿，呈星点状分布 (20×)

(k) SQ2中部 (19层)，黏土质页岩，显纤维结构，纹层发育 (2×)

(l) SQ2中部 (19层)，亮色为石英和黄铁矿，石英颗粒为次棱状，粒径为20~35μm，黄铁矿呈团块状分布 (20×)

(m) SQ2上部砂岩 (21层)，含云质石英砂岩，极细砂，分选较好，磨圆度为次棱 (2×)

(n) SQ2上部砂岩 (21层)，主要矿物为石英、长石，未见岩屑，填隙物主要为铁白云石和黏土矿物，粒径主要为60~95μm，少部分为45~60μm (20×)

(o) SQ2顶部 (25层)，黏土质页岩，显纤维结构，纹层发育，见裂缝 (2×)

(p) SQ2顶部 (25层)，亮色为石英和黄铁矿，石英粒径为8~15μm，磨圆度为次圆，见少量海绵骨针化石 (10×)

图 3-14　镇远鸡鸣村牛蹄塘组重点层段薄片照片

组成为石英 17.4%、长石 4.0%、白云石 53.0%、黄铁矿 6.9%、石膏 0.3%、黏土矿物 18.4%。

16 层厚 5.6m，下部为灰黑色黏土质页岩，较脆，风化程度明显较碳质层弱，断面细腻，与碳质页岩反差较大，镜下纹层不发育（图 3–14i、j），GR 值为 177～262cps，TOC 值为 0.66%，岩石矿物组成为石英 46.6%、长石 7.3%、黄铁矿 4.7%、黏土矿物 41.4%。上部为灰色黏土质页岩，GR 值为 184～188cps。

17 层厚 3.4m，灰色黏土质页岩，夹薄砂层（单层厚 2～10cm），砂层超过 10 层。GR 值为 160～219cps。TOC 值为 0.40%，岩石矿物组成为石英 47.9%、长石 9.4%、黄铁矿 3.4%、黏土矿物 39.3%。

18—19 层厚 6.3m，深灰色黏土质页岩，砂层少（图 3–13i）。镜下显纤维结构，纹层发育，见石英和黄铁矿颗粒，石英粒径为 20～35μm，磨圆度为次棱，黄铁矿呈团块状分布（图 3–14k、l）。GR 值为 148～212cps，TOC 值为 0.58%～0.69%，岩石矿物组成为石英 45.6%～53.1%、长石 5.3%～6.9%、黄铁矿 3.7%～4.0%、黏土矿物 36.0%～45.4%。

20—21 层厚 5.3m。下部 4.3m 为灰色黏土质页岩与粉砂层互层，砂层单层厚 1～3cm，多呈不连续状透镜体，断面见大量斜层理、交错层理（图 3–13j），反映浅水环境（潮坪），GR 值为 133～157cps。经薄片鉴定，砂层为含云质石英砂岩，主要矿物为石英、长石，未见岩屑，填隙物主要为铁白云石和黏土矿物，颗粒分选较好，次棱状，粒径主要为 60～95μm，少部分为 45～60μm（图 3–14m、n）。上部 1.0m 为深灰色黏土质页岩，GR 值为 140～170cps。TOC 值为 0.08%～0.09%，岩石矿物组成为石英 50.4%～65.4%、长石 9.8%～15.8%、白云石 3.7%～13.6%、黄铁矿 0.4%～1.1%、黏土矿物 19.1%～20.3%。

22 层厚 4.8m，深灰色黏土质页岩，厚层状，砂层少。GR 值为 150～180cps。TOC 值为 0.57%，岩石矿物组成为石英 42.7%、长石 5.1%、黄铁矿 3.5%、黏土矿物 48.7%。

23 层厚 1.7m，灰色黏土质页岩与粉砂层薄互层，砂层单层厚 2～4cm，页岩单层厚 4～10cm（图 3–13k）。GR 值为 144～171cps。

24—25 层厚 4.6m，厚层状黏土质页岩，灰色，砂层少。镜下显纤维结构，纹层发育，见石英和黄铁矿颗粒，石英粒径为 8～15μm，磨圆度为次圆，见少量海绵骨针化石（图 3–14o、p）。GR 值为 142～162cps。TOC 值为 1.22%～1.54%，矿物组成为石英 47.9%～50.7%、长石 4.3%～4.9%、黄铁矿 3.2%、黏土矿物 41.8%～44.0%。

26 层厚 4.7m，厚层状黏土质页岩，灰色，上部见 1 层厚 3～5cm 的薄砂层，GR 值为 12[illegible]～17[illegible]cps。TOC 值为 0.20%，岩石矿物组成为石英 42.4%、长石 3.1%、黏土矿物 54.5%。

27 层厚 1m，厚砂岩层，灰色（图 3–13l），GR 值为 109～121cps。

28 层厚 6m 以上，深灰色黏土质页岩（图 3–13l），GR 值为 113～140cps。TOC 值为 0.64%，岩石矿物组成为石英 45.4%、长石 4.9%、黏土矿物 49.7%。

可见，牛蹄塘组在 SQ1—SQ3 段总体保持三段式岩相变化特征。SQ1 为裂陷发展期形成的优质页岩段，以深水相碳质页岩、硅质页岩和云质结核体为主，硅质含量普遍超过 48.0%，白云质含量在结核体高、页岩段低，长石含量普遍介于 6.6%～11.7%，黏土矿物含量一般介于 14.0%～40.0%（明显高于五峰组和鲁丹阶下部），镜下纹层不发育（或纹层总体较少）。SQ2 主体为半深水—浅水相黏土质页岩与薄层粉砂岩组合，露头和镜下砂质纹层发育，黏土含量普遍介于 40.0%～50.0%。SQ3 主体为浅水相黏土质页岩，颜色浅，纹层发育，黏土含量在 50.0% 左右。

2. 海平面

根据剖面干酪根 $\delta^{13}C$ 资料（图 3–11），SQ1 下段碳同位素资料较少（受护坡影响），SQ1 中段—

SQ3 $\delta^{13}C$ 值一般介于 –33.1‰～–30.9‰，纵向波动不大，对海平面变化反应不敏感。根据岩相和TOC 资料判断，海平面在 SQ1—SQ3 沉积期呈由高到低的显著变化特征，即在 SQ1 沉积早期和中期海平面处于高水位，在 SQ1 沉积末期开始下降并处于中—高等水位，在 SQ2 沉积早期下降至中等水位，在 SQ2 沉积晚期和 SQ3 沉积期持续下降至低水位状态。可见，在 SQ1 和 SQ2 沉积早期，镇远海域始终处于有利于有机质保存的中—高水位状态。

3. 海域封闭性与古地理

镇远地区在牛蹄塘组沉积期处于黔北坳陷东部，紧邻华南洋入口，海域封闭性总体较弱。根据古海洋研究成果，可以利用 S/C 值来反映海盆水体的盐度和封闭性（Berner 等，1983；王清晨等，2008），进而判断古地理环境。在镇远地区，S/C 值在 SQ1 沉积期普遍较低，在 SQ2 和 SQ3 沉积期较高（图 3–11），具体表现为在 SQ1 段，S/C 值大多介于 0.08～0.45，仅在硅质层和结核层出现异常（超过 1.05），反映古水体主体处于低—正常盐度、弱—半封闭状态；在 SQ2 和 SQ3 段，S/C 值大幅度上升，一般介于 1.24～12.07，显示古水体以高盐度和强封闭状态为主（图 3–11）。

另据微量元素资料显示（图 3–11、图 3–15），镇远海域在牛蹄塘组沉积早期具有较高 Mo 含量。在 SQ1 段和 SQ2 底部，Mo 值大多介于 7.31～170.0μg/g，与巫溪白鹿五峰组—龙马溪组相当（王玉满等，2021），以弱封闭的缺氧环境为主；在 SQ2 中部—SQ3，Mo 值快速下降至 2.45～6.98μg/g，与道真沙坝埃隆阶相当（王玉满等，2021），以强封闭的贫氧—氧化环境为主。

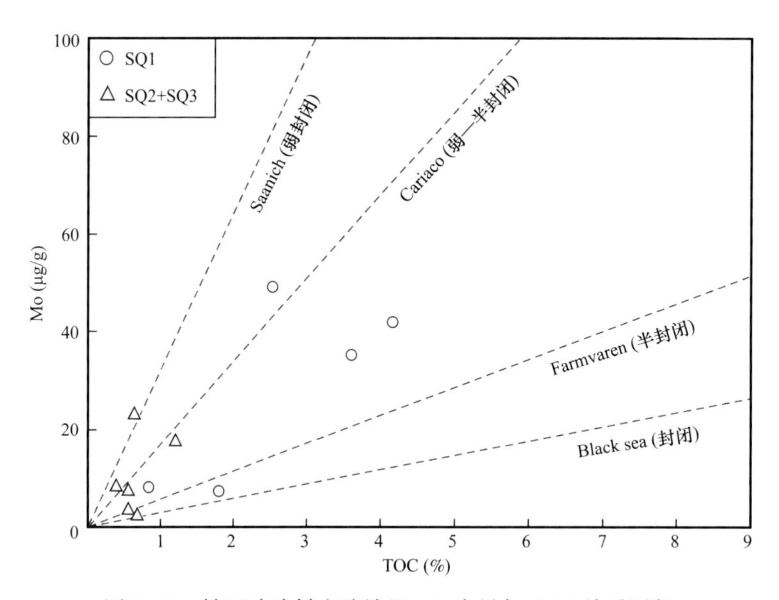

图 3–15　镇远鸡鸣村牛蹄塘组 Mo 含量与 TOC 关系图版

这说明，镇远海域在牛蹄塘组沉积早期处于弱—半封闭的缺氧陆棚环境。

4. 古生产力

在镇远地区，受海域封闭性弱和上升洋流活动等因素影响，古海洋 P、Ba、Si 等营养物质含量丰富（图 3–11，表 3–3）。P_2O_5/TiO_2 值在 SQ1 较高，一般为 0.09～0.87，平均为 0.39，在 SQ2—SQ3 段受黏土含量高和沉积速率加快等因素影响略有降低，普遍介于 0.04～0.15（平均为 0.11）。Ba 含量在 SQ1 和 SQ2 底部出现异常高值，达到 2271～227133μg/g（平均 34752μg/g），峰值出现在 SQ1 钙质结核层（4 层、6 层和 11 层），在 SQ2 中部—SQ3 降至正常水平（1119～1781μg/g，平均为 1332μg/g），与石柱漆辽埃隆阶（王玉满等，2021）相当。硅质含量自 SQ1 至 SQ3 总体呈递减趋势，分别为 SQ1 段 41.4%～78.5%（平均为 56.8%）、SQ2—SQ3 段 42.4%～53.1%（平均为 46.9%），高值出现在 SQ1 下段（7 层以下）。从 P_2O_5/TiO_2 值、Ba 含量和硅质含量变化趋势看，镇远海域古生产力在牛蹄塘组沉积早期（主要为 SQ1 沉积期）普遍很高，显示上升洋流对高古生产力的突出贡献。

表 3-3　镇远鸡鸣村牛蹄塘组营养物质含量统计表

三级层序	P_2O_5/TiO_2 值	Ba 含量（μg/g）	硅质含量（%）
SQ2—SQ3	0.04～0.15/0.11（6）	1119～1781/1332（5）	42.4～53.1/46.9（9）
SQ1	0.09～0.87/0.39（8）	2271～227133/34752（8）	41.4～78.5/56.8（9）

注：表中数值区间表示为最小值～最大值 / 平均值，括号（ ）内为样品数。

5. 沉积速率

根据四川盆地下志留统龙马溪组结核体发育特征资料（表 2-2），海相页岩结核体主要形成于同沉积—早期成岩阶段，发育于盆地挠曲（或裂陷）发展期，是深水—半深水陆棚较快沉积产物，结核体发育段沉积速率一般为 16.20～51.56m/Ma（平均为 31.18m/Ma）。

镇远地区牛蹄塘组 SQ1 为富有机质页岩与钙质结核体共生段，其沉积环境与川南—川东坳陷埃隆阶结核体发育段（表 2-2）具有相似性。由此推测，镇远牛蹄塘组 SQ1 也为裂陷发展期深水—半深水陆棚相较快沉积产物，其沉积速率为 16.20～51.56m/Ma，为五峰组—鲁丹阶下段的 5～10 倍。

6. 氧化还原条件

在镇远鸡鸣村剖面点，Ni/Co 值与 TOC 相关性总体较好（图 3-11），是反映氧化还原条件的有效指标。Ni/Co 值在 SQ1 较高，一般为 5.99～18.81，平均为 11.83（9 个样品；图 3-11）；在 SQ2 和 SQ3 为 2.52～5.13，平均为 3.04（7 个样品）。这说明，镇远海域在牛蹄塘组沉积早期（SQ1 沉积期）为深水缺氧环境，在牛蹄塘组沉积中期（SQ2 沉积期）和晚期（SQ3 沉积期）随着裂陷活动减弱和海平面下降出现富氧环境。

第三节　松桃盘石牛蹄塘组剖面

剖面位于贵州省松桃县盘石镇响水洞梯田南侧（图 3-16），地理位置为北纬 28°12′23″、东经 109°12′14″。牛蹄塘组地层产状为 40°∠20°，底界海拔 450m，顶界海拔 760m，实际厚度为 290m，其中黑色页岩段顶部海拔 550m，推测其厚度为 94m。

一、基本地质特征

在盘石镇地区，牛蹄塘组沿盘山公路出露，笔者重点对下部富有机质页岩段（即剖面点Ⅰ，图 3-16a）进行了详测，并对中上部黏土质页岩段（即剖面点Ⅱ，图 3-16b）进行 GR 扫描。现重点对盘石镇响水洞剖面点Ⅰ进行描述（图 3-17—图 3-19）

(a) 剖面点（Ⅰ），牛蹄塘组下部富有机质页岩段

(b) 剖面点（Ⅱ），牛蹄塘组中上部黏土质页岩段

图 3-16　松桃盘石牛蹄塘组剖面

灯影组顶部 10m 为白云岩，块状，局部夹硅质条带。白云岩层以下出露厚度超过 10m 的灰色砂岩层，见砾粒（直径为 0.5～1cm），推测为拉张初期砂砾浊积体，可与铜仁岩上、瓮安永和剖面对比，见递变层理。

1 层厚 5.7m，薄层状含钙质硅质岩，浅灰色，单层厚 3～8cm，滴盐酸后浅色层起泡强烈，暗色层见微气泡。上部见深色与浅色韵律层（图 3-18a），GR 值低于 90cps。TOC 值为 0.02%，岩石矿物组成为石英 4.6%、长石 0.5%、方解石 92.6%、黏土矿物 2.3%。

2 层厚 5.7m，薄层状硅质岩，颜色总体变深，为浅灰—灰色，下部见深浅色韵律结构，GR 值低于 100cps。镜下泥灰岩显晶粒结构，见裂缝充填亮晶方解石，缝宽 500～1000μm（图 3-19a、b）。TOC 值为 0.04%，岩石矿物组成为石英 3.4%、长石 0.4%、方解石 85.1%、白云石 3.2%、黄铁矿

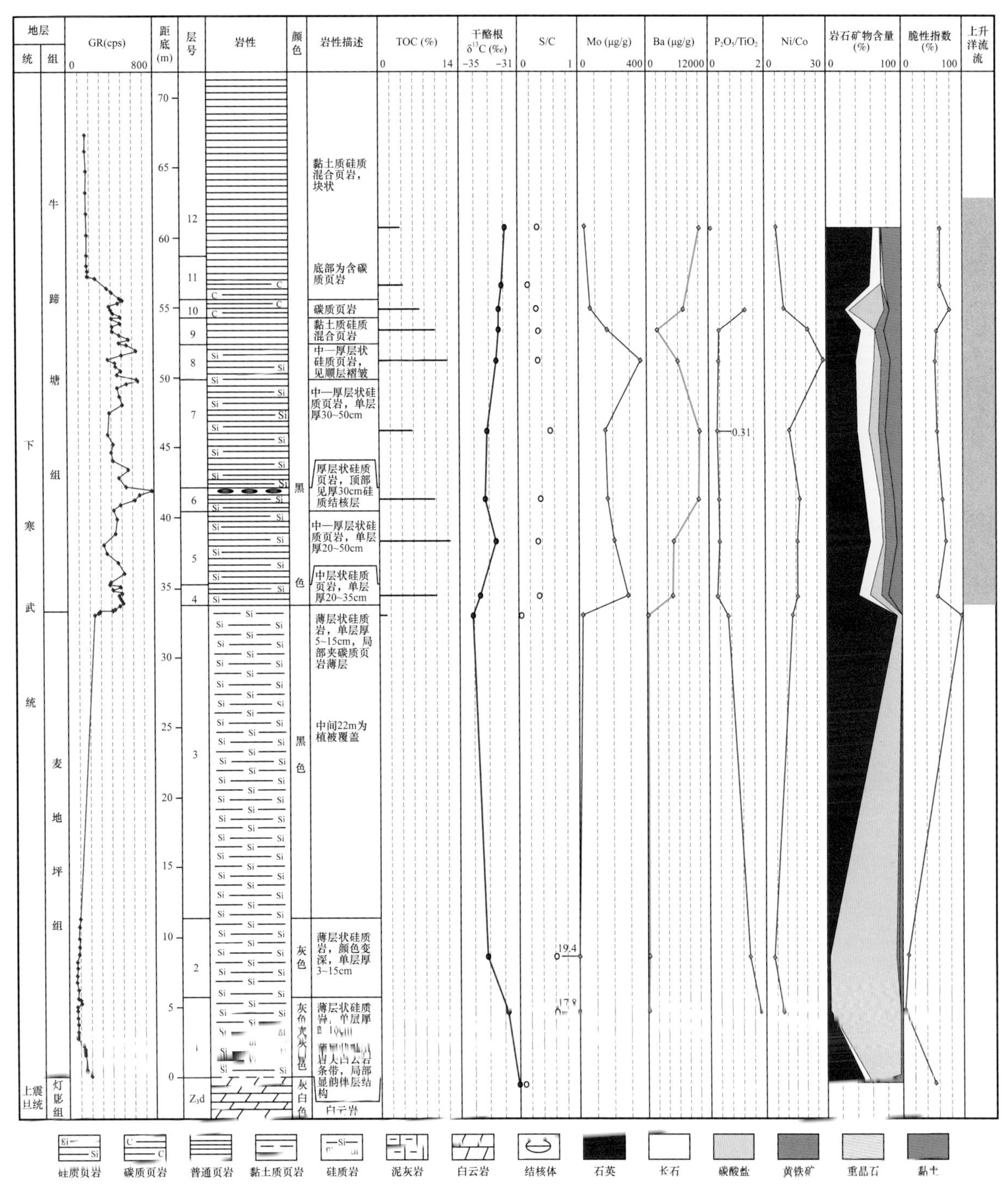

图 3-17　松桃盘石剖面点（Ⅰ）柱状图

3.0%、黏土矿物 4.9%。

3 层厚 22m，中间大部分为植被覆盖，顶部出露薄—中层状硅质岩，黑色，单层厚 3～30cm（图 3-18b），GR 值为 200～300cps，TOC 值为 1.34%，岩石矿物组成为石英 93.5%、方解石 1.9%、白云石 4.6%。

4 层厚 1.9m，下部 80cm 为碳质页岩与硅质岩薄互层，两者单层厚 1～3cm，染手，中上部为中层状硅质页岩，黑色，硬而脆。GR 值为 387～506cps。TOC 值为 10.06%，岩石矿物组成为石英 42.6%、长石 14.6%、方解石 8.5%、白云石 7.4%、黄铁矿 9.0%、黏土矿物 17.9%。

(a) 1层上部，深色硅质岩与浅色钙质层互层

(b) 牛蹄塘组与麦地坪组界限

(c) 5—6层，厚层状含碳质硅质页岩，见大型硅质结核层，结核体为饼状

(d) 8—9层，中层状硅质页岩 (8层) 和厚层状黏土质硅质混合页岩 (9层)

(e) 10—11层，块状碳质页岩 (11层) 和厚层状黏土质硅质混合页岩 (10层)

(f) 12层，厚层状黏土质硅质混合页岩

图 3-18　松桃盘石剖面点（Ⅰ）露头照片

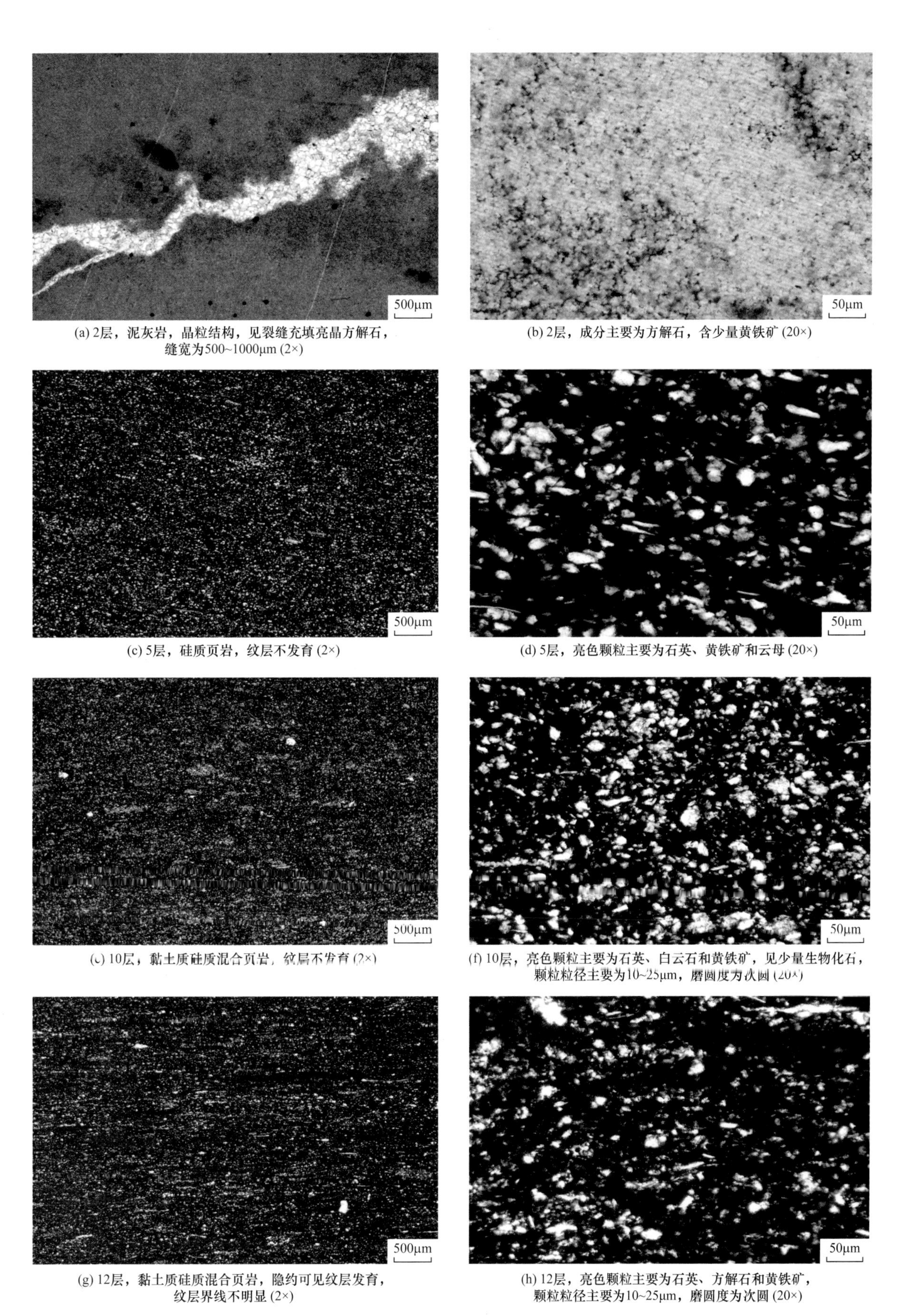

(a) 2层，泥灰岩，晶粒结构，见裂缝充填亮晶方解石，缝宽为500~1000μm (2×)

(b) 2层，成分主要为方解石，含少量黄铁矿 (20×)

(c) 5层，硅质页岩，纹层不发育 (2×)

(d) 5层，亮色颗粒主要为石英、黄铁矿和云母 (20×)

(e) 10层，黏土质硅质混合页岩，纹层不发育 (2×)

(f) 10层，亮色颗粒主要为石英、白云石和黄铁矿，见少量生物化石，颗粒粒径主要为10~25μm，磨圆度为次圆 (20×)

(g) 12层，黏土质硅质混合页岩，隐约可见纹层发育，纹层界线不明显 (2×)

(h) 12层，亮色颗粒主要为石英、方解石和黄铁矿，颗粒粒径主要为10~25μm，磨圆度为次圆 (20×)

图 3-19　松桃盘石剖面点（Ⅰ）重点层段薄片照片

5层厚5.2m，中层状硅质页岩，黑色，硬而脆（图3-18c）。镜下纹层不发育，石英、黄铁矿和云母呈分散状分布（图3-19c、d）。GR值为331～520cps。TOC值为12.42%，岩石矿物组成为石英57.8%、长石17.1%、方解石4.4%、黄铁矿14.4%、黏土矿物6.3%。

6层厚1.7m，下部为中层状硅质页岩，上部为含磷硅质结核层（单个尺寸为70cm×150cm）（图3-18c）。GR值为422～780cps，TOC值为9.78%，岩石矿物组成为石英51.3%、长石20.4%、方解石1.9%、白云石3.8%、黄铁矿11.8%、黏土矿物10.8%。

7层厚7.6m，中层状硅质页岩，单层厚20～35cm，层间见背斜褶皱。GR值为384～651cps。TOC值为5.88%，岩石矿物组成为石英40.9%、长石15.4%、方解石4.7%、白云石8.5%、黄铁矿8.7%、黏土矿物21.8%。

8层厚2.6m，岩性同7层，单层厚5～30cm。GR值为372～640cps。TOC值为12.01%，岩石矿物组成为石英39.3%、长石24.0%、方解石6.5%、白云石3.9%、黄铁矿11.8%、黏土矿物14.5%。

9层厚1.9m，黏土质硅质混合页岩，厚层状，黏土质明显增多，不染手（图3-18d）。GR值为408～567cps。TOC值为9.83%，岩石矿物组成为石英45.6%、长石19.3%、黄铁矿11.4%、黏土矿物23.7%。

10层厚1.3m，岩性同9层。GR值为383～512cps。镜下纹层不发育，石英、白云石和黄铁矿呈分散状分布（图3-19e、f）。TOC值为7.17%，岩石矿物组成为石英24.9%、长石5.9%、白云石46.3%、黄铁矿7.7%、黏土矿物15.2%。

11层厚3.1m，下部为碳质页岩层（图3-18e），染手，可与瓮安永和剖面22-1层对比，上部为黏土质硅质混合页岩。GR值为底部碳质层255～484cps、上部黏土质硅质混合页岩178～189cps。TOC值为4.30%，岩石矿物组成为石英58.1%、长石14.5%、重晶石4.9%、黏土矿物22.5%。

12层厚8.7m，厚层状黏土质硅质混合页岩（图3-18f），GR显著下降至163～177cps。镜下隐约可见纹层，纹层界线不明显，石英、方解石和黄铁矿呈分散状分布，颗粒粒径主要为10～25μm，磨圆度为次圆（图3-19g、h）。TOC值为3.76%，岩石矿物组成为石英61.8%、长石9.6%、黄铁矿1.5%、黏土矿物27.1%。

通过上述各层岩相、GR、TOC和岩矿资料分析，1—3层为麦地坪组硅质岩，有机质丰度低（TOC值普遍低于1.0%），4—12层为牛蹄塘组富有机质页岩段，连续厚度在30m以上。

在松桃盘石剖面点Ⅱ（图3-16b），共测量牛蹄塘组上部组合（1—12层）59.39m。其中1—7层为块状黏土质页岩，深灰色，局部见硅质结核体，单个大小为30cm×70cm（6层），未见砂岩层，GR值为119～155cps。8—12层为黏土质硅质混合页岩，厚层状，深灰色，局部成层性好，未见砂岩层，GR值为130～157cps。

二、地球化学特征

松桃盘石牛蹄塘组主体为深水—半深水陆棚沉积的黑色页岩段（图3-17），干酪根类型为Ⅰ型，成熟度高。

1. 有机质类型

根据有机地球化学测试资料，松桃盘石牛蹄塘组黑色页岩干酪根$\delta^{13}C$值为-33.6‰～-31.1‰（图3-17），显示该地区牛蹄塘组干酪根主体为Ⅰ型。

2. 有机质丰度

麦地坪组为裂陷初期沉积的硅质岩、硅质岩与泥灰岩薄互层，有机质丰度不高，TOC 值一般为 0.02%～1.34%。牛蹄塘组下段（4—12 层）为裂陷发展期上升洋流沉积，有机质丰度高，TOC 值一般为 3.76%～12.42%，平均为 8.36%（9 个样品；图 3-17）。可见，4—12 层为富有机质页岩集中段，厚度在 30m 以上。

3. 成熟度

根据有机质激光拉曼测试资料，松桃地区牛蹄塘组 D 峰与 G 峰峰间距和峰高比分别为 264～270cm^{-1} 和 0.78～0.89，在 G′ 峰位置（对应拉曼位移 2660.19cm^{-1}）形成中等幅度石墨峰（图 3-20），计算的拉曼 R_o 为 3.67%～3.80%，说明松桃地区牛蹄塘组成熟度高，已进入有机质严重炭化和生烃衰竭阶段。

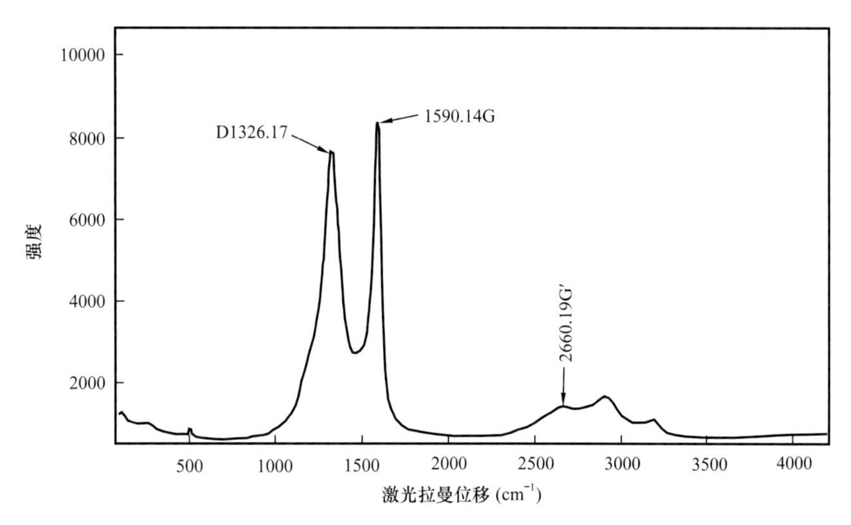

图 3-20　松桃地区牛蹄塘组有机质激光拉曼图谱

三、富有机质页岩沉积要素

1. 海平面

根据剖面干酪根 $\delta^{13}C$ 资料（图 3-17），松桃盘石牛蹄塘组下段 $\delta^{13}C$ 值一般介于 -33.6‰～-31.1‰，显示松桃海域在筇竹寺组沉积早期处于高水位状态。

2. 海域封闭性与古地理

松桃海域在牛蹄塘组沉积期处于黔北裂陷槽中部，与古丈和长阳海域相通，封闭性弱。S/C 值在牛蹄塘组下部普遍较低，一般介于 0.10～0.54（平均为 0.32），反映古水体处于低—正常盐度、弱—半封闭状态（图 3-17）。

另据微量元素资料显示（图 3-17、图 3-21），松桃地区牛蹄塘组 Mo 含量在 4—12 层普遍较高，大多介于 36.9～363.0μg/g（平均为 183.8μg/g），以弱—半封闭的缺氧环境为主。

这说明，松桃海域在牛蹄塘组沉积早期处于弱—半封闭的缺氧陆棚环境。

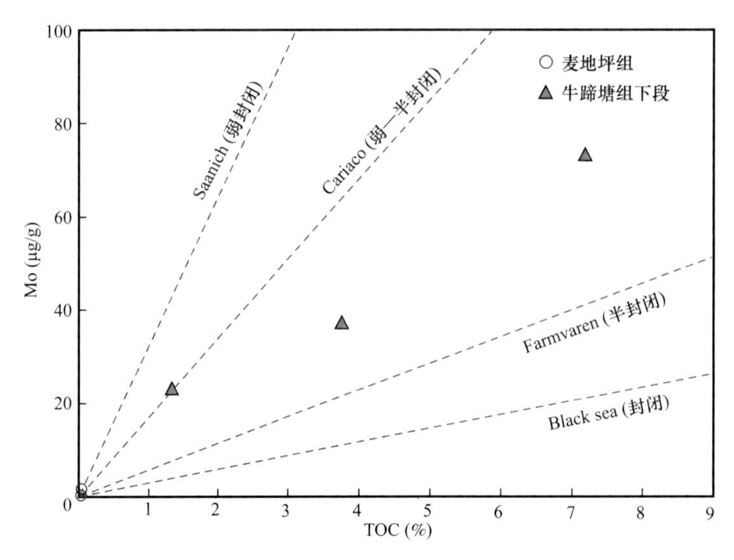

图 3-21　松桃地区下寒武统 Mo 含量与 TOC 关系图版

3. 古生产力

受海域封闭性弱和洋流活动等因素影响，松桃海域 P、Ba、Si 等营养物质极为丰富（图 3-17）。P_2O_5/TiO_2 值在 1—3 层为 0.68～1.81（平均为 1.31），在 4—10 层为 0.31～1.29（平均为 0.49），在 12 层受黏土含量升高影响下降至 0.09。Ba 含量在 1—3 层受水体浅影响处于低值水平（152～316μg/g），在 4—12 层则处于 2013～10225μg/g（平均为 6954μg/g）的异常高值水平，与巫溪、保康地区埃隆阶上升洋流相（王玉满等，2021）相近，显示该页岩段为上升洋流沉积。硅质含量在 1—2 层为 3.4%～4.6%，在 3—12 层上升至 39.3%～93.5%（平均为 51.5%）。从 P_2O_5/TiO_2 值和 Ba、硅质含量变化趋势看，松桃海域古生产力在早寒武世普遍较高（尤其 P、Ba 含量高），显示上升洋流对高古生产力的突出贡献。

4. 沉积速率

松桃地区牛蹄塘组下段（尤其 4—10 层）为富有机质页岩与结核体共生段，其沉积环境与川南—川东坳陷埃隆阶结核体发育段（表 2-2）具有相似性。由此推测，松桃地区牛蹄塘组下段也为裂陷发展期深水陆棚较快沉积产物，其沉积速率为 16.20～51.56m/Ma，为五峰组—鲁丹阶下段的 5～10 倍。

5. 氧化还原条件

在松桃盘石剖面点，Ni/Co 值与 TOC 相关性总体较好（图 3-17），是反映氧化还原条件的有效指标。Ni/Co 值在 1—2 层硅质段较低（下降至 3.60～8.24），在 3 层顶部至 12 层普遍较高，一般为 5.06～28.56（平均为 15.14；图 3-17）。这说明，松桃海域在牛蹄塘组沉积早期总体为深水缺氧环境。

第四节　湄潭梅子湾牛蹄塘组剖面

剖面位于贵州省遵义市湄潭县石莲乡梅子湾村省道边。剖面位置为北纬 27°27′56″、东经 107°26′7″（图 3-22），海拔为 867m。地层顶底界限清晰，出露厚度超过 35m。

图 3-22　湄潭梅子湾牛蹄塘组剖面

一、基本地质特征

在湄潭地区，下寒武统牛蹄塘组（即筇竹寺组）和上震旦统灯影组之间为假整合接触，界面清楚（图 3-23），现分小层描述如下。

灯影组为块状白云岩，浅灰色，表面见刀砍纹，GR 值为 44cps。

牛蹄塘组厚度超过 35m（小层标号 1～16 层），底部为薄—中层状硅质岩，中部为中层状硅质页岩夹碳质页岩，上部为厚层—块状黏土质硅质混合页岩和黏土质页岩。中下部 22m 为高自然伽马段（GR 值在 200cps 以上），上部为中高自然伽马段（GR 值在 150～200cps 之间）。

1 层厚 4.6m，中下部为硅质岩，质地硬，呈块状。上部 1m 为硅质页岩，中—厚层状，黏土质含量增加（图 3-24a）。镜下纹层不发育，硅质主要为石英，其次为燧石，颗粒粒径为 15～40μm，磨圆度为次圆（图 3-25a、b）。GR 响应为高幅度值，一般为 220～350cps。TOC 值为 2.23%，岩石矿物组成为石英 54.2%、长石 1.5%、黏土矿物 44.3%。

2 层厚 2.3m，中—厚层状硅质页岩，黑色，质地脆。断面见大量黄铁矿晶粒呈星点状分布，略染手。镜下纹层不发育，硅质主要为石英，其次为燧石，颗粒粒径为 10～30μm，磨圆度为次圆（图 3-25c、d）。GR 值一般为 250～367cps。TOC 值为 4.77%，岩石矿物组成为石英 72.1%、长石 2.1%、黏土矿物 25.8%。

3 层厚 4.66m，中—厚层状硅质页岩，坍塌严重。在顶部检测 GR 值为 268～284cps。

4 层厚 2.13m，下段总体为薄层状含碳质硅质页岩，黑色，单层厚 5cm，GR 响应值为 240～300cps。中段（66cm）为高自然伽马碳质页岩层，染手，GR 响应值一般在 300cps 以上。上段为

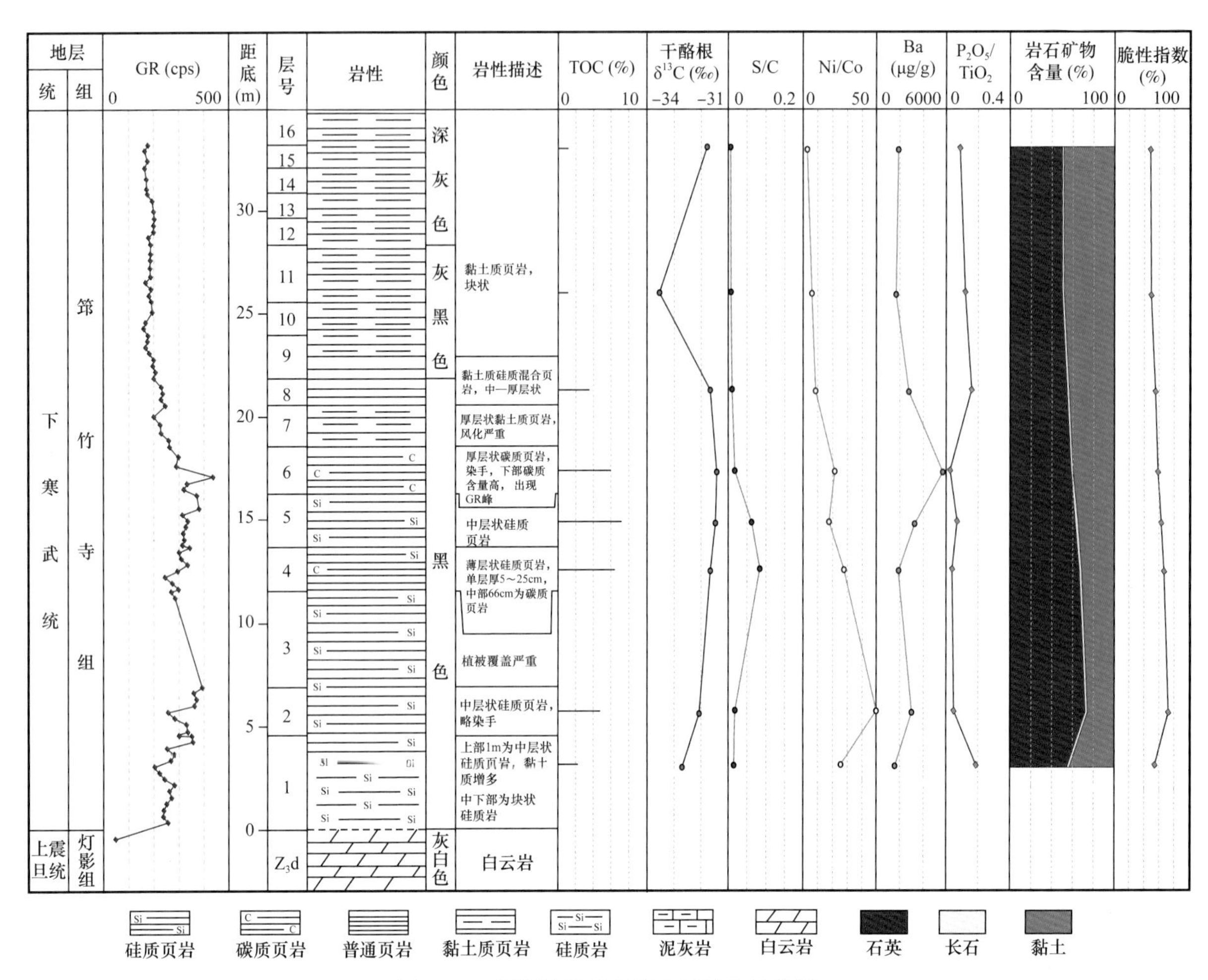

图 3-23　湄潭梅子湾筇竹寺组综合柱状图

薄—中层状硅质页岩，单层厚 5～25cm，基本不染手，断面略显粗糙（图 3-24b），见大量石英、黄铁矿晶粒呈星点状分布，纹层发育，层间缝发育且未见充填，反映构造改造强烈，GR 响应值一般在 300cps 以上。TOC 值为 6.43%，岩石矿物组成为石英 66.0%、长石 2.0%、黏土矿物 32.0%。

5 层厚 2.57m，中层状硅质页岩，灰黑色（图 3-24b）。镜下纹层不发育，硅质主要为放射虫颗粒、石英，其次为燧石，颗粒粒径为 10～30μm，磨圆度为次圆（图 3-25e、f）。顶界为硅质页岩与碳质页岩转换界面，GR 响应值为 312～380cps。TOC 值为 7.17%，岩石矿物组成为石英 62.5%、长石 2.7%、黏土矿物 34.8%。

6 层厚 2.3m，厚层状碳质页岩，染手，黏土质明显增高，下部碳质含量高（图 3-24c），并出现 GR 峰值响应，响应值为 430cps。TOC 值为 5.97%，岩石矿物组成为石英 58.2%、长石 1.9%、黏土矿物 39.9%。

7 层厚 2.02m，厚层状黏土质页岩，表面风化严重。GR 响应值一般为 199～258cps。

8 层厚 1.35m，厚层状黏土质硅质混合页岩，黑色，脆性较 7 层好，微染手，颗粒细小（图 3-24d），GR 响应值为 198～235cps。镜下纹层不发育，硅质主要为放射虫颗粒、石英，其次为燧石，颗粒粒径为 12～28μm，磨圆度为次圆（图 3-25g、h）。TOC 值为 3.51%，岩石矿物组成为石英 54.1%、长石 2.2%、黄铁矿 0.6%、黏土矿物 43.1%。

9 层厚 2.05m，底部为中层状黏土质硅质混合页岩，断面较细腻，灰黑色，基本不染手，镜下

(a) 1层上部，硅质页岩，中—厚层状

(b) 4层上部—5层下部，薄—中层状硅质页岩，单层厚5～25cm，基本不染手

(c) 6层，厚层状碳质页岩，染手，黏土质明显增高，下部炭质含量高

(d) 8层，厚层状黏土质硅质混合页岩，黑色，微染手，颗粒细

(e) 10—11层，块状黏土质页岩，断面细腻，灰黑色，不染手

(f) 15层，块状黏土质页岩，颗粒细，深灰色

图 3-24　湄潭梅子湾筇竹寺组露头照片

见大量放射虫（图 3-25i）。中上部为厚层—块状黏土质页岩，颗粒细小，灰黑色，不染手，GR 响应值为 166～200cps。

10 层厚 1.63m，块状黏土质页岩，断面细腻，灰黑色，不染手（图 3-24e）。局部纹层发育，层间缝不发育。GR 响应值一般为 160～170cps，顶部达 192cps。

11 层厚 2.8m，块状黏土质页岩，断面细腻，灰黑色（图 3-24e），不染手。局部纹层发育，层间缝不发育。GR 响应值一般为 167～189cps。TOC 值为 1.10%，岩石矿物组成为石英 49.3%、长石 2.1%、黏土矿物 48.6%。

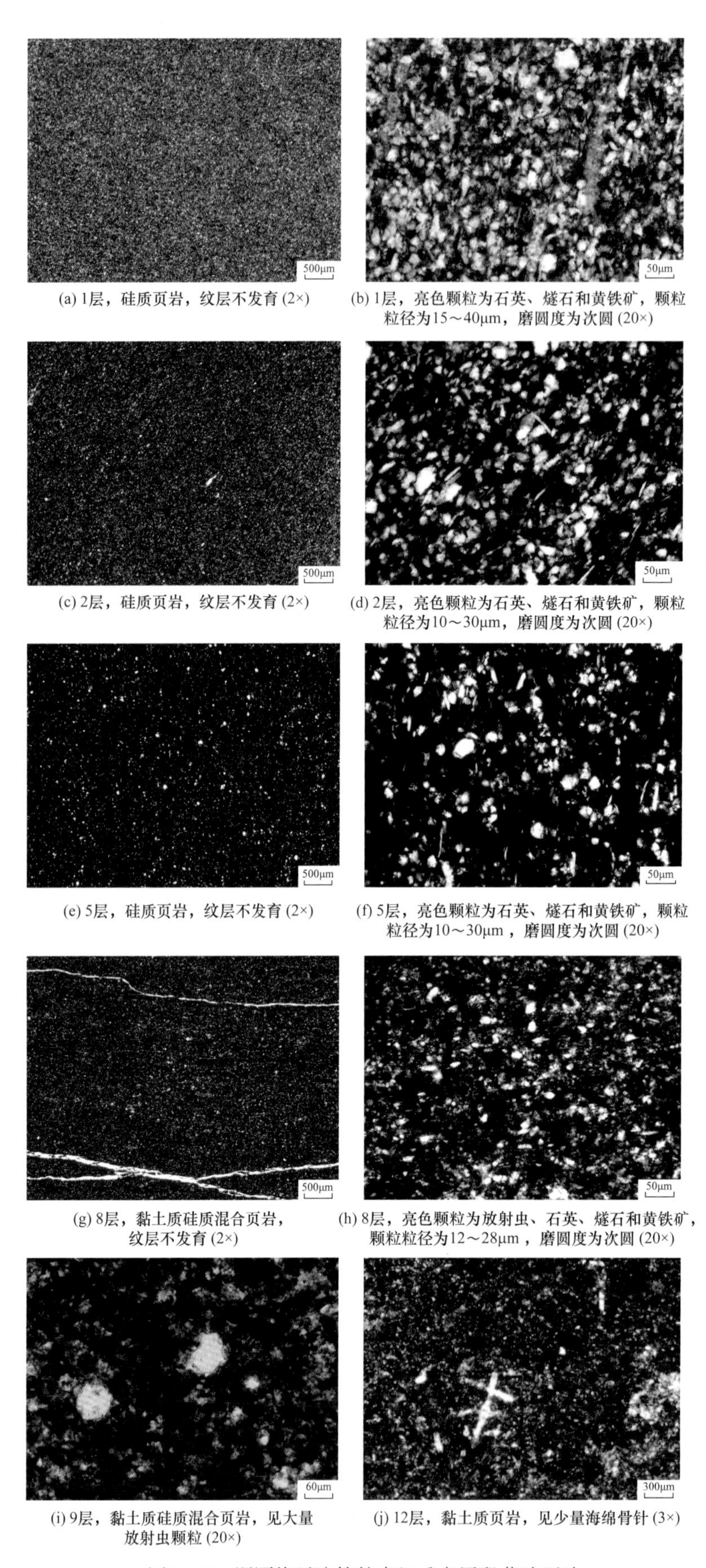

(a) 1层，硅质页岩，纹层不发育 (2×)

(b) 1层，亮色颗粒为石英、燧石和黄铁矿，颗粒粒径为15～40μm，磨圆度为次圆 (20×)

(c) 2层，硅质页岩，纹层不发育 (2×)

(d) 2层，亮色颗粒为石英、燧石和黄铁矿，颗粒粒径为10～30μm，磨圆度为次圆 (20×)

(e) 5层，硅质页岩，纹层不发育 (2×)

(f) 5层，亮色颗粒为石英、燧石和黄铁矿，颗粒粒径为10～30μm，磨圆度为次圆 (20×)

(g) 8层，黏土质硅质混合页岩，纹层不发育 (2×)

(h) 8层，亮色颗粒为放射虫、石英、燧石和黄铁矿，颗粒粒径为12～28μm，磨圆度为次圆 (20×)

(i) 9层，黏土质硅质混合页岩，见大量放射虫颗粒 (20×)

(j) 12层，黏土质页岩，见少量海绵骨针 (3×)

图 3–25　湄潭梅子湾笻竹寺组重点层段薄片照片

12—15 层厚 4.84m，块状黏土质页岩，颗粒细小，深灰色（图 3-24f），镜下见少量骨针化石（图 3-25j）。风化和植被覆盖严重。GR 响应值一般为 165～200cps。TOC 值为 1.08%，岩石矿物组成为石英 48.7%、长石 1.9%、黏土矿物 49.4%。

16 层仅见 1m，其余为植被覆盖。

从岩性、GR 响应、TOC 和岩石矿物组成变化趋势看，TOC 值大于 1% 的页岩段分布于 1—15 层，连续厚度在 32m 以上；高 GR 段（200cps 以上）主要分布于 1—9 层中部，总厚度约 23m；脆性指数大于 50% 的高脆性段同样主要分布于 1—9 层中部，总厚度约 23m。

二、地球化学特征

湄潭梅子湾筇竹寺组主体为深水—半深水陆棚沉积的黑色页岩段（图 3-23），干酪根类型为Ⅰ型，成熟度高。

1. 有机质类型

根据有机地球化学测试资料，湄潭筇竹寺组黑色页岩干酪根 $\delta^{13}C$ 值为 −33.6‰～−31.4‰（图 3-23），显示湄潭地区筇竹寺组干酪根主体为Ⅰ型。

2. 有机质丰度

筇竹寺组有机质含量 TOC 值一般为 1.08%～7.17%，平均为 4.03%（8 个样品；图 3-23），总体呈现自下而上减少趋势。

1—9 层中部为 GR 超过 200cps 的高自然伽马段，TOC 值一般为 2.23%～7.17%，平均为 5.01%（6 个样品）。自 9 层上部以上，GR 值普遍介于 160～200cps，推测 TOC 值普遍介于 1.00%～2.00%。可见，1—9 层中部为富有机质页岩集中段，厚度约为 23m。

3. 成熟度

根据有机质激光拉曼测试资料，湄潭地区筇竹寺组 D 峰与 G 峰峰间距和峰高比分别为 267cm^{-1} 和 0.71，在 G′ 峰位置（对应拉曼位移 2657.67cm^{-1}）已形成平台但尚未成峰（图 3-26），计算的拉曼 R_o 为 3.40%，说明湄潭地区筇竹寺组成熟度明显高于威远地区，尚未出现石墨，但已十分接近有机质炭化界限。

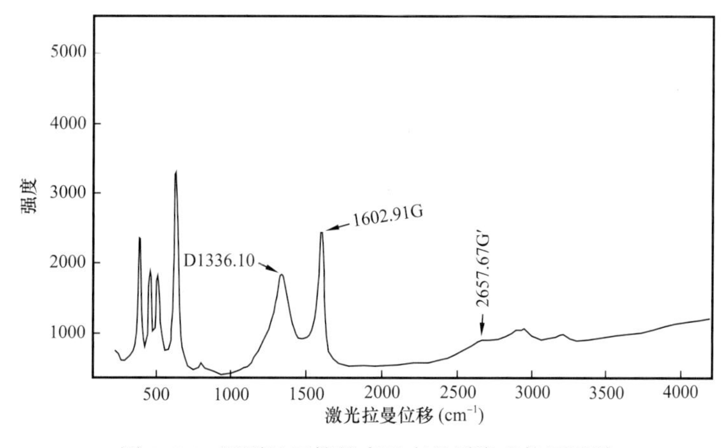

图 3-26　湄潭地区筇竹寺组有机质激光拉曼图谱

三、富有机质页岩沉积要素

1. 海平面

根据剖面干酪根 $\delta^{13}C$ 资料（图 3-23），湄潭地区筇竹寺组下段 $\delta^{13}C$ 值一般介于 -33.6‰～-31.4‰，显示湄潭海域在筇竹寺组沉积早期处于高水位状态。

2. 海域封闭性与古地理

湄潭海域在筇竹寺组沉积期处于黔北裂陷槽西北部，与瓮安、古丈和长阳海域相通，封闭性较弱。S/C 值在筇竹寺组下部普遍较低，一般介于 0.01～0.08（平均为 0.03），反映古水体处于低盐度、弱封闭状态（图 3-23）。

另据微量元素资料显示（图 3-27），湄潭地区筇竹寺组 Mo 含量在 1—15 层普遍较高，大多介于 6.1～98.0μg/g（平均为 50.6μg/g），以弱—半封闭的缺氧环境为主。

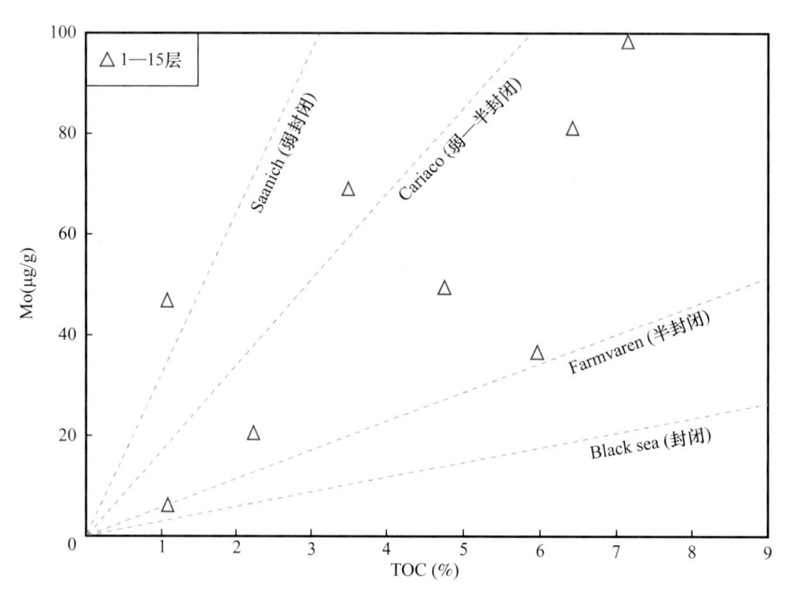

图 3-27 湄潭地区筇竹寺组 Mo 含量与 TOC 关系图版

这说明，湄潭海域在筇竹寺组沉积早期处于弱—半封闭的缺氧陆棚环境。

3. 古生产力

受海域封闭性弱和洋流活动等因素影响，湄潭海域 P、Ba、Si 等营养物质含量较丰富（图 3-23）。P_2O_5/TiO_2 值在 1—15 层为 0.02～0.18（平均为 0.09），总体偏低。Ba 含量在筇竹寺组下段总体处于正常水平，为 1660～5661μg/g（平均为 2700μg/g），与巫溪、保康地区五峰组—鲁丹阶（王玉满等，2021）相近，说明湄潭海域受洋流活动影响较大。硅质含量在 1—8 层处于较高水平（54.1%～72.1%，平均为 61.2%），在 10 层以上下降至 48.7%～49.3%。从 Ba 含量和硅质含量变化趋势看，湄潭海域古生产力在早寒武世普遍较高，显示洋流活动对高古生产力的重要贡献。

4. 沉积速率

在湄潭地区，筇竹寺组下段（尤其 2—5 层）为富有机质页岩与结核体共生段，其沉积环境与川南—川东坳陷埃隆阶结核体发育段（表 2-2）具有相似性。由此推测，湄潭地区筇竹寺组下段亦为裂陷发展期深水陆棚较快沉积产物，其沉积速率为 16.20～51.56m/Ma，为五峰组—鲁丹阶下段的 5～10 倍。

5. 氧化还原条件

在湄潭梅子湾剖面点，Ni/Co 值与 TOC 相关性总体较好（图 3-23），是反映氧化还原条件的有效指标。Ni/Co 值在 1—11 层普遍较高，一般为 6.18～49.66（平均为 22.33），在 15 层下降至 3.19（图 3-23）。这说明，湄潭海域在筇竹寺组沉积早期总体为深水缺氧环境。

第五节　遵义中南村筇竹寺组剖面

剖面位于贵州省遵义市松林镇中南村老虎洞采石场（图 3-28），地层产状为 7°∠222°。仅出露筇竹寺组下部黑色页岩段，底界清晰。

图 3-28　遵义中南村剖面

一、基本地质特征

在遵义中南村剖面点，下寒武统黑色页岩出露厚度超过 40m（小层标号为 1—16 层），主要为筇竹寺组下段（1—16 层），麦地坪组不发育（图 3-29），现自下而上分小层描述。

灯影组主体为灰白色白云岩，GR 值为 170～180cps，在顶部变为浅灰色硅质白云岩，GR 值在 400cps 以上，反映水体变深。TOC 值为 0.03%，岩石矿物组成为石英 3.5%、白云石 92.2%、黏土矿物 4.3%。

1 层厚 0.35m，底部 15cm 为含磷质硅质岩，滴盐酸不起泡，显高 GR 响应，GR 值为 470～955cps。

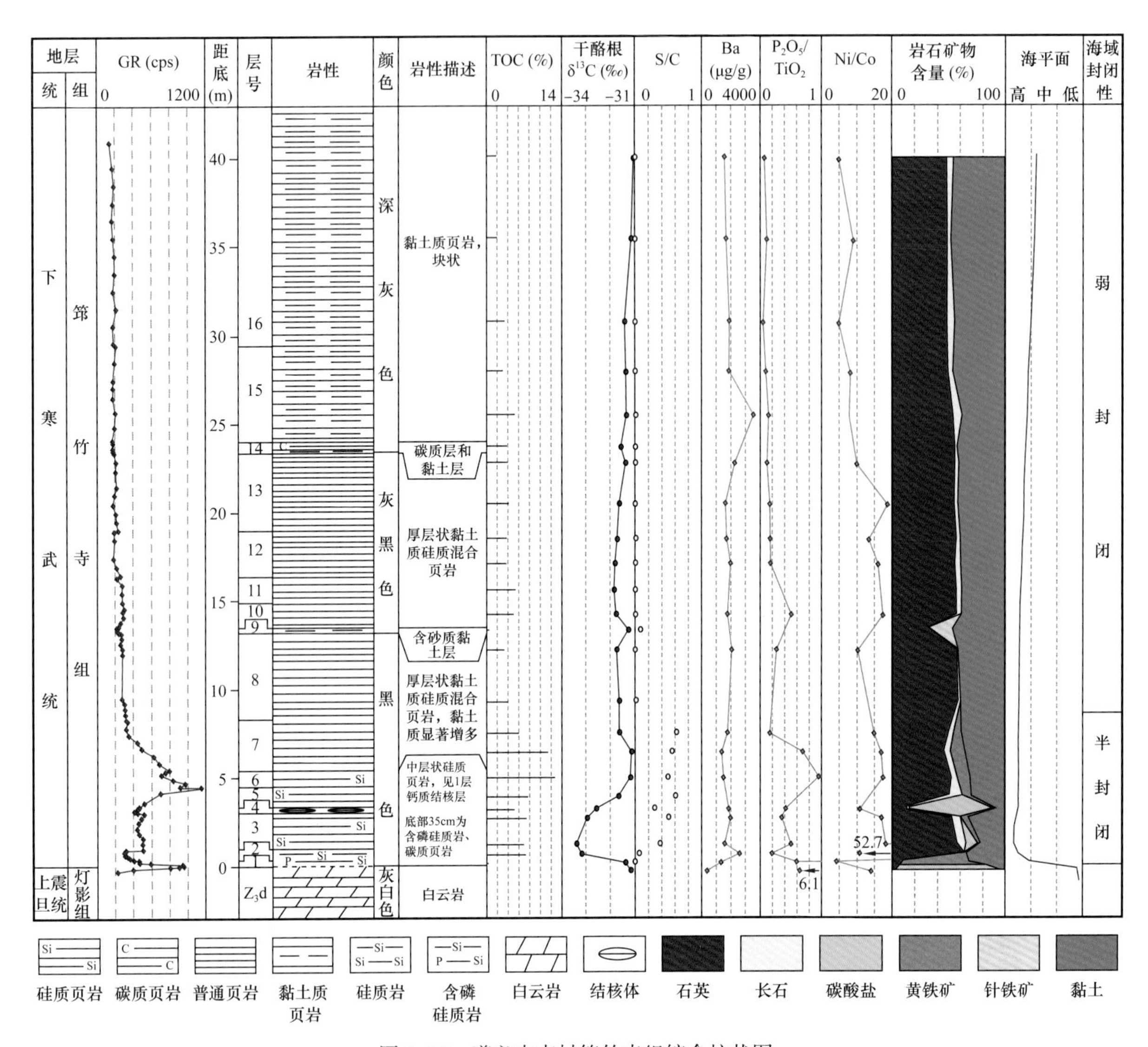

图 3-29　遵义中南村筇竹寺组综合柱状图

中上部为含磷质碳质层，新鲜面见银灰色团块。1 层为构造转换面（即台地与陆棚转换标志层），也是 P、Mn 的主产层，为上升洋流和热液综合作用的沉积响应（图 3-30a）。TOC 值为 0.31%，岩石矿物组成为石英 10.3%、黄铁矿 57.0%、石膏 0.5%、黏土矿物 32.2%。

2 层厚 0.6m，薄层状硅质岩（单层厚 2～5cm），夹碳质页岩薄层（单层厚 0.5～2cm；图 3-30a），反映上升洋流活跃。GR 值为 315～415cps。TOC 值为 7.29%，岩石矿物组成为石英 64.0%、黄铁矿 0.9%、黏土矿物 35.1%。

3 层厚 2.05m，中层状硅质页岩，黏土质增加，含碳质（图 3-30a、b），为深水陆棚沉积。镜下纹层不发育，颗粒粒径为 15～30μm，磨圆度为次圆（图 3-31a、b）。GR 值为 447～526cps。TOC 值为 6.91%～7.38%，岩石矿物组成为石英 52.6%～57.2%、长石 8.5%～8.8%、白云石 0～9.6%、黄铁矿 2.3%～5.3%、黏土矿物 22.4%～33.3%。

4 层厚 0.34m，层状含白云质硅质岩层，局部呈结核状产出（多为椭球状，长轴 1.5m、短轴 0.3m；图 3-30b）。镜下为粉晶白云石，显晶粒结构，晶粒直径为 25～65μm，主要为他形，少部分为半自形—自形（图 3-31c、d）。GR 值为 411～455cps，TOC 值为 5.13%，岩石矿物组成为石英 13.5%、长石 1.8%、方解石 0.8%、白云石 72.8%、黄铁矿 2.4%、黏土矿物 8.7%。

(a) 筇竹寺组底部，黑色含磷层、薄层状硅质岩和中层状硅质岩

(b) 3—5层，含碳质硅质页岩，夹云质结核层

(c) 6—7层，含碳质硅质页岩，块状

(d) 8—10层，块状黏土质硅质混合页岩与含砂质黏土层

(e) 11层，块状黏土质页岩，灰黑色

(f) 13—15层，块状黏土质页岩夹碳质页岩层

图 3-30　遵义中南村筇竹寺组露头照片

(a) 3层，硅质页岩，纹层不发育 (2×)

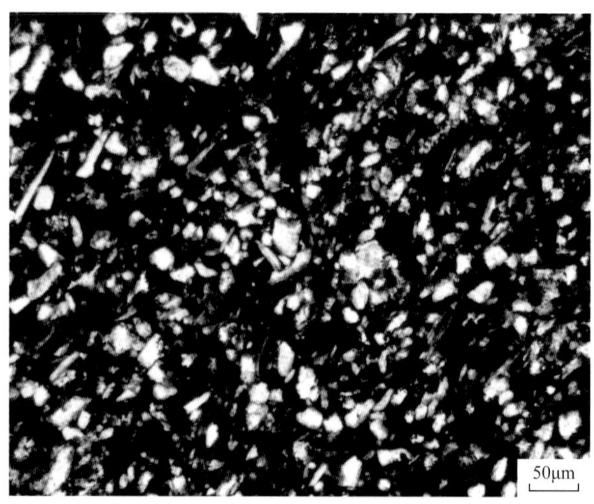

(b) 3层，亮色颗粒为石英、黄铁矿，颗粒粒径为15~30μm，磨圆度为次圆 (20×)

(c) 4层，云质结核层，晶粒结构 (2×)

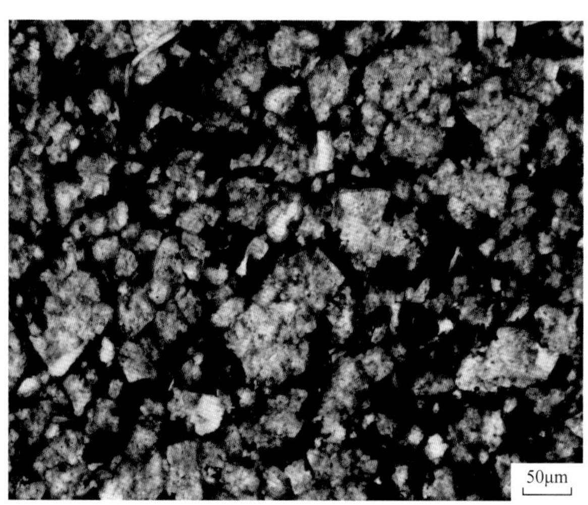

(d) 4层，粉晶白云石，晶粒直径为25~65μm，主要为他形，少部分半自形—自形 (20×)

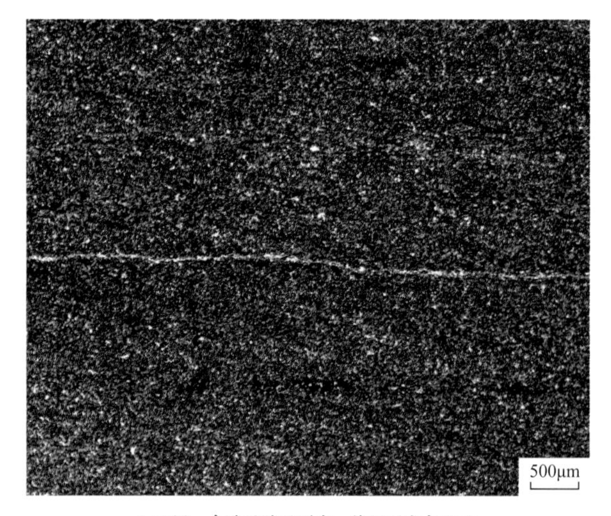

(e) 7层，含碳质硅质页岩，纹层不发育 (2×)

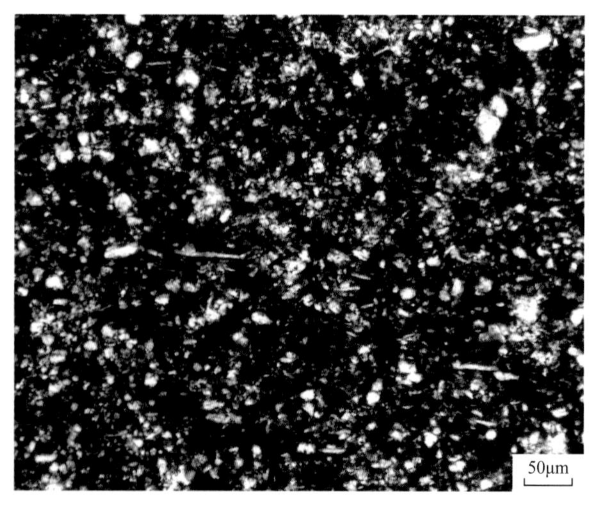

(f) 7层，亮色颗粒为放射虫、石英、黄铁矿，颗粒粒径为10-25μm，磨圆度为次圆 (20×)

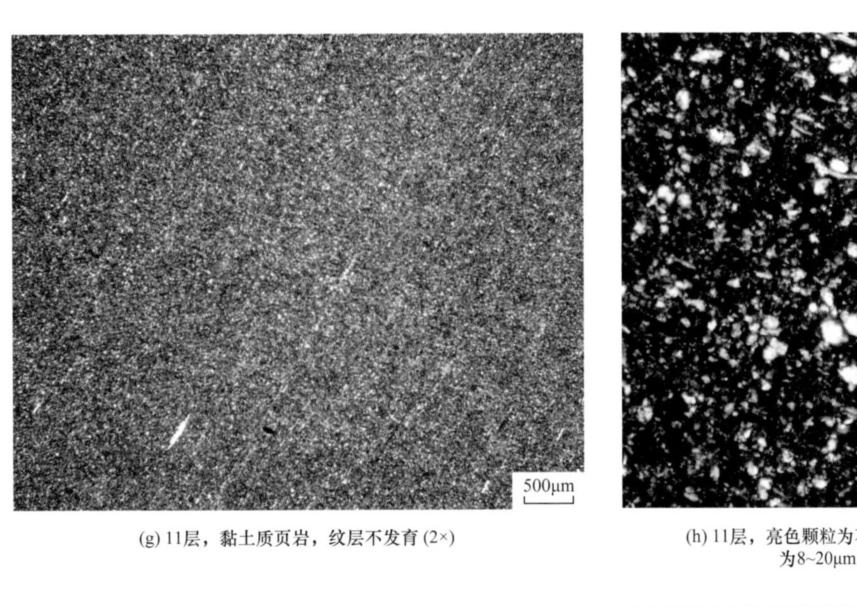

(g) 11层，黏土质页岩，纹层不发育 (2×)

(h) 11层，亮色颗粒为石英、放射虫、黄铁矿，颗粒粒径为8~20μm，磨圆度为次圆 (20×)

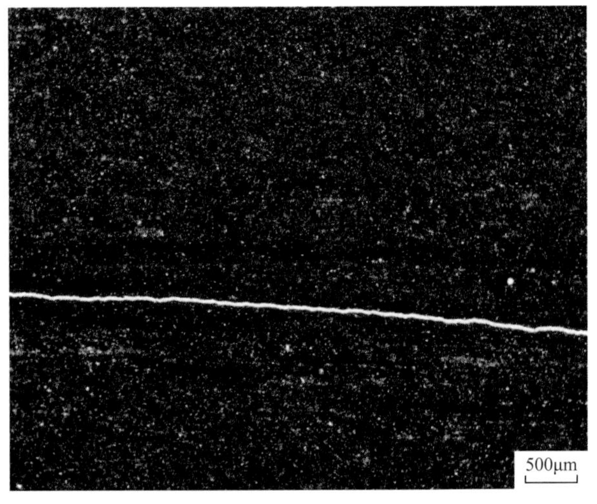

(i) 14层，碳质页岩，纹层不发育 (2×)

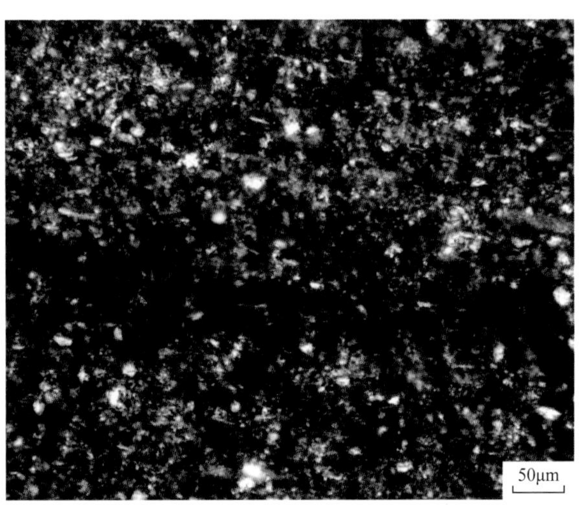

(j) 14层，亮色颗粒为石英、放射虫、黄铁矿，颗粒粒径为8~22μm，磨圆度为次圆 (20×)

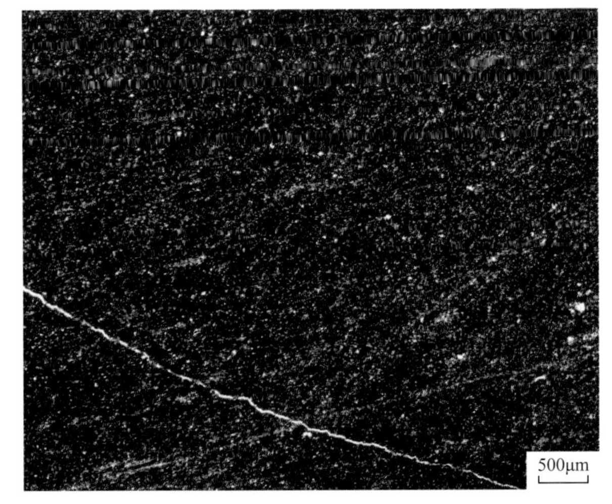

(k) 15层，黏土质页岩，纹层不发育 (2×)

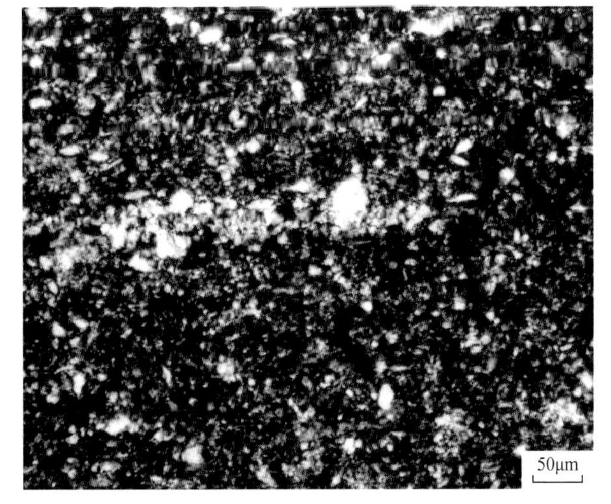

(l) 15层，亮色颗粒为放射虫、石英、黄铁矿，颗粒粒径为9~20μm，磨圆度为次圆 (20×)

图 3–31　遵义中南村筇竹寺组重点层段薄片照片

5 层厚 1.14m，薄—中层状硅质页岩夹碳质页岩（图 3-30b），硅质页岩单层厚 5～20cm，下薄上厚，碳质层单层厚 2～5cm。GR 值为 471～1154cps。TOC 值为 7.67%，岩石矿物组成为石英 50.1%、长石 12.7%、黄铁矿 6.9%、黏土矿物 30.3%。

6 层厚 0.95m，厚层状硅质页岩（图 3-30c）。GR 值为 711～974cps。TOC 值为 12.79%，岩石矿物组成为石英 52.1%、长石 5.2%、黄铁矿 11.5%、黏土矿物 31.2%。

7 层厚 2.87m，厚层状黏土质硅质混合页岩，黏土质增加（图 3-30c）。镜下纹层不发育，见大量放射虫、石英和黄铁矿，颗粒粒径为 10～25μm，磨圆度为次圆（图 3-31e、f）。GR 值为 321～795cps。TOC 值为 5.99%～11.42%，岩石矿物组成为石英 45.5%～49.9%、长石 4.4%～6.3%、黄铁矿 6.6%～12.4%、黏土矿物 35.8%～39.1%。

8 层厚 4.92m，岩性同 7 层，但黏土质明显增加，总体呈块状（图 3-30d）。GR 值为 266～330cps。TOC 值为 3.32%～3.94%，岩石矿物组成为石英 56.7%～58.5%、长石 1.5%～2.3%、黏土矿物 39.2%～41.8%。

9 层厚 0.3m，含砂质黏土层，风化严重，风化色为土黄色（图 3-30d），是第二次构造转换界面，亦为水体变浅的重要标志。GR 值为 226～232cps。TOC 值为 0.48%，岩石矿物组成为石英 33.2%、针铁矿 19.9%、黏土矿物 46.9%。

10 层厚 1.4m，块状黏土质页岩，灰黑色（图 3-30d）。GR 值为 251～312cps。TOC 值为 5.06%，岩石矿物组成为石英 56.7%、长石 4.5%、黏土矿物 38.8%。

11 层厚 1.5m，岩性同 10 层（图 3-30e）。镜下纹层不发育，见大量石英和放射虫颗粒，偶见骨针化石，颗粒粒径为 8～20μm，磨圆度为次圆（图 3-31g、h）。GR 值为 225～289cps。TOC 值为 5.41%，岩石矿物组成为石英 56.6%、长石 5.4%、黏土矿物 38.0%。

12—13 层厚 7.0m，块状黏土质页岩，表面风化严重（图 3-30f）。GR 值为 185～236cps。TOC 值为 3.70%～4.15%，岩石矿物组成为石英 54.2%～56.8%、长石 3.8%～5.8%、黏土矿物 38.9%～42.0%。

14 层厚 0.64m，下部 15cm 为含砂质黏土层，岩性与 9 层相似，中部 20cm 为黑色碳质页岩，上部 20cm 为黑色碳质页岩（图 3-30f）。14 层为构造活动界面，镜下纹层不发育，见放射虫、石英，颗粒粒径为 8～22μm，磨圆度为次圆（图 3-31i、j）。GR 值为 163～186cps。TOC 值为 3.81%，岩石矿物组成为石英 55.4%、长石 2.0%、黏土矿物 42.6%。

15—16 层厚 16.94m，黏土质页岩，表面风化严重（图 3-30f），GR 值一般为 138～220cps。镜下纹层不发育，见放射虫、石英，颗粒粒径为 9～20μm，磨圆度为次圆（图 3-31k、l）。TOC 值为 1.82%～5.27%，岩石矿物组成为石英 47.8%～53.8%、长石 3.6%～8.4%、黏土矿物 37.8%～48.1%。

二、地球化学特征

遵义中南村筇竹寺组主体为深水陆棚沉积的黑色页岩段（图 3-29），干酪根类型为 I 型，成熟度高。

1. 有机质类型

根据有机地球化学测试资料，遵义中南村筇竹寺组下段黑色页岩干酪根 $\delta^{13}C$ 值为 −33.4‰～−31.1‰（图 3-29），显示该地区筇竹寺组干酪根主体为 I 型。

2. 有机质丰度

筇竹寺组 TOC 值一般为 0.31%～12.79%，平均为 4.92%（24 个样品；图 3-29），总体呈现自下而上减少的趋势。

底部1层为含磷层，TOC值仅0.31%。2—15层为高TOC段，TOC值一般为3.08%～12.79%，平均为5.53%（20个样品）。在16层，TOC值下降至1.82%～3.42%，平均为2.39%（3个样品）。可见，2—16层中部为富有机质页岩集中段，厚度约为35m。

3. 成熟度

根据有机质激光拉曼测试资料，遵义中南村筇竹寺组D峰与G峰峰间距和峰高比分别为265～268cm^{-1}和0.76～0.78，在G′峰位置（对应拉曼位移2658.77cm^{-1}）出现中等幅度石墨峰（图3-32），计算的拉曼R_o为3.64%～3.67%，说明筇竹寺组进入有机质严重炭化阶段，即已处于生气衰竭期。

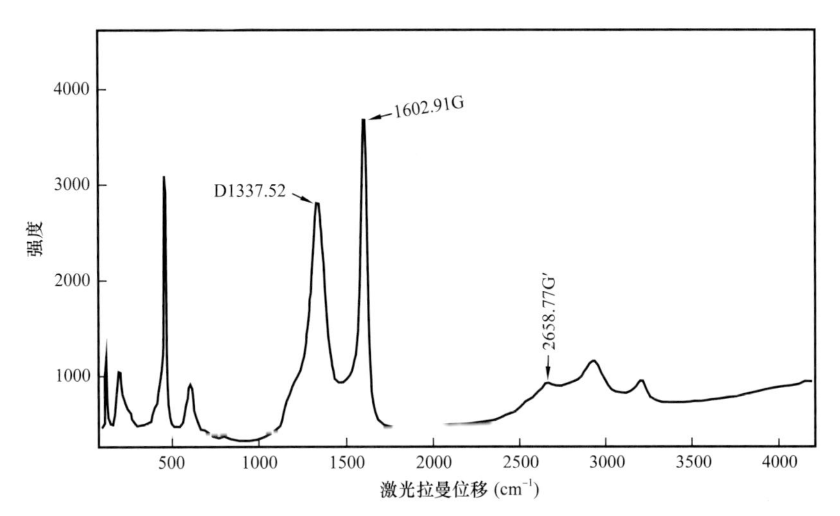

图3-32　遵义中南村筇竹寺组有机质激光拉曼图谱

三、富有机质页岩沉积要素

1. 海平面

根据剖面干酪根δ^{13}C资料（图3-29），遵义中南村筇竹寺组下段δ^{13}C值以负漂移为主，一般介于−33.4‰～−31.4‰，在16层中部开始缓慢正漂移（介于−31.4‰～−31.1‰），显示遵义海域在筇竹寺组沉积早期处于高水位状态。

2. 海域封闭性与古地理

遵义海域在筇竹寺组沉积期处于黔北裂陷槽西部，与瓮安、古丈和长阳海域相通，封闭性较弱。S/C值在筇竹寺组下部普遍较低且向上呈减少趋势（图3-29），具体表现：在1—2层，S/C值仅0.06，反映古水体处于低盐度、弱封闭状态；在3—7层，S/C值较大，一般介于0.38～0.62（平均为0.49），显示海域以正常盐度、半封闭状态为主；在8—16层，S/C值普遍降到0.08以下，显示遵义海域处于低盐度、弱封闭状态。

另据微量元素资料显示（图3-29、图3-33），遵义中南村筇竹寺组Mo含量在1—16层普遍较高，大多介于8.7～256.0μg/g（平均为66.7μg/g），显弱—半封闭的缺氧环境。

这说明，遵义海域在筇竹寺组沉积早期处于弱—半封闭的缺氧陆棚环境。

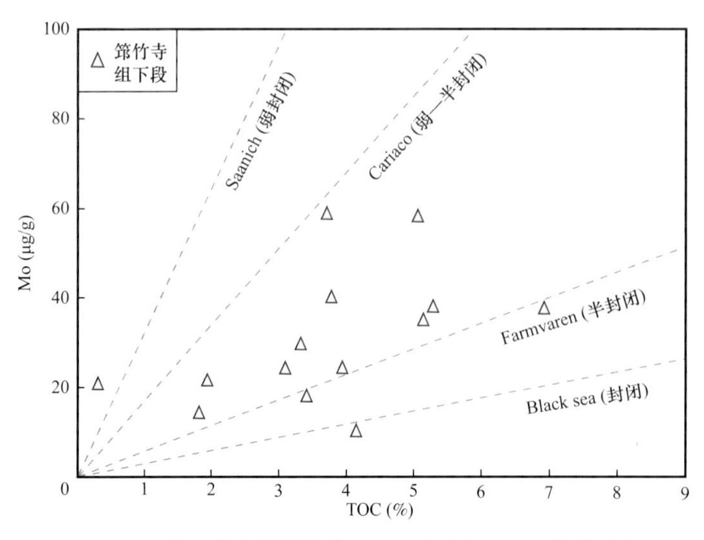

图 3-33　遵义中南村筇竹寺组 Mo 含量与 TOC 关系图版

3. 古生产力

受海域封闭性弱和洋流活动等因素影响，遵义海域 P、Ba、Si 等营养物质含量丰富（图 3-29，表 3-4）。P_2O_5/TiO_2 值在 1—10 层高达 0.16～0.97（平均为 0.47），在 11—16 层受黏土含量增高影响下降至 0.05～0.18（平均为 0.12）。Ba 含量在筇竹寺组下段总体处于正常水平，在 1—10 层和 11—16 层分别为 1345～2625μg/g（平均为 1803μg/g）、1584～3571μg/g（平均为 2039μg/g），与巫溪、保康地区五峰组—鲁丹阶（王玉满等，2021）相近，说明遵义海域受洋流活动影响较大。硅质含量在筇竹寺组下段处于较高水平，在 1—10 层和 11—16 层分别为 45.5%～64.0%（平均为 54.3%）、47.8%～56.8%（平均为 52.8%）。从 P_2O_5/TiO_2 值、Ba 含量和硅质含量变化趋势看，遵义海域古生产力在早寒武世普遍较高，显示洋流活动对高古生产力的突出贡献。

表 3-4　遵义中南村筇竹寺组下段营养物质含量统计表

层段	P_2O_5/TiO_2 值	Ba 含量（μg/g）	硅质含量（%）
11—16 层	0.05～0.18/0.12（9）	1584～3571/2039（9）	47.8～56.8/52.8（11）
1—10 层	0.16～0.97/0.47（10）	1345～2625/1803（10）	45.5～64.0/54.3（10）

注：表中数值区间表示为最小值～最大值 / 平均值，括号（ ）内为样品数。

4. 沉积速率

遵义中南村筇竹寺组下段（尤其是 2—5 层）为富有机质页岩与结核体共生段，其沉积环境与川南—川东坳陷埃隆阶结核体发育段（表 2-2）具有相似性。由此推测，遵义中南村筇竹寺组下段亦为裂陷发展期深水陆棚较快沉积产物，其沉积速率为 16.20～51.56m/Ma。

5. 氧化还原条件

在遵义中南村剖面点，Ni/Co 值与 TOC 相关性总体较好（图 3-29），是反映氧化还原条件的有效指标。Ni/Co 值在筇竹寺组下部普遍较高，一般为 5.00～57.00（平均为 15.00），仅在 1 层含磷层为 4.43（图 3-29）。这说明，遵义海域在筇竹寺组沉积早期总体为深水缺氧环境。

第四章　川南裂陷寒武系页岩典型剖面地质特征

川南裂陷是位于上扬子地台西缘的主要裂陷区，主要指绵阳—成都—长宁裂陷槽，面积超过 $10\times10^4km^2$。川南裂陷区寒武系页岩主要在乐山—永善一带出露，本章重点介绍永善苏田、永善务基等 2 个剖面。

第一节　永善苏田筇竹寺组剖面

剖面位于永善县团结乡苏田村南，沿村道自南向北展开。产状为 340°∠50°（图 4–1）。

图 4–1　永善苏田筇竹寺组下段剖面

一、基本地质特征

在永善苏田剖面点，下寒武统自下而上依次出露麦地坪组、筇竹寺组和沧浪铺组等地层，其中筇竹寺组厚度超过 500m，其下段（SQ1）和中段（SQ2）出露地表且适宜详测，上段（SQ3）因植被覆盖和坍塌无法勘测（图 4–2）。由于筇竹寺组中段和上段颜色浅、有机质含量低且厚度大，不是勘测重点；下段为富有机质页岩发育段，是本章研究重点（图 4–2）。

灯影组为硅质白云岩与含云质硅质岩，表面见刀砍纹。GR 响应值为 56～59cps。

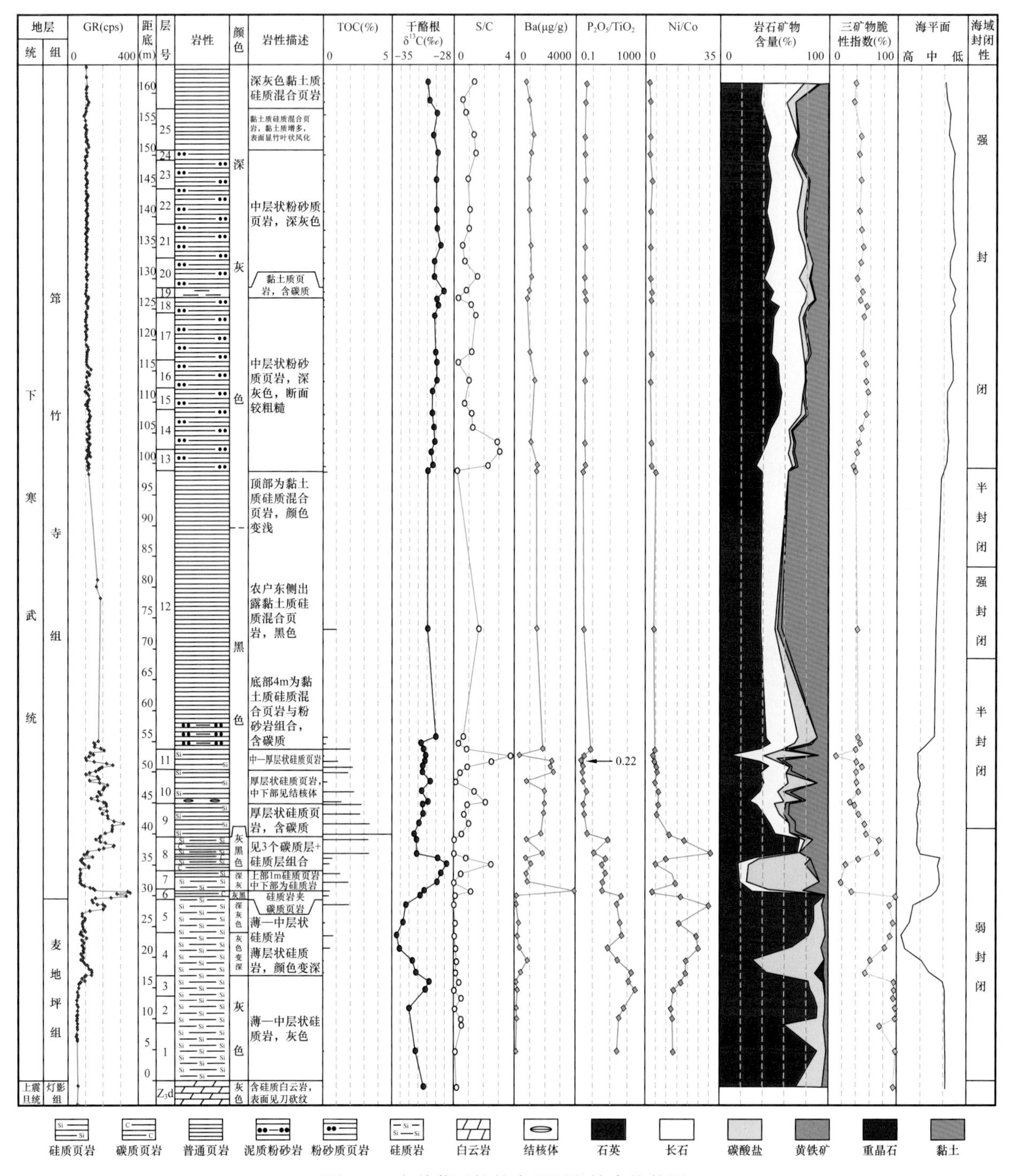

图 4–2　永善苏田筇竹寺组下段综合柱状图

麦地坪组出露厚度为 29.43m（小层编号 1—5 层），为裂陷初期形成的薄—中层状硅质岩，含白云质。GR 响应值一般为 48～109cps，局部可达 127～213cps，并在顶部与筇竹寺组 GR 峰形成自然衔接。

筇竹寺组厚度超过 500m（小层编号 6—35 层），因中段和上段覆盖严重，无法开展层序划分，仅以下、中、上等 3 段进行简单描述。

下段（6—25 层）厚 128m，自下而上为碳质页岩与硅质岩、黑色硅质页岩夹结核体、硅质页岩与钙质粉砂岩组合、黑色页岩、深灰—灰色粉砂质页岩，GR 值自下而上呈快速递减趋势，一般为 70～355cps。6—12 层为裂陷发展早期形成的深水沉积响应，以黑色硅质页岩和黏土质硅质混合页岩沉积为主，见结核体和重力流粉砂岩，代表海平面大幅度上升和古生产力显著提高。13—25 层为裂陷发展晚期高位体系域的沉积响应，以深灰—灰色粉砂质页岩为主，GR 响应值为 93～129cps。

中段（26—32 层）厚 184.5m，主要为裂陷调整期形成的深灰—灰色粉砂质页岩，岩相总体较简单，GR 响应值为 97～167cps。

上段（33—55 层）为植被覆盖区，根据顶、底岩性推测，主要为灰色粉砂质页岩，局部夹粉砂岩。

沧浪铺组出露厚度超过 50m（36 层及以上），为厚层状灰色粉砂岩，下部见红层。GR 响应值为 114～132cps。

二、地球化学特征

永善苏田筇竹寺组主体为深水—浅水陆棚沉积的暗色页岩段（图 4–2），干酪根类型为Ⅰ型，成熟度高。

1. 有机质类型

根据有机地球化学测试资料，永善苏田筇竹寺组下段黑色页岩干酪根 $\delta^{13}C$ 值为 –32.5‰～–29.4‰（图 4–2），显示该地区筇竹寺组干酪根主体为Ⅰ型。

2. 有机质丰度

麦地坪组有机质含量总体较低，TOC 值一般为 0.02%～0.80%，局部达到 1.90%。

筇竹寺组 TOC 值一般为 0.05%～4.91%，平均为 0.69%（65 个样品；图 4–2），总体呈现自下而上减少趋势。

底部 6—12 层为黑色页岩段，TOC 值一般为 0.13%～4.91%，平均为 1.63%（24 个样品），其中 8—11 层为 TOC 值大于 2% 的富有机质页岩集中段，TOC 值一般为 0.52%～4.91%，平均为 2.21%（14 个样品）。

13 层及以上有机质丰度普遍较低，一般为 0.05%～0.22%，局部达 0.63%，无富有机质页岩集中段。

3. 成熟度

根据有机质激光拉曼测试资料，永善苏田筇竹寺组 D 峰与 G 峰峰间距和峰高比分别为 254～260cm^{-1} 和 1.04～1.13，在 G' 峰位置（对应拉曼位移 2674.81cm^{-1}）出现高幅度石墨峰（图 4–3），计算的拉曼 R_o 为 3.97%～4.08%，说明筇竹寺组进入有机质严重炭化阶段，即已处于生气衰竭期。

根据第一章第二节介绍，永善苏田剖面点位于峨眉玄武岩中带和四川盆地热岩石圈厚度较薄处，区内热岩石圈厚度小于 120km，晚二叠世火山岩省形成期喷溢的玄武岩厚度高达 220～340m 且呈大面积分布，此期由岩浆烘烤和高地温场作用形成的极热事件直接推动下寒武统和下志留统两套页岩出现有机质严重炭化，其中下志留统龙马溪组 R_o 值为 3.59%～3.67%（王玉满等，2020，2021），较筇竹寺组低约 0.4%。可见，永善苏田剖面是研究峨眉玄武岩分布区古老海相页岩有机质炭化的代表性剖面，通过对永善苏田地区下寒武统和下志留统页岩详测，可以了解峨眉地裂运动对永善—绥江地区海相页岩气勘探潜力的影响。

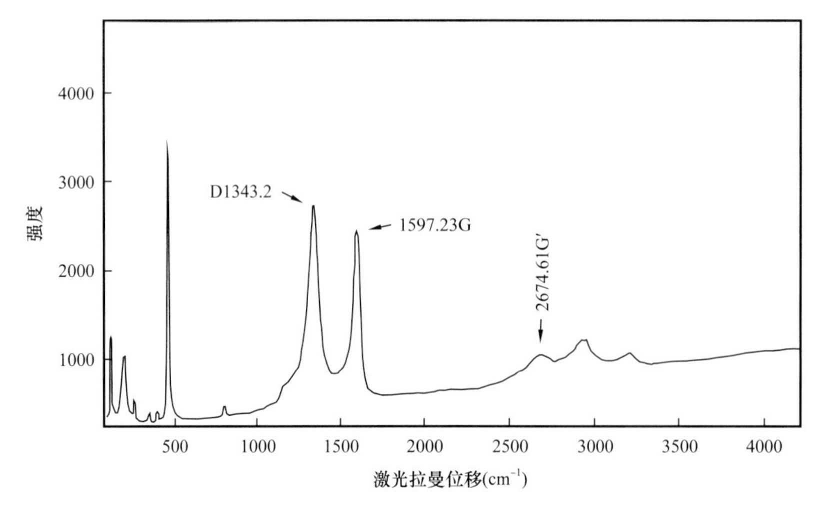

图 4-3　永善苏田筇竹寺组有机质激光拉曼图谱

三、沉积特征

1. 岩相与岩石学特征

在永善苏田地区，麦地坪组以硅质岩为主，局部见硅质页岩。筇竹寺组岩相总体较简单、均质，下段以深水相硅质页岩为主，局部含碳质页岩和结核体，纹层不发育或欠发育，中段和上段主要为半深水—浅水相粉砂质页岩（图 4-2、图 4-4、图 4-5）。现自下而上分小层描述，以了解其变化趋势（图 4-2、图 4-4、图 4-5）。

灯影组含硅质白云岩，深灰色、厚层状，表面见刀砍纹。TOC 值为 0.03%，岩石矿物组成为石英 71.0%、白云石 24.4%、黏土矿物 4.6%。

1—3 层厚 17.03m，薄—中层状硅质岩，灰色，GR 值低于 70cps，单层厚 10～25cm（图 4-4a）。镜下纹层不发育，硅质主要为燧石，其次为石英，见少量白云石（主要为他形，少部分为半自形—自形；图 4-5a、b）。TOC 值为 0.02%～0.07%，岩石矿物组成为石英 60.0%～90.0%、方解石 0～20.4%、白云石 6.8%～15.6%、重晶石 0～1.6%、黏土矿物 1.4%～4.0%，石英 + 白云石 + 黄铁矿三矿物脆性指数为 75.6%～96.8%（平均为 93.8%）。

4 层厚 6.98m，薄层状硅质岩，颜色变深，含钙质，单层一般厚 5～15cm。TOC 值为 0.08%～0.80%，岩石矿物组成为石英 31.0%～82.5%、方解石 7.6%～35.1%、白云石 8.1%～30.4%、重晶石 0～7.0%、黏土矿物 1.8%～5.8%，三矿物脆性指数为 61.4%～90.6%（平均为 72.1%）。

5 层厚 5.42m，薄层状硅质岩，岩性与 4 层相似（图 4-4b）。镜下纹层不发育，硅质主要为蛋白石，其次为燧石，见黄铁矿呈团块状分布，方解石呈分散状分布（图 4-5c、d）。TOC 值为 0.20%～1.90%，岩石矿物组成为石英 87.6%～88.0%、方解石 2.8%～4.9%、白云石 2.3%～6.6%、磷石英 0～1.5%、黏土矿物 2.6%～3.7%，三矿物脆性指数为 89.9%～94.6%。

6 层厚 1.64m，薄层状硅质层夹碳质页岩薄层，硅质层单层厚 5～10cm，碳质层厚 2～5cm 且表面风化为土黄色（图 4-4c）。TOC 值为 0.48%～0.53%，岩石矿物组成为石英 30.6%～98.0%、长石 0～15.2%、方解石 0～31.8%、黄铁矿 0～3.4%、黏土矿物 2.0%～19.0%，三矿物脆性指数为 34.0%～98.0%。

7 层厚 3.03m，中下部为薄层状硅质岩（单层厚 2～20cm，灰黑色）；上部 1m 为硅质页岩，薄层状，单层厚3～10cm。TOC值为1.28%～1.87%，岩石矿物组成为石英18.9%、长石6.3%、方解石67.2%、黏土矿物7.6%，三矿物脆性指数为18.9%。

8层厚5.42m，自下而上可划分3个含碳层+硅质层组合：

（1）下组合，碳质层厚15cm，硅质层厚1m，TOC值为0.52%，岩石矿物组成为石英17.7%、长石10.0%、方解石49.9%、白云石2.0%、黄铁矿5.5%、磷石英0.7%、黏土矿物14.2%，三矿物脆性指数为25.2%；

(a) 麦地坪组下部，薄层状硅质岩、含钙质硅质岩

(b) 麦地坪组上部，薄层状硅质岩

(c) 筇竹寺组底部(6层)，薄层状硅质层夹碳质页岩薄层，硅质层单层厚5～10cm，碳质层厚2～5cm且表面风化为土黄色

(d) 筇竹寺组下段(9层)，厚层—块状硅质页岩，含碳质，黑色，表面风化为金黄色

(e) 筇竹寺组下段(11层)，中—厚层状硅质页岩

(f) 筇竹寺组下段(12层顶部)，深灰色黏土质硅质混合页岩，颜色略变浅

(g) 筇竹寺组下段(20层)，深灰色粉砂质页岩，中层状，普遍见粉砂质纹层

(h) 筇竹寺组下段(25层)，黏土质粉砂质混合页岩，见粉砂质纹层，黏土质增加，表层呈竹叶状风化

(i) 筇竹寺组中段(28—29层)，灰色粉砂质页岩，断面见大量水平纹层和砂质透镜体

(j) 筇竹寺组中段(32—33层)，粉砂质页岩，灰色、灰褐色，见砂质纹层

(k) 筇竹寺组顶部(35层)，灰色粉砂质页岩

(l) 沧浪铺组底部(36层)，灰色粉砂岩，块状

图 4-4　永善苏田筇竹寺组露头照片

（2）中组合，碳质层厚 50cm，硅质层厚 1.5m，镜下纹层不发育，见大量石英、燧石和黄铁矿颗粒，偶见少量放射虫，呈椭球形，直径约 55μm（图 4-5e、f），TOC 值为 0.73%，岩石矿物组成为石英 33.1%、长石 3.7%、方解石 38.3%、白云石 9.3%、黄铁矿 1.9%、黏土矿物 13.7%，三矿物脆性指数为 44.3%；

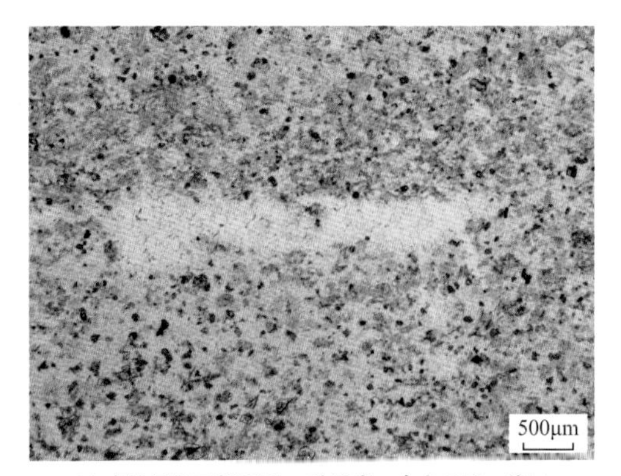

(a) 麦地坪组下部(2层)，硅质岩，含白云质，纹层不发育(2×)

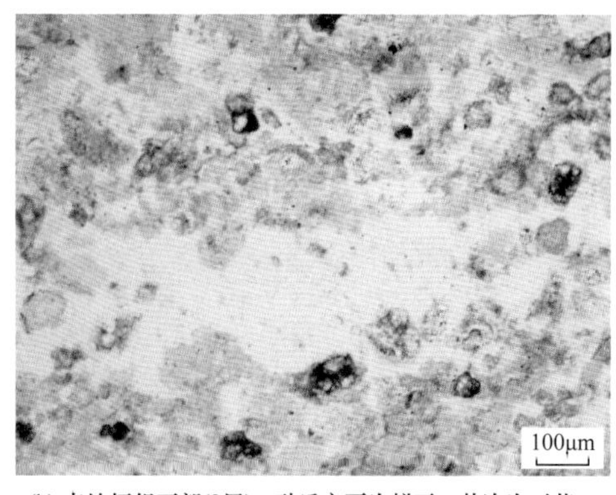

(b) 麦地坪组下部(2层)，硅质主要为燧石，其次为石英，白云石主要为他形，少部分为半自形—自形(10×)

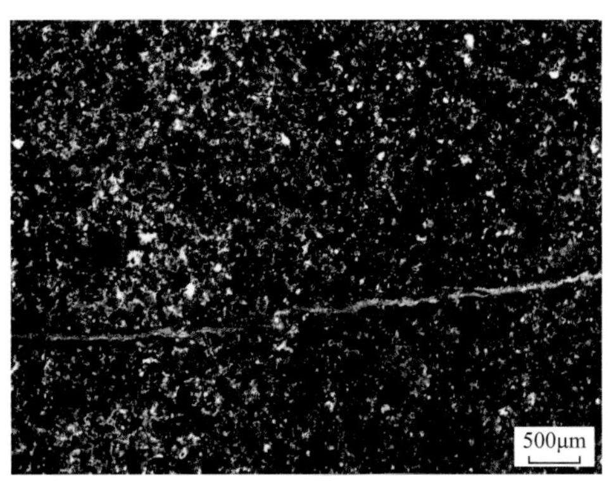

(c) 麦地坪组上部(5层)，薄层状硅质岩，纹层不发育(2×)

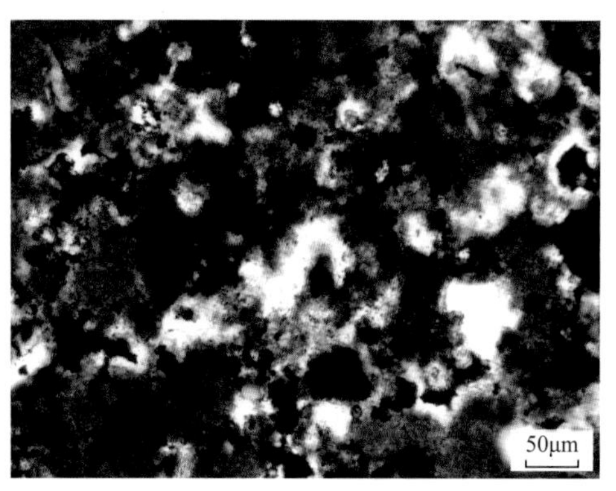

(d) 麦地坪组上部(5层)，主要为硅质，其次为方解石和黄铁矿，硅质主要为蛋白石，其次为燧石，黄铁矿呈团块状分布，方解石呈分散状分布(20×)

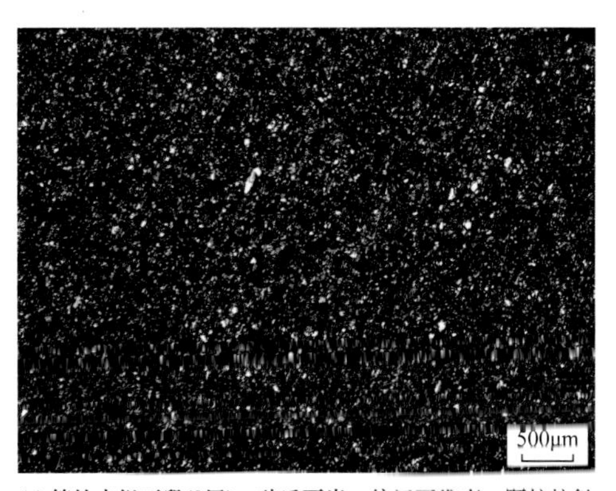

(e) 筇竹寺组下段(8层)，硅质页岩，纹层不发育，颗粒粒径为10～32μm，磨圆度为次圆(2×)

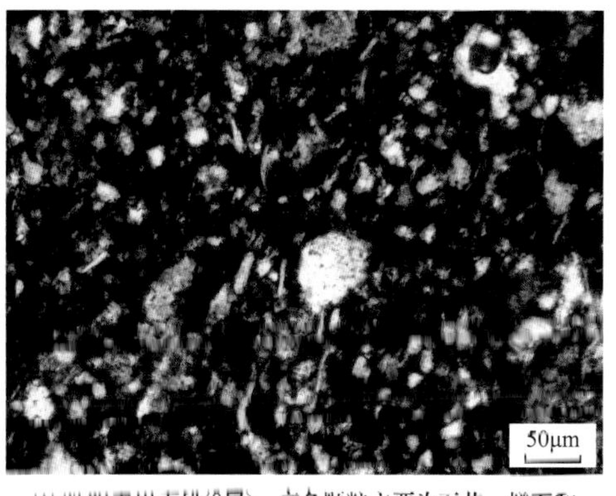

(f) 筇竹寺组下段(8层)，亮色颗粒主要为石英、燧石和黄铁矿，偶见放射虫，呈椭球形，直径约为55μm(20×)

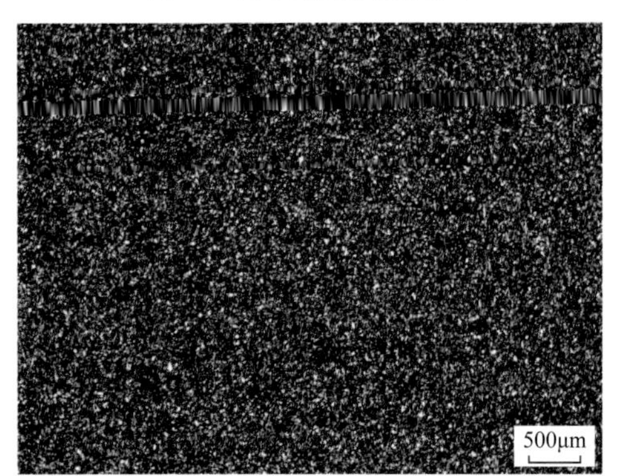

(g) 筇竹寺组下段(11层)，粉砂质页岩，纹层不发育(2×)

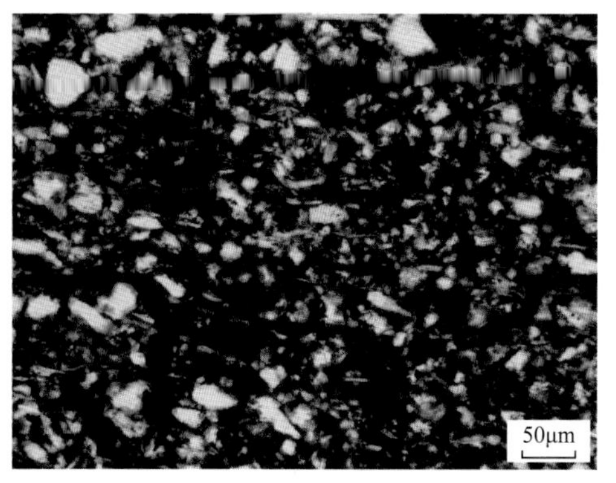

(h) 筇竹寺组下段(11层)，亮色颗粒主要为石英和黄铁矿，石英粒径主要为10～35μm，磨圆度为次棱(20×)

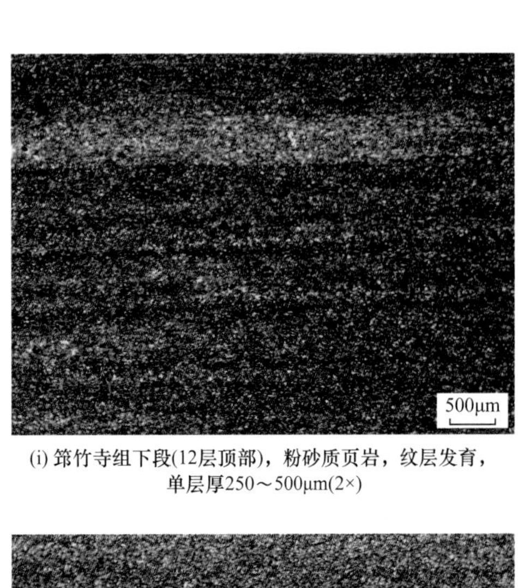

(i) 筇竹寺组下段(12层顶部)，粉砂质页岩，纹层发育，单层厚250～500μm(2×)

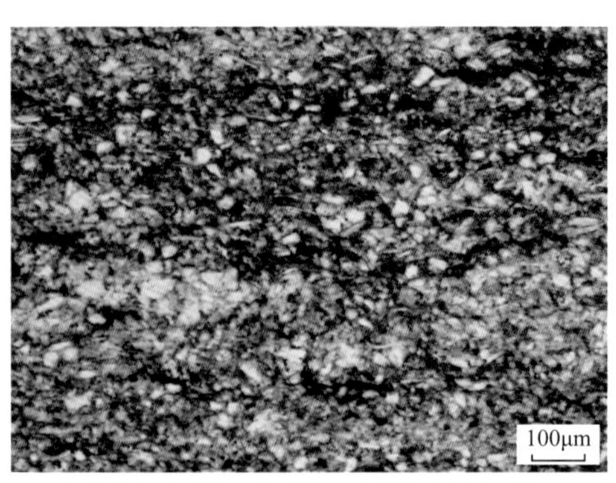

(j) 筇竹寺组下段(12层顶部)，亮纹层主要为石英，含少量黏土矿物，石英粒径为22～50μm，磨圆度为次棱(10×)

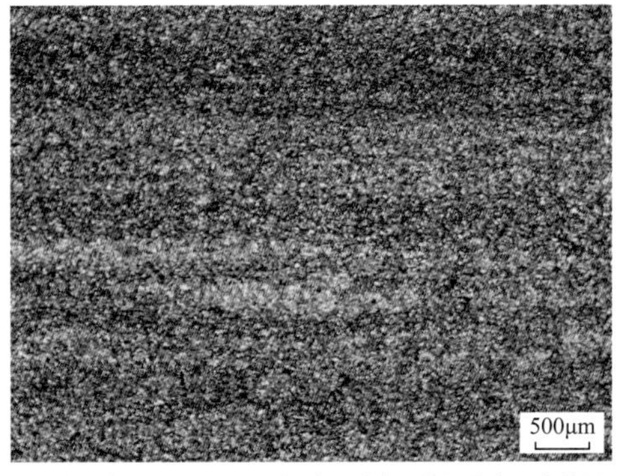

(k) 筇竹寺组下段(24层)，粉砂质页岩，纹层发育，亮纹层单层厚350～800μm(2×)

(l) 筇竹寺组下段(24层)，亮纹层主要为石英，其次为方解石，含少量黏土矿物，石英粒径为30～45μm(20×)

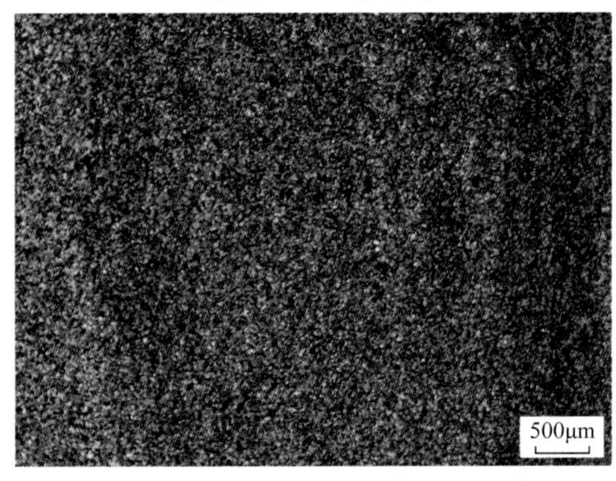

(m) 筇竹寺组中段(33层)，粉砂质页岩，隐约见纹层(2×)

(n) 筇竹寺组中段(33层)，亮色颗粒主要为石英，其次为方解石、黄铁矿、云母，石英粒径为23～40μm，磨圆度为次棱(20×)

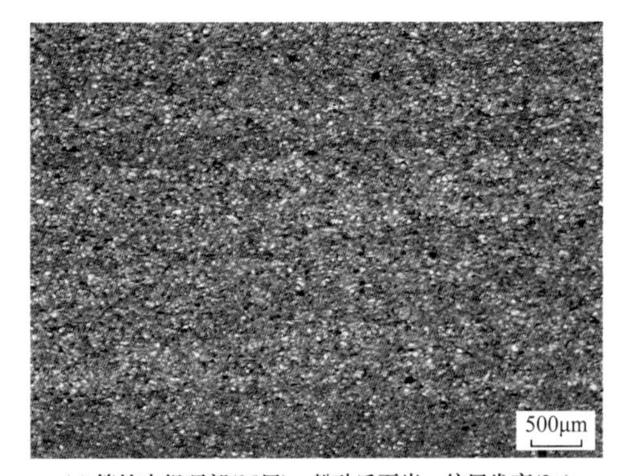

(o) 筇竹寺组顶部(35层)，粉砂质页岩，纹层发育(2×)

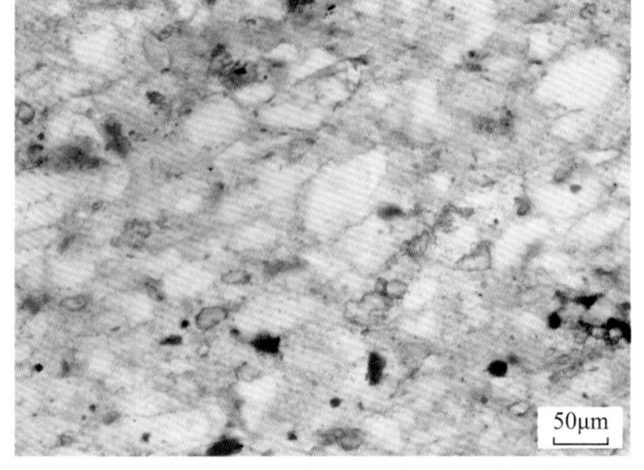

(p) 筇竹寺组顶部(35层)，碎屑颗粒主要为石英，含少量云母和黄铁矿，石英粒径为25～35μm，磨圆度为次棱(20×)

图 4-5　永善苏田筇竹寺组重点层段薄片照片

（3）上组合，碳质层厚30cm，硅质层厚1.5m，TOC值为3.30%～3.34%，岩石矿物组成为石英71.8%～74.3%、长石3.6%～5.0%、方解石0～6.9%、磷石英0～2.0%、黏土矿物11.8%～24.6%，三矿物脆性指数为71.8%～74.3%。

9层厚5.42m，厚层—块状硅质页岩，含碳质，黑色，表面风化为金黄色（图4-4d）。TOC值为2.71%～4.91%，岩石矿物组成为石英34.9%～51.0%、长石14.6%～17.8%、方解石0～8.6%、黄铁矿3.6%～6.0%、石膏0～0.6%、黏土矿物28.7%～36.2%，三矿物脆性指数为38.5%～57%（平均为47.9%）。

10层厚5.42m，块状黏土质硅质混合页岩，黑色，中下部见硅质结核体（长20cm）。TOC值为0.37%～2.28%，岩石矿物组成为石英28.4%～41.4%、长石17.0%～31.6%、方解石0～26.2%、黄铁矿0～6.9%、石膏0～0.6%、黏土矿物9.7%～36.1%，三矿物脆性指数为9.7%～36.1%（平均为25.0%）。

11层厚2.71m，中—厚层状硅质页岩（图4-4e）。镜下纹层不发育，颗粒物主要为石英和黄铁矿，石英粒径主要为10～35μm，磨圆度为次棱（图4-5g、h）。TOC值为0.13%～2.18%，岩石矿物组成为石英10.9%～44.9%、长石16.1%～30.4%、方解石0～50.6%、黄铁矿0.7%～4.4%、黏土矿物7.4%～42.7%，三矿物脆性指数为11.6%～49.3%（平均为34.0%）。

12层厚45.79m，底部4m为黏土质硅质混合页岩与粉砂岩组合，含碳质，TOC值为0.26%～1.97%，岩石矿物组成为石英37.6%～46.4%、长石21.0%～29.8%、方解石0～17.9%、黄铁矿0～3.0%、黏土矿物8.8%～38.4%，三矿物脆性指数为40.6%～46.4%。中部位于农家房屋东侧，岩性与底部相似，黑色，GR值为160～180cps，TOC值为1.02%，岩石矿物组成为石英38.1%、长石12.9%、方解石2.0%、黄铁矿3.9%、黏土矿物43.1%。上部为深灰色黏土质硅质混合页岩，颜色略变浅（图4-4f），镜下纹层发育，单层厚250～500μm，石英粒径为22～50μm，磨圆度为次棱（图4-5i、j）。TOC值为0.35%，岩石矿物组成为石英39.1%、长石24.6%、黏土矿物36.3%，三矿物脆性指数为39.1%。

13层厚3.48m，深灰色粉砂质页岩，中层状，表面较粗糙，有不对称波痕，显示水体变浅。TOC值为0.13%～0.23%，岩石矿物组成为石英33.6%～39.5%、长石23.6%～33.9%、方解石1.9%～4.3%、白云石0～1.0%、黄铁矿1.5%～1.7%、黏土矿物27.9%～31.1%，三矿物脆性指数为36.3%～41.0%。

14—16层厚14.43m，与13层岩性相似，中部见粉细砂岩或砂质纹层。TOC值为0.10%～0.16%，岩石矿物组成为石英43.0%～56.8%、长石16.5%～24.7%、方解石0～5.0%、黄铁矿0.4%～1.3%、黏土矿物19.2%～32.9%，三矿物脆性指数为44.3%～57.2%（平均为52.1%）。

17—18层厚10.12m，深灰色粉砂质页岩，中层状，见粉细砂岩夹层或砂质纹层。TOC值为0.07%～0.11%，岩石矿物组成为石英45.7%～54.1%、长石22.1%～33.3%、方解石4.1%～8.6%、黄铁矿0.6%～2.1%、黏土矿物11.8%～22.2%，三矿物脆性指数为46.3%～56.2%（平均为50.5%）。

19层厚1.65m，深灰色黏土质页岩，微含碳质，厚层—块状，砂质纹层明显减少。TOC值为0.12%，岩石矿物组成为石英48.9%、长石31.1%、方解石6.0%、黄铁矿0.1%、黏土矿物13.9%，三矿物脆性指数为49.0%。

20—24层厚22.37m，深灰色粉砂质页岩，中层状，普遍见粉砂质纹层（图4-4g）。镜下纹层发育，亮纹层单层厚350～800μm，主要为石英，其次为方解石和少量黏土矿物，石英粒径为30～45μm（图4-5k、l）。TOC值为0.10%～0.19%，岩石矿物组成为石英40.9%～49.1%、长石

21.5%～33.7%、方解石 2.7%～10.3%、黄铁矿 0.6%～1.9%、黏土矿物 14.1%～30.3%，三矿物脆性指数为 41.6%～50.1%（平均为 46.2%）。

25 层厚 6.59m，黏土质粉砂质混合页岩，见粉砂质纹层，黏土质增加，表层呈竹叶状风化（图 4–4h）。TOC 值为 0.14%～0.21%，岩石矿物组成为石英 46.5%、长石 25.4%、黄铁矿 0.5%、黏土矿物 27.6%，三矿物脆性指数为 47.0%。

26 层厚 64.2m，中下部与 25 层相似；上部颜色变浅，呈灰色，水平纹层发育。TOC 值为 0.11%～0.15%，岩石矿物组成为石英 35.6%～38.5%、长石 23.8%～39.3%、方解石 5.6%～13.1%、黄铁矿 0～1.4%、黏土矿物 8.2%～30.6%，三矿物脆性指数为 37.0%～39.4%。

27 层厚 18.1m，深灰色粉砂质页岩，中层状，普遍见粉砂质纹层。TOC 值为 0.07%～0.15%，岩石矿物组成为石英 38.0%～45.3%、长石 25.3%～28.1%、方解石 2.5%～4.2%、黄铁矿 0～1.3%、黏土矿物 22.4%～30.4%，三矿物脆性指数为 39.3%～45.3%。

28 层厚 10.23m，岩性同 27 层，中厚层状，普遍见粉砂质纹层（图 4–4i）。TOC 值为 0.08%，岩石矿物组成为石英 43.8%、长石 20.9%、方解石 5.3%、黄铁矿 4.3%、黏土矿物 25.7%，三矿物脆性指数为 48.1%。

29 层厚 41.34m，灰色粉砂质页岩，断面见大量水平纹层和砂质透镜体（图 4–4i）。TOC 值为 0.06%～0.08%，岩石矿物组成为石英 37.6%～46.2%、长石 25.2%～30.7%、方解石 3.1%～4.5%、黄铁矿 0.3%～2.5%、黏土矿物 23.0%～26.8%，三矿物脆性指数为 38.1%～48.7%。

30 层厚 7.81m，粉砂质页岩，灰色，黏土质增加，见砂质波状层理。TOC 值为 0.08%～0.22%，岩石矿物组成为石英 51.5%～56.1%、长石 22.2%～22.3%、黏土矿物 21.6%～26.2%，三矿物脆性指数为 51.5%～56.1%。

31—33 层厚度大于 42m，岩性同 30 层，灰色、灰褐色，见砂质纹层（图 4–4j）。镜下隐约见纹层，亮色颗粒主要为石英，其次为方解石、黄铁矿、云母，石英粒径为 23～40μm，磨圆度为次棱（图 4–5m、n）。TOC 值为 0.08%～0.63%，岩石矿物组成为石英 39.7%～57.2%、长石 18.5%～40.4%、方解石 0～15.7%、黄铁矿 0～1.4%、黏土矿物 15.5%～33.5%，三矿物脆性指数为 39.8%～57.2%（平均为 46.0%）。

34 层被植被覆盖。

35 层大部分被植被覆盖，顶部为灰色粉砂质页岩（图 4–4k）。镜下纹层发育，碎屑颗粒主要为石英，其次为少量云母和黄铁矿，石英粒径为 25～35μm，磨圆度为次棱（图 4–5o、p）。TOC 值为 0.05%，岩石矿物组成为石英 47.3%、长石 4.8%、黏土矿物 47.9%，三矿物脆性指数为 47.3%。

36 层为沧浪铺组，下部为灰色粉砂岩，块状（图 4–4l）。

可见，永善苏田筇竹寺组下段与中段和上段岩相差异明显。下段底部为裂陷发展期形成的富有机质、富硅质页岩，以深水相硅质页岩为主，局部夹重力流钙质粉砂岩，长石含量较高（普遍介于 12.9%～31.6%，明显高于古丈、瓮安地区），黏土矿物含量一般介于 7.4%～42.7%（平均为 25%），高于五峰组和鲁丹阶下部（王玉满等，2021），镜下纹层不发育，反映永善苏田剖面点距离西部物源区较近，三矿物脆性指数为 38.5%～74.3%（平均为 56.3%）。下段中部至上段主体为浅水相粉砂质页岩，陆源碎屑输入量大（长石含量普遍高于 20%），露头和镜下砂质纹层发育，黏土含量普遍介于 8.2%～47.9%（平均为 24%），三矿物脆性指数下降至 11.6%～57.2%（平均为 44.6%）。6—12 层中上部为 TOC 值大于 1% 的黑色页岩段，厚度约为 50m，其中 8—11 层为富有机质页岩段，厚度约为 16m。

2. 海平面

根据剖面干酪根 $\delta^{13}C$ 资料（图 4–2），下寒武统 $\delta^{13}C$ 值在麦地坪组和筇竹寺组下段底部以负漂移为主，仅在 3 层、7—8 层下部显正漂移，一般介于 –34.5‰～–28.8‰，在 12 层上段及以上出现缓慢正漂移，一般介于 –30.9‰～–29.1‰，显示永善海域在麦地坪组沉积晚期和筇竹寺组沉积早期主要处于高水位状态，在筇竹寺组沉积中期和晚期下降至中—低水位状态。

3. 海域封闭性与古地理

永善地区在筇竹寺组沉积期处于裂陷槽西斜坡，海域封闭性较瓮安、古丈和长阳地区强。S/C 值在麦地坪组—筇竹寺组底部普遍较低，向上逐渐升高（图 4–2），具体表现为在 1—8 层，S/C 值大多介于 0.01～0.54，仅在硅质层和结核层出现异常（超过 0.60），反映古水体主体处于低盐度、弱封闭状态；在 9—12 层，S/C 值波动较大，一般介于 0.12～0.98，局部达到 1.35～3.74，显示海域封闭性不稳定，以正常盐度、半封闭状态为主，短期出现强封闭特征；在 13 层及以上，S/C 值普遍较高且较稳定，一般介于 0.60～1.52，局部达到 2.24～3.03，显示永善海域以高盐度、强封闭状态为主。

另据微量元素资料显示（图 4–2、图 4–6），永善筇竹寺组 Mo 含量在 6—12 层较高，大多介于 5.3～47.8μg/g（平均为 14.4μg/g），显弱—半封闭的缺氧环境，在 13 层及以上下降至 3.5μg/g 以下，显示以强封闭、富氧环境为主。

这说明，永善海域在筇竹寺组沉积早期处于弱—半封闭的缺氧陆棚环境。

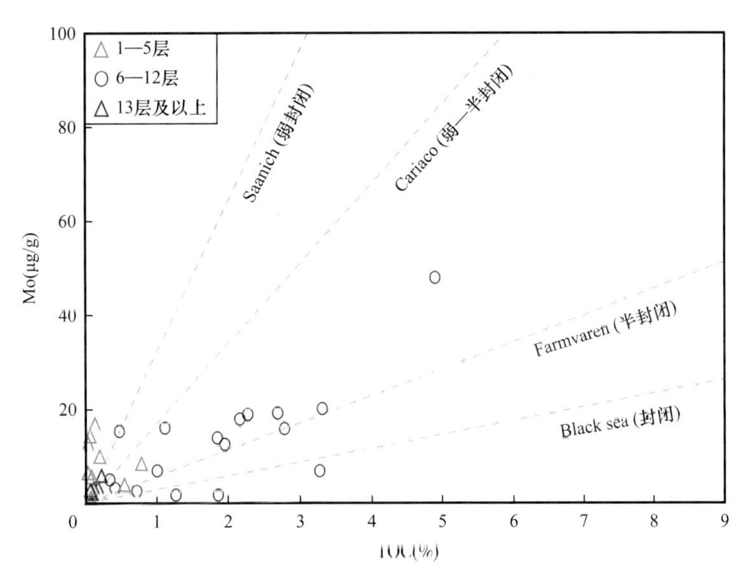

图 4–6 永善苏田筇竹寺组 Mo 含量与 TOC 关系图版

4. 古生产力

受筇竹寺组沉积早期海域封闭性弱和洋流活动等因素影响，永善海域 P、Ba、Si 等营养物质含量丰富（图 4–2，表 4–1）。P_2O_5/TiO_2 值在麦地坪组—牛蹄塘组整体较高且自下而上呈缓慢减少趋势，在麦地坪组高达 7.95～286.67（平均为 77.80），在筇竹寺组下段下降至 0.22～7.35（平均为 1.25），在筇竹寺组中段为 0.28～0.46（平均为 0.37），在牛蹄塘组上段受黏土含量高和沉积速度加快等因素影响略有降低，普遍介于0.24～0.25。Ba含量在麦地坪组偏低，介于113～853μg/g（平均为269μg/g），在筇竹寺组下段、中段和上段分别为328～3934μg/g（平均为1415μg/g）、775～1462μg/g（平均为1055μg/g）和1097～2356μg/g（平均为1727μg/g），与长宁双河、石柱漆辽五峰组—龙马溪组（王玉满等，2021）相近，说明永善海域未受上升洋流影响，但受洋流径流影响较大（表4–1）。硅质含量在麦地坪组较高，一般为31.0%～91.0%（平均为75.9%），在筇竹寺组总体呈递减趋势，分别为下段30.6%～98.0%（平均为46.4%）、中段35.6%～57.2%（平均为42.9%）、上段44.1%～47.3%（平均为45.4%）。从P_2O_5/TiO_2值、Ba含量和硅质含量变化趋势看，永善海域古生产力在早寒武世普遍较高，在麦地坪组沉积期和牛蹄塘组沉积初期最高，显示洋流活动对高古生产力的突出贡献。

表4–1　永善苏田筇竹寺组营养物质含量统计表

层段	P_2O_5/TiO_2值	Ba含量（μg/g）	硅质含量（%）
筇竹寺组上段	0.24～0.25/0.245（2）	1097～2356/1727（2）	44.1～47.3/45.4（3）
筇竹寺组中段	0.28～0.46/0.37（8）	775～1462/1055（8）	35.6～57.2/42.9（16）
筇竹寺组下段	0.22～7.35/1.25（31）	328～3934/1415（31）	30.6～98.0/46.4（41）
麦地坪组	7.95～286.67/77.80（11）	113～853/269（11）	31.0～91.0/75.9（13）

注：表中数值区间表示为最小值～最大值/平均值，括号（ ）内为样品数。

5. 沉积速率

永善苏田筇竹寺组下段（尤其是8—11层）为富有机质页岩与结核体共生段，其沉积环境与川南—川东坳陷埃隆阶结核体发育段具有相似性（表2–2）。由此推测，永善苏田筇竹寺组下段亦为裂陷发展期深水陆棚较快沉积产物，其沉积速率为16.20～51.56m/Ma。

6. 氧化还原条件

在永善苏田剖面点，Ni/Co值与TOC相关性总体较好（图4–2），是反映氧化还原条件的有效指标。Ni/Co值在麦地坪组和筇竹寺组底部高，一般为麦地坪组12.19～30.01、筇竹寺组底部6—11层4.43～30.01（图4–2），在12层下降至4.10～4.89，在13层及以上下降至2.13～3.14。这说明，永善苏田海域在筇竹寺组沉积早期（6—11层沉积期）总体为深水缺氧环境，在12层及以上沉积期随着海平面下降出现浅水富氧环境。

第二节　永善务基筇竹寺组剖面

剖面位于永善县务基镇凉台村消滩三组，沿金沙江边自东向西展开，产状为284°∠76°，坐标为北纬29°1′49″、东经103°6′9″，自下而上出露灯影组白云岩、麦地坪组硅质岩、筇竹寺组页岩和沧浪铺组砂岩，其中麦地坪组和筇竹寺组出露完整，关键界面清晰，是川西南地区寒武系页岩地层标准剖面。麦地坪组厚178.2m，筇竹寺组厚度超过370m，现重点介绍永善务基剖面筇竹寺组地质特征（图4–7）。

图 4-7　永善务基筇竹寺组下段剖面

一、基本地质特征

筇竹寺组厚度为 377.29m（小层标号 1—34 层），现分下、中、上 3 段进行简单描述。

下段（1—19 层，即 SQ1）厚 209.93m，自下而上为黑色硅质页岩夹白云岩、深灰—灰色含钙质粉砂质页岩、粉砂岩与粉砂质页岩薄互层和厚层—块状粉细砂岩，GR 值自下而上呈快速递减趋势，一般为 95～316cps。1—7 层下部为裂陷发展早期形成的深水沉积响应，以黑色硅质页岩为主，见云质结核层，GR 响应值为 144～316cps，代表海平面大幅度上升和古生产力显著提高。7 层上部至 19 层为裂陷发展晚期高位体系域的沉积响应，以深灰—灰色粉砂质页岩和粉细砂岩为主，GR 响应值为 95～150cps。

中段（20—28 层，即 SQ2）厚 91.72m，主要为裂陷调整期形成的灰色—灰绿色黏土质页岩、中—厚层状含泥质粉细砂岩、灰黑色黏土质硅质混合页岩、深灰色含钙质粉砂质页岩，GR 响应值为 120～230cps。

上段（29—34 层，即 SQ3）厚 75.64m，为裂陷萎缩期形成的灰色含钙质粉砂质页岩，GR 响应值为 134～174cps。

沧浪铺组出露厚度超过 30m（35 层及以上），为厚层状灰色粉砂质岩，下部见红层，GR 响应值为 110～130cps。

二、地球化学特征

永善务基筇竹寺组主体为深水—浅水陆棚沉积的暗色页岩段（图 4-8），成熟度高。

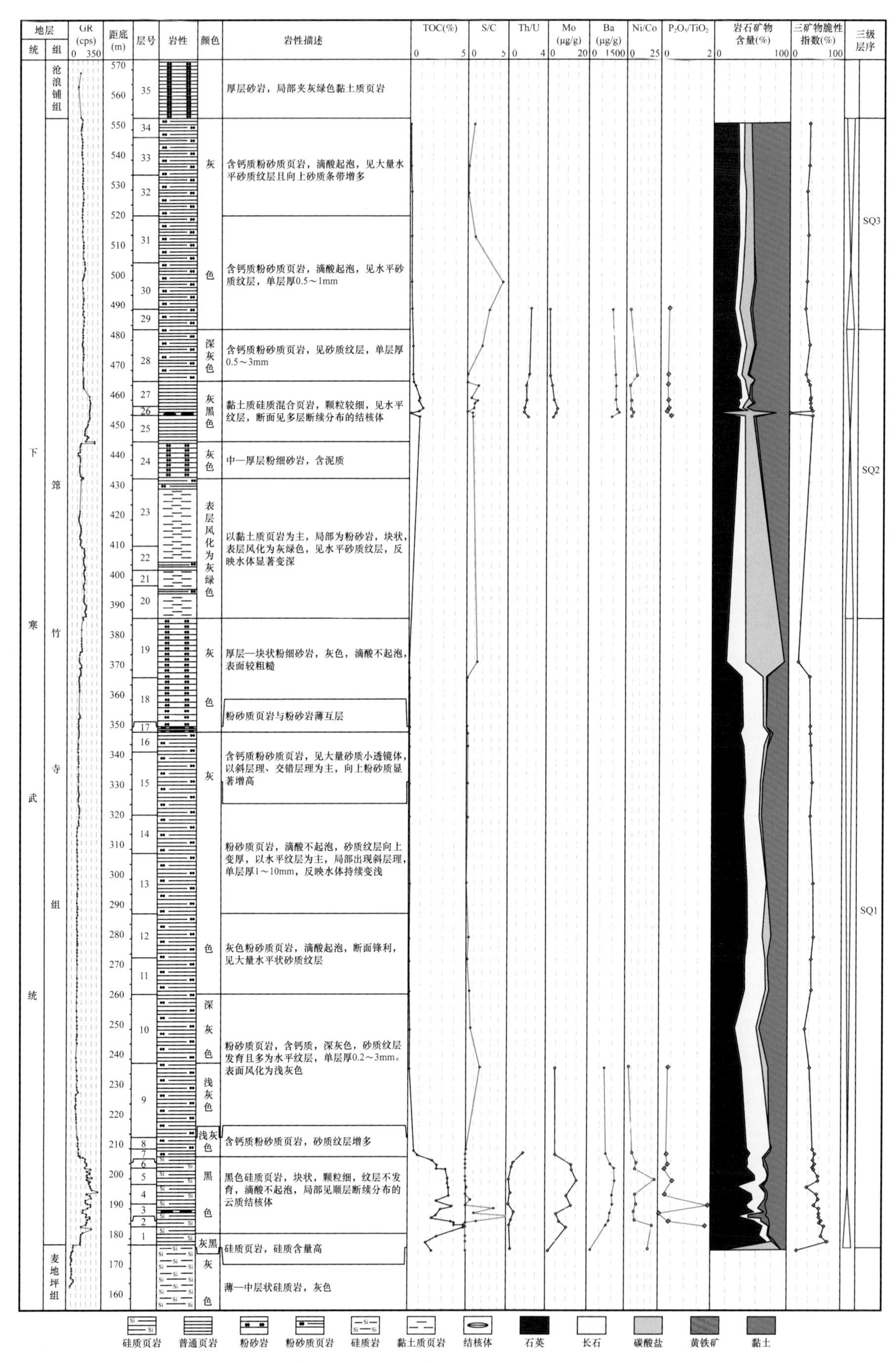

图 4-8　永善务基筇竹寺组综合柱状图

1. 有机质丰度

筇竹寺组TOC值一般为0.05%～4.83%，平均为1.32%（50个样品），总体呈现自下而上减少趋势（图4–8）。

底部1—7层下部为高自然伽马黑色页岩段，TOC值一般为1.60%～4.83%，平均为3.07%（18个样品），该段为富有机质页岩段，厚29m。

7层上段至34层有机质丰度总体较低，一般为0.05%～1.16%，平均为0.34%（32个样品），其中25—27层有机质丰度略有增高，一般为0.35%～1.16%，平均为0.72%（9个样品）。

2. 成熟度

根据有机质激光拉曼测试资料，永善务基筇竹寺组D峰与G峰峰间距和峰高比分别为250.79～259.94cm^{-1}和1.00～1.47，在G′峰位置（对应拉曼位移2664.44cm^{-1}）出现高幅度石墨峰（图4–9），计算的拉曼R_o为3.92%～4.48%（平均为4.22%，略高于永善苏田地区），说明筇竹寺组已进入有机质严重炭化阶段且炭化程度高于东部的苏田剖面点，即已处于生气衰竭期。

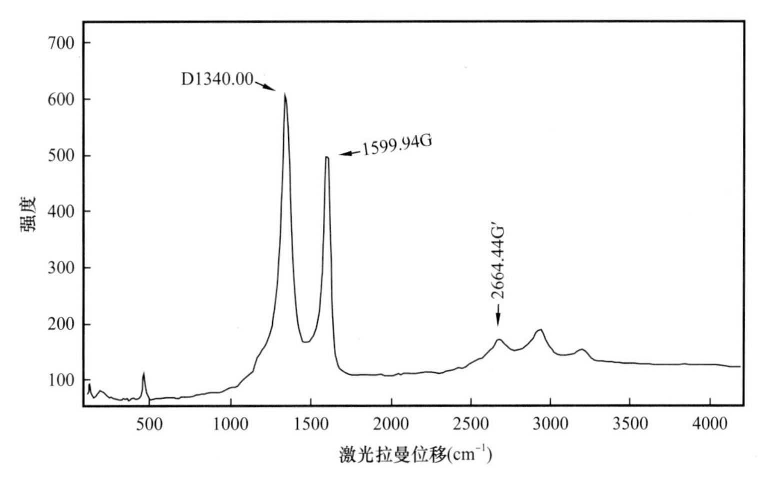

图4–9　永善务基筇竹寺组有机质激光拉曼图谱

永善务基剖面紧邻雷波—马边—峨边区块（即靠近峨眉玄武岩中带腹部），晚二叠世峨眉地裂形成的玄武岩厚度高达430～560m（较永善苏田地区厚200m左右）且呈大面积分布，此期极热事件直接导致永善务基下寒武统页岩有机质炭化程度高于永善苏田剖面。

三、沉积特征

1. 岩相与岩石学特征

在永善务基地区，麦地坪组以硅质岩为主，局部为粉晶灰岩。筇竹寺组岩相较简单，底部以深水相硅质页岩为主，局部见云质结核体，纹层不发育或欠发育，中段和上段主要为半深水相黏土质页岩和浅水相粉砂质页岩（图4–8）。现自下而上分小层描述，以了解其变化趋势（图4–8、图4–10、图4–11）。

1层厚5.56m，黑色硅质页岩，底部与麦地坪组整合接触且为露头断面分开。质地硬而脆，颗粒细，滴酸不起泡，未见纹层。上部见裂缝充填方解石脉，滴酸起泡。GR值为144～170cps，

TOC值为1.60%～2.57%，岩石矿物组成为石英63.6%～73.8%、长石6.9%～11.0%、黄铁矿0.7%～1.9%、黏土矿物15.7%～24.7%，三矿物脆性指数为64.3%～75.7%。

(a) 麦地坪组顶部，薄层状硅质岩、含钙质硅质岩

(b) 筇竹寺组底部2—3层，厚层状硅质岩，见顺层断续分布的硅质结核体，尺寸为5cm×10cm(箭头所示)

(c) 筇竹寺组底部5—7层，块状硅质页岩，黏土质增高，颗粒细

(d) 筇竹寺组下部9—11层，钙质页岩，粉砂质纹层显著增多，质地硬，断边锋利

(e) 筇竹寺组下部钙质页岩中粉砂质纹层，多为水平纹层，单层厚0.2～2mm

(f) 筇竹寺组中下部16层，粉砂质页岩，灰色、青灰色，滴酸不起泡，粉砂含量显著增高

(g) 筇竹寺组中下部16层，粉砂质页岩，见大量砂质交错层理

(h) 筇竹寺组中部19层，厚层—块状粉细砂岩，灰色，滴酸不起泡，表面较粗糙

(i) 筇竹寺组中上部25—27层，黏土质硅质混合页岩，灰黑色，颗粒较细，见水平纹层，断面上见多层断续分布的钙质结合体(箭头所示)

(j) 筇竹寺组中上部26层，钙质结合体，单体尺寸短轴为5～10cm，长轴为8～20cm，滴酸起泡剧烈

(k) 筇竹寺组上部粉砂质页岩，含钙质，夹砂质条带和砂岩透镜体，单层厚1～3cm(箭头所示)

(l) 沧浪铺组厚层砂岩，层面见波痕，GR值为110～130cps

图 4-10　永善务基筇竹寺组露头照片

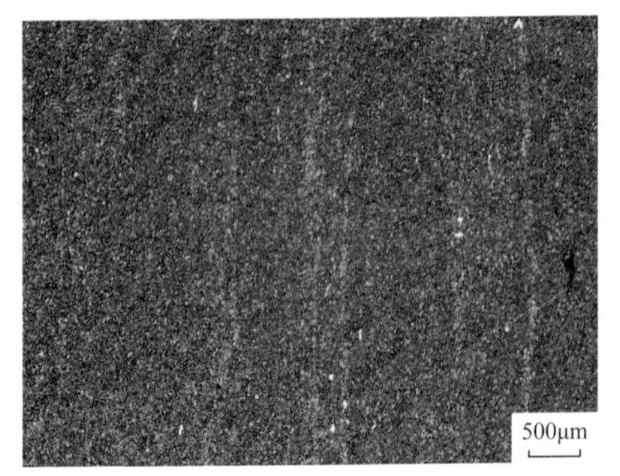

(a) 麦地坪组顶部，泥晶—粉晶灰岩，纹层发育(2×)

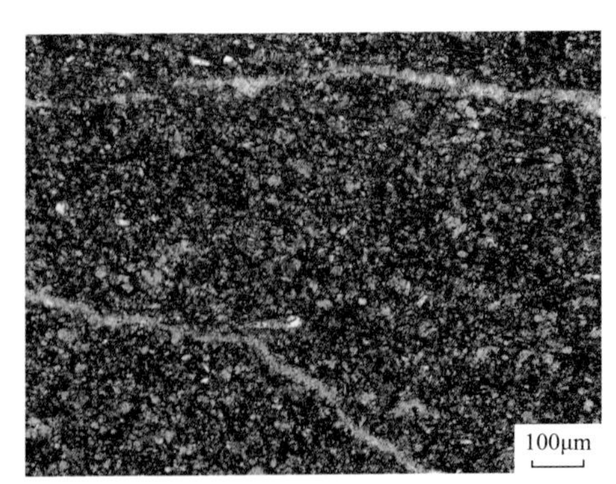

(b) 麦地坪组顶部，方解石主要为他形颗粒，含少量半自形—自形晶，可见平行解理，主要为泥晶—粉晶颗粒，颗粒间以未接触和点接触为主，含少量白云石，主要为粉晶颗粒(10×)

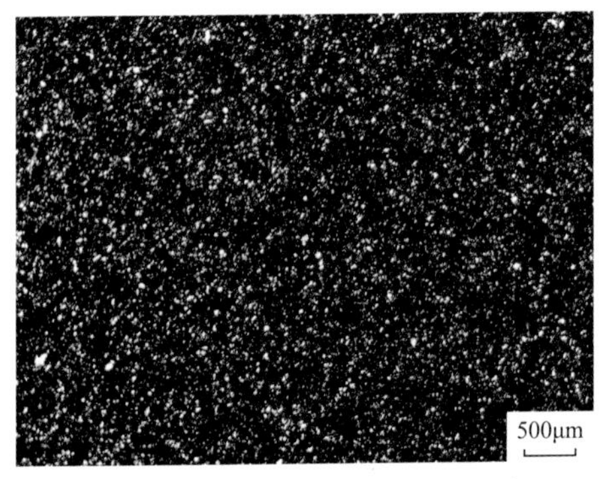

(c) 筇竹寺组底部(3层)，硅质页岩，纹层不发育(2×)

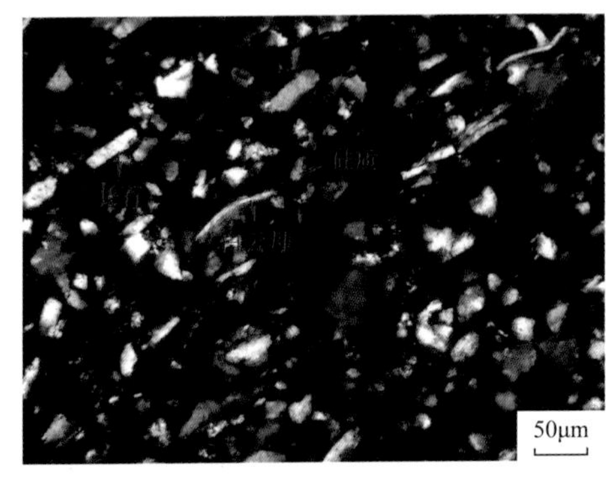

(d) 筇竹寺组底部(3层)，亮色颗粒主要为石英、黄铁矿、长石和白云母等，呈分散状分布(20×)

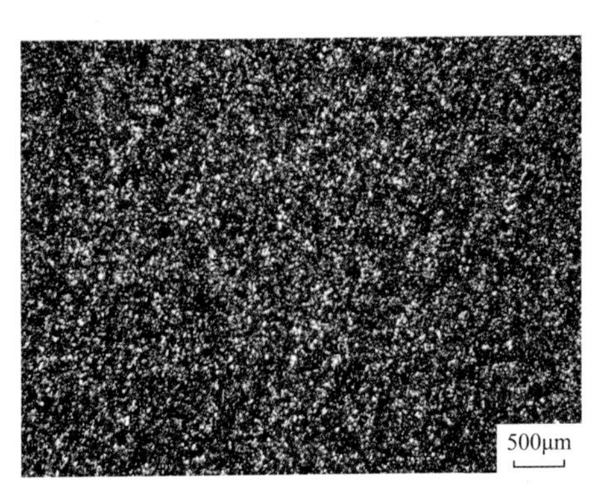

(e) 筇竹寺组底部(6层)，硅质页岩，含放射虫，纹层不发育(2×)

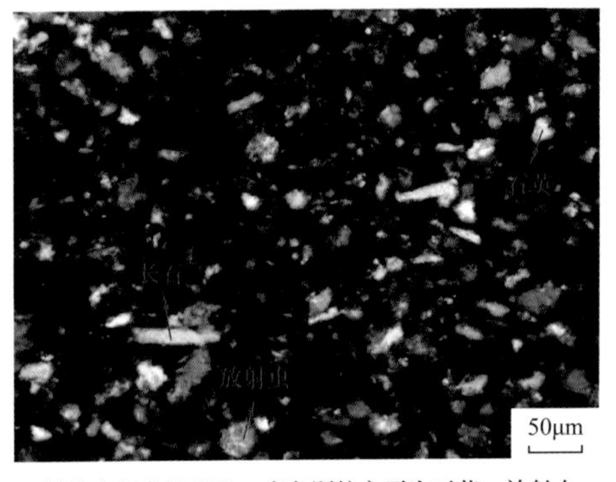

(f) 筇竹寺组底部(6层)，亮色颗粒主要为石英、放射虫、长石等，粒径为31～65μm，呈分散状分布(20×)

(g) 筇竹寺组下部(9层)，含钙质粉砂质页岩，纹层不发育(2×)

(h) 筇竹寺组下部(9层)，粉砂质页岩，亮色颗粒主要为石英碎屑(含细粒石英岩岩屑)，其次为长石和少量方解石(20×)

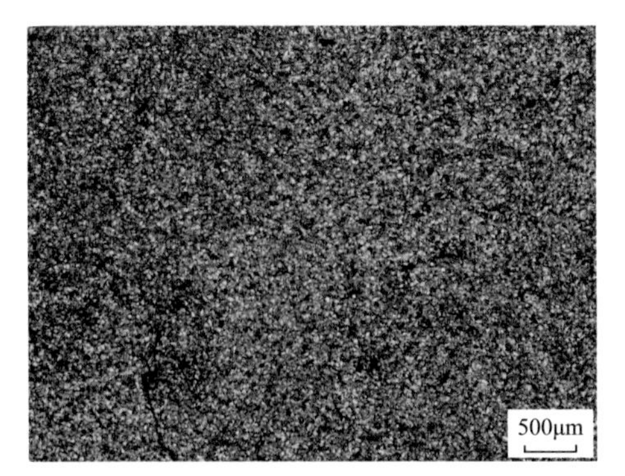

(i) 筇竹寺组中部(18层)，粉细砂岩，纹层不发育(2×)

(j) 筇竹寺组中部(18层)，亮色颗粒主要为石英，其次为长石和少量方解石，粒径主要分布区间为18～65μm(10×)

(k) 筇竹寺组中上部(26层)，黏土质页岩，含钙质(2×)

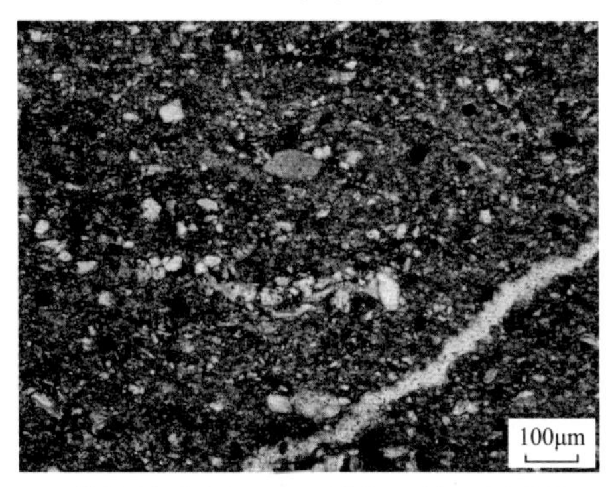

(l) 筇竹寺组中上部(26层)，黏土质页岩，亮色颗粒主要为石英、放射虫、方解石和少量长石、白云石、黄铁矿(10×)

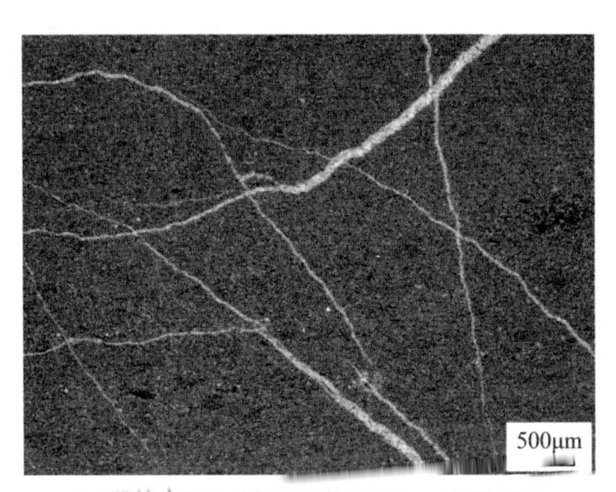

(m) 筇竹寺组中上部结核体(26层)，主要为粉晶白云岩，裂缝充填白云石脉(2×)

(n) 筇竹寺组中上部结核体(26层)，矿物成分主要为白云石，含少量石英、长石、黄铁矿和白云母(5×)

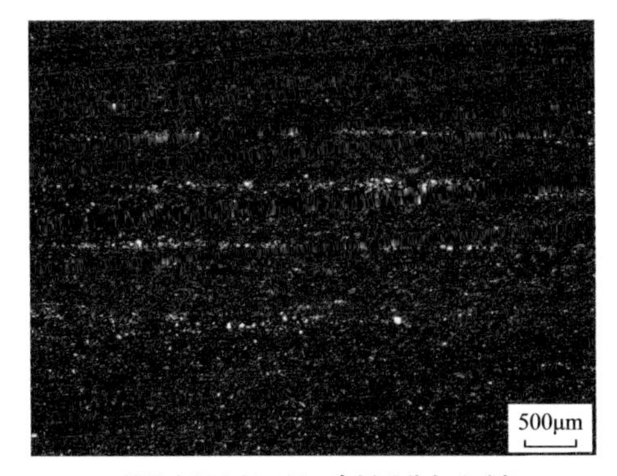

(o) 筇竹寺组上部29层，含钙质黏土质页岩，粉砂质纹层发育(单层一般厚70～200μm)，局部呈透镜状(2×)

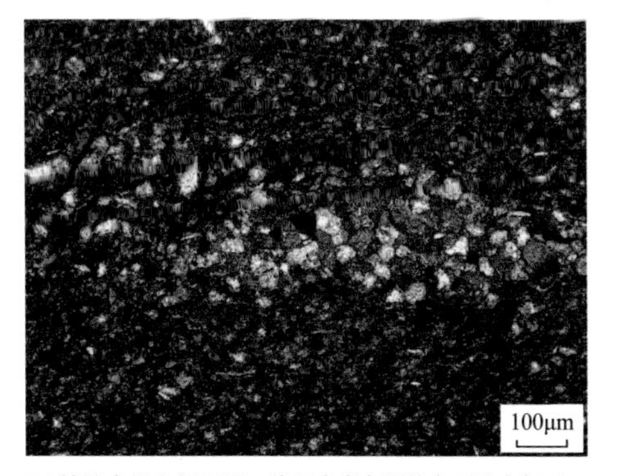

(p) 筇竹寺组上部29层，纹层中亮色颗粒主要为方解石、石英，其次为长石、白云石(10×)

图 4–11　永善务基筇竹寺组重点层段薄片照片

2 层厚 1.93m，黑色硅质页岩，层间缝发育且充填方解石脉。GR 值为 150～214cps，TOC 值为 4.03%～4.83%，岩石矿物组成为石英 57.1%～69.3%、长石 6.8%～9.4%、黄铁矿 0.4%～2.9%、黏土矿物 23.0%～30.6%，三矿物脆性指数为 60.0%～69.7%。

3 层厚 5.68m，黑色硅质页岩，块状，颗粒细，纹层不发育，滴酸不起泡，见顺层断续分布的硅质结核体，尺寸为 5cm × 10cm，滴酸不起泡（图 4–10b）。硅质页岩镜下纹层不发育，亮色颗粒主要为石英、黄铁矿、长石和白云母等，呈分散状分布（图 4–11c、d）。GR 值为 168～254cps，TOC 值为 2.12%～3.83%。岩石矿物组成为石英 39.5%～58.0%、长石 10.2%～13.1%、黄铁矿 2.7%～20.2%、黏土矿物 22.5%～30.1%，三矿物脆性指数为 59.7%～64.6%（平均为 61.4%）。

4 层厚 6.86m，黑色硅质页岩，块状，不含钙质。GR 值为 198～316cps，TOC 值为 2.52%～3.57%。岩石矿物组成为石英 36.0%～55.7%、长石 15.6%～28.1%、方解石 0～3.1%、白云石 0～1.3%、黄铁矿 0～3.7%、黏土矿物 25.0%～30.7%，三矿物脆性指数为 37.4%～59.4%（平均为 50.7%）。

5 层厚 5.3m，岩性与 4 层相似，块状。GR 值为 206～263cps，TOC 值为 3.31%～3.48%。岩石矿物组成为石英 50.1%～58.4%、长石 15.2%～24.7%、黏土矿物 25.2%～26.4%，三矿物脆性指数为 50.1%～58.4%（平均为 55.5%）。

6 层厚 1.52m，硅质页岩，黏土质增高（图 4–10c）。镜下纹层不发育，见放射虫，亮色颗粒主要为石英、放射虫、长石等，粒径为 31～65μm，呈分散状分布（图 4–11e、f）。GR 值为 191～209cps，TOC 值为 2.51%～2.56%。岩石矿物组成为石英 48.0%～50.0%、长石 19.5%～24.0%、黄铁矿 0～2.2%、黏土矿物 28.0%～28.3%，三矿物脆性指数为 48.0%～52.2%（平均为 50.1%）。

7 层厚 4.78m，下部为硅质页岩，颜色由灰黑变为深灰色，反映水体开始变浅。上部为含钙质硅质页岩，滴酸起泡，断面锋利。GR 值为 123～199cps，TOC 值为 0.88%～2.16%。岩石矿物组成为石英 48.3%～51.9%、长石 20.2%～22.0%、方解石 0～1.7%、黄铁矿 0～0.4%、黏土矿物 24.4%～31.1%，三矿物脆性指数为 48.7%～51.9%（平均为 50.3%）。

8 层厚 4.31m，含钙质粉砂质页岩，砂质纹层增多，表面风化为浅灰色、灰绿色，反映水体显著变浅。GR 值为 112～130cps，TOC 值为 0.56%。岩石矿物组成为石英 47.8%、长石 30.7%、黏土矿物 21.5%，三矿物脆性指数为 47.8%。

9 层厚 25.01m，钙质页岩，粉砂质纹层显著增多，质地硬，断边锋利，滴酸起泡，粉砂质纹层呈水平状，单层厚 0.5～3mm（图 4–10d、e）。镜下纹层不发育，亮色颗粒主要为石英，其次为长石、方解石（图 4–11g、h）。GR 值为 89～124cps，TOC 值为 0.14%。岩石矿物组成为石英 40.3%、长石 26.9%、方解石 8.1%、黄铁矿 1.2%、黏土矿物 23.5%，三矿物脆性指数为 41.5%。

10 层厚 22.56m，粉砂质页岩，含钙质，深灰色。砂质纹层发育且多为水平纹层，单层厚 0.2～2mm，表面风化为浅灰色。GR 值为 98～112cps，TOC 值为 0.14%。岩石矿物组成为石英 31.9%、长石 27.0%、方解石 4.4%、黄铁矿 0.6%、黏土矿物 36.1%，三矿物脆性指数为 32.5%。

11—12 层厚 26.26m，岩性同 10 层，灰色，滴酸起泡，断面锋利，见大量水平砂质纹层。GR 值为 103～115cps，TOC 值为 0.08%～0.09%。岩石矿物组成为石英 44.0%～47.8%、长石 18.8%～26.8%、方解石 3.4%～12.3%、黏土矿物 21.1%～25.9%，三矿物脆性指数为 44.0%～47.8%。

13 层厚 20.53m，中层状粉砂质页岩，滴酸不起泡。砂质纹层向上变厚，以水平纹层为主，局部出现斜层理，单层厚 1～10mm，反映水体持续变浅，水动力增强。GR 值为 104～119cps，TOC 值为 0.11%，岩石矿物组成为石英 47.3%、长石 25.2%、方解石 1.3%、黏土矿物 26.2%，三矿物脆性指数为 47.3%。

14 层厚 13.36m，灰色粉砂质页岩，微含钙质。砂质纹层发育，以水平纹层为主，单层厚度略有降低，一般为 0.2～2mm，反映水体持续变浅。GR 值为 108～127cps，TOC 值为 0.10%。岩石矿物组成为石英 41.6%、长石 20.7%、方解石 3.9%、黏土矿物 33.8%，三矿物脆性指数为 41.6%。

15 层厚 20.67m，下部与 14 层相同，上部为含钙质粉砂质页岩，断面见大量砂质小透镜体，以斜层理为主。GR 值为 116～131cps，TOC 值为 0.10%，岩石矿物组成为石英 44.7%、长石 18.9%、方解石 3.8%、黏土矿物 32.6%，三矿物脆性指数为 44.7%。

16 层厚 6.29m，粉砂质页岩，滴酸不起泡，断面见大量砂质交错层理，粉砂含量显著增高（图 4-10f、g），显示为浅水和近物源沉积。目前，将 1—16 层定为第 1 个岩性段。GR 值为 115～124cps，TOC 值为 0.07%～0.08%，岩石矿物组成为石英 37.6%～42.4%、长石 26.2%～36.6%、方解石 2.5%～5.2%、黄铁矿 0～3.4%、黏土矿物 19.9%～26.2%，三矿物脆性指数为 41.0%～42.4%。

17 层厚 2.39m，粉砂质页岩与粉砂岩薄互层，砂岩单层厚 0.5～2cm，页岩单层厚 0.5～1cm。GR 值为 117～127cps，TOC 值为 0.09%。岩石矿物组成为石英 41.2%、长石 26.1%、方解石 4.8%、黏土矿物 27.9%，三矿物脆性指数为 41.2%。

18—19 层厚 36.92m，厚层—块状粉细砂岩，灰色，滴酸不起泡，表面较粗糙（图 4-10h）。镜下纹层不发育，亮色颗粒主要为石英，其次为长石、方解石（图 4-11i、j）。GR 值为 117～160cps，TOC 值为 0.05%～0.07%。岩石矿物组成为石英 18.7%～39.7%、长石 25.4%～27.0%、方解石 5.4%～50.9%、黄铁矿 0～0.5%、黏土矿物 5.0%～27.4%，三矿物脆性指数为 18.7%～40.2%。

20—23 层厚 47.06m，粉砂质页岩，黏土质显著增多，块状，表层风化为灰绿色，见水平砂质纹层，反映水体显著变深。GR 值为 116～197cps。

24 层厚 11.95m，中—厚层粉细砂岩，含泥质。GR 值 107～162cps。

25—27 层厚 20.19m，灰黑色黏土质硅质混合页岩（图 4-10i、j），颗粒较细，见水平纹层，镜下见放射虫颗粒（图 4-11k、l），GR 值普遍在 200cps 以上。断面上见多层断续分布的钙质结合体（方解石含量为 79.7%），单体尺寸短轴为 5～10cm，长轴为 8～20cm，滴酸起泡剧烈，镜下见白云石脉（图 4-11m、n）。GR 值为 157～230cps，TOC 值为 0.52%～1.16%。岩石矿物组成为石英 2.0%～43.7%、长石 1.[illegible]%～10.0%、方解石 0～79.7%、白云石 0～6.0%、黄铁矿 0～2.9%、黏土矿物 17.1%～33.3%，三矿物脆性指数为 2.0%～43.7%（平均为 35.6%）。

28 层厚 12.52m，含钙质粉砂质页岩，块状，深灰—灰色，断面锋利，滴酸起泡。见砂质纹层，以水平为主，单层厚 0.5～3mm，反映水体持续变浅。GR 值为 146～163cps，TOC 值为 0.32%～0.35%。岩石矿物组成为石英 30.9%～36.2%、长石 6.2%～7.2%、方解石 8.5%～11.2%、黄铁矿 0.4%～1.4%、黏土矿物 44.0%～54.0%，三矿物脆性指数为 31.3%～37.6%。

29—31 层厚 42.4m，含钙质粉砂质页岩，滴酸起泡。见水平砂质纹层，单层厚 0.5～1mm。镜下纹层颗粒主要为方解石、石英，其次为长石、白云石（图 4-11o、p）。GR 值为 142～175cps，TOC 值为 0.19%～0.20%。岩石矿物组成为石英 28.2%～34.4%、长石 5.8%～7.3%、方解石 11.7%～15.7%、黄铁矿 0.4%～2.1%、黏土矿物 44.3%～50.0%，三矿物脆性指数为 29.7%～34.8%。

32 层厚 14.12m，含钙质粉砂质页岩，顶部出现砂质条带，单层厚 1～4cm。GR 值为

146～161cps，TOC 值为 0.16%。岩石矿物组成为石英 32.8%、长石 9.5%、方解石 10.3%、黄铁矿 0.2%、黏土矿物 47.2%，三矿物脆性指数为 33.0%。

33 层厚 11.95m，岩性同 32 层，出现砂质条带和砂岩透镜体，单层厚 1～3cm 且向上砂质条带增多（图 4-10k）。GR 值为 141～153cps，TOC 值为 0.12%。岩石矿物组成为石英 34.0%、长石 5.4%、方解石 9.7%、白云石 2.7%、黏土矿物 48.2%，三矿物脆性指数为 36.7%。

34 层厚 7.17m，岩性同 33 层，砂质条带持续增多，单层厚 1～2cm。GR 值为 134～150cps，TOC 值为 0.10%。岩石矿物组成为石英 32.9%、长石 7.4%、方解石 5.1%、白云石 5.0%、黏土矿物 49.6%，三矿物脆性指数为 37.9%。

35 层厚度在 10.0m 以上，沧浪铺组厚层砂岩（图 4-10l），GR 值为 110～130cps。

可见，永善务基筇竹寺组下段与中—上段岩相差异明显。下段底部（1—7 层）为裂陷发展期形成的富有机质、富硅质页岩，以深水相硅质页岩为主，长石含量普遍介于 6.8%～28.1%（平均为 15.8%，略低于永善苏田），黏土矿物含量一般介于 15.7%～31.1%（平均为 26.5%，与永善苏田相当），镜下纹层不发育，三矿物脆性指数为 37.4%～75.7%（平均为 57.3%），反映永善务基剖面点距离西部物源区较近。下段中部—上段主体为浅水相粉砂质页岩，露头和镜下砂质纹层发育，长石含量平均为 15.5%，黏土含量普遍介于 21.1%～54.0%（平均为 36.6%），三矿物脆性指数为 18.7%～47.8%（平均为 37.7%），仅在 25—27 层出现半深水相黏土质页岩夹钙质结核体，显示裂陷活动再次加强。1—7 层为 TOC 值大于 2% 的富有机质页岩段，厚度约为 30m。

2. 海平面

根据永善务基剖面岩相组合和 TOC 测试资料（图 4-8），海平面在筇竹寺组底部（1—7 层）处于高水位状态，在 25—27 层处于中等水位状态，在其他层段均处于低水位状态。

3. 海域封闭性与古地理

在永善务基地区，S/C 值在筇竹寺组底部普遍较低，向上逐渐升高（图 4-8），具体表现为在 1—8 层，S/C 值大多介于 0.01～0.20，仅在硅质层和结核层出现异常（0.64～5.23），反映古水体主体处于低盐度、弱封闭状态；在 9—34 层，S/C 值波动较大，一般介于 0.10～4.40（平均为 0.81），显示永善务基海域以高盐度、强封闭状态为主。

另据微量元素资料（图 4-8、图 4-12），永善务基筇竹寺组 Mo 含量在 1—7 层较高，大多介于 5.4～15.2μg/g（平均为 10.7μg/g），显示以半封闭的缺氧环境为主，在 25—27 层介于 2.7～5.1μg/g（平均为 3.8μg/g），显示为半封闭的贫氧环境，在 28 层及以上普遍降至 1.7μg/g 以下，显示以强封闭、富氧环境为主。

这说明，永善海域在筇竹寺组沉积早期（裂陷发展期）处于弱—半封闭的缺氧陆棚环境，有利于富有机质页岩沉积，在筇竹寺组沉积中晚期（25—27 层，即裂陷调整期）再次出现有利于黑色页岩沉积的半封闭贫氧环境。

4. 古生产力

永善务基海域 P、Ba、Si 等营养物质含量总体较丰富（图 4-8，表 4-2）。P_2O_5/TiO_2 值在筇竹寺组整体较高且自下而上呈缓慢减少趋势，在筇竹寺组下段为 0.25～1.91（平均为 0.66），在筇竹寺组中段为 0.25～0.40（平均为 0.31），在筇竹寺组上段介于 0.29～0.34。Ba 含量在筇竹寺组下段、中段和上段分别为 783～1129μg/g（平均为 962μg/g）、932～1227μg/g（平均为 1100μg/g）和 965～1083μg/g（平均为 1024μg/g），与长宁和石柱地区五峰组—龙马溪组（王玉满等，2021）相近。硅质含量在筇竹寺组自下而上总体呈递减趋势，分别为底部（1—7 层）58.20%～72.08%（平均为 65.38%）、中段（25—27 层）50.89%～60.15%（平均为 55.50%）、上段（28—29 层）53.45%～55.32%（平均为 54.39%）。从 P_2O_5/TiO_2 值、Ba 含量和硅质含量变化趋势看，永善海域古生产力在筇竹寺组沉积初期最高，显示洋流活动对高古生产力的突出贡献。

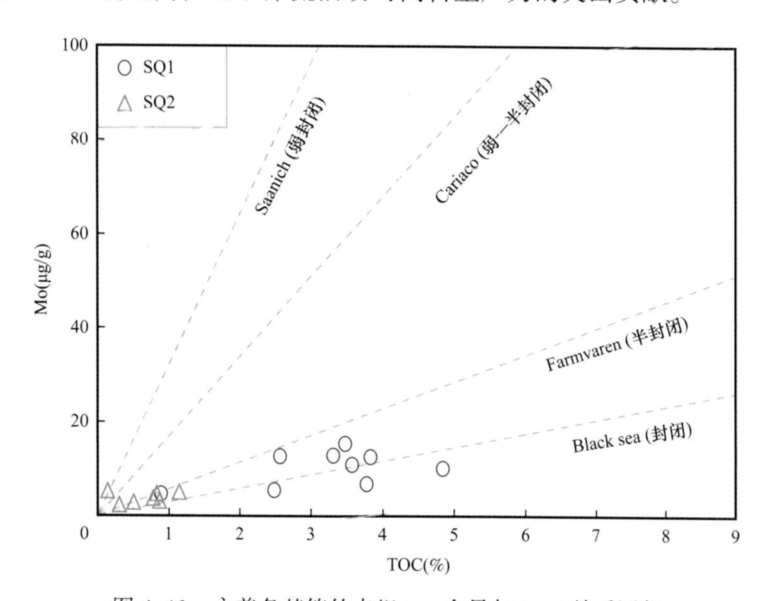

图 4-12　永善务基筇竹寺组 Mo 含量与 TOC 关系图版

表 4-2　永善务基筇竹寺组营养物质含量统计表

层段	P_2O_5/TiO_2 值	Ba 含量（μg/g）	硅质含量（%）
筇竹寺组上段	0.29～0.34/0.315（2）	965～1083/1024（2）	53.45～55.32/54.39（2）
筇竹寺组中段	0.25～0.40/0.31（5）	932～1227/1100（5）	50.89～60.15/55.50（5）
筇竹寺组下段	0.25～1.91/0.66（9）	783～1129/962（9）	58.20～72.08/65.38（9）
麦地坪组	6.63（1）	160（1）	13.98（1）

注：表中数值表示为最小值～最大值 / 平均值，括号（ ）内为样品数。

5. 沉积速率

在永善务基和永善苏田两个剖面点，筇竹寺组下段（永善务基 1—7 层下部）均为富有机质页岩与结核体共生段，其沉积环境与川南—川东坳陷埃隆阶结核体发育段（表 2-2）具有相似性。由此推测，永善务基筇竹寺组下段亦为裂陷发展期深水陆棚较快沉积产物，其沉积速率介于 16.20～51.56m/Ma。

6. 氧化还原条件

在永善务基剖面点，Ni/Co 值与 TOC 相关性总体较好（图 4-8），是反映氧化还原条件的有效指标。Ni/Co 值在 1—7 层为 5.99～22.32（图 4-8），在 9 层下降至 3.14，在 25—27 层受黏土含量升高影响一般为 2.95～5.20，在 28 层以上为 3.18～7.98。这说明，永善务基海域在筇竹寺组沉积早期（1—7 层沉积期）总体为深水贫氧—缺氧环境，在 8—24 层和 28 层以上随着海平面下降出现浅水富氧环境，在 25—27 层若排除黏土增高影响应为半深水贫氧环境。

第五章　川东北裂陷寒武系页岩典型剖面地质特征

川东北裂陷是位于上扬子地台北缘的主要裂陷区，主要指城口—巫溪—神农架裂陷槽，面积约为 $5 \times 10^4 km^2$。该地区寒武系页岩主要在神农架、巫溪和城口一带出露，本章重点介绍城口新军村和神农架古庙垭剖面。

第一节　城口新军村筇竹寺组剖面

新军村筇竹寺组剖面位于大巴山冲断带城口背斜区，背斜核部向西南方向倾覆，两翼向东北方向倾斜，构造改造和风化作用强烈。沿省道自西向东展开。剖面位置为北纬 32°0′26″、东经 108°32′58″（图 5-1），海拔为 960m。地层底界清晰，出露厚度约 300m，产状为 45°∠64°。

图 5-1　城口新军村筇竹寺组剖面

一、基本地质特征

在城口地区，筇竹寺组厚度为 200～300m，自下而上发育 3 个三级层序（即 3 个岩性段），上部 1.5 个层序受植被覆盖严重，本章仅对下部 1.5 个层序（即 SQ1 和 SQ2 上升半旋回）进行详测，实测厚度为 154.64m（小层编号为 1—42；图 5-2），1—32 层位于背斜东北翼，33 层及以上位于背斜西翼。

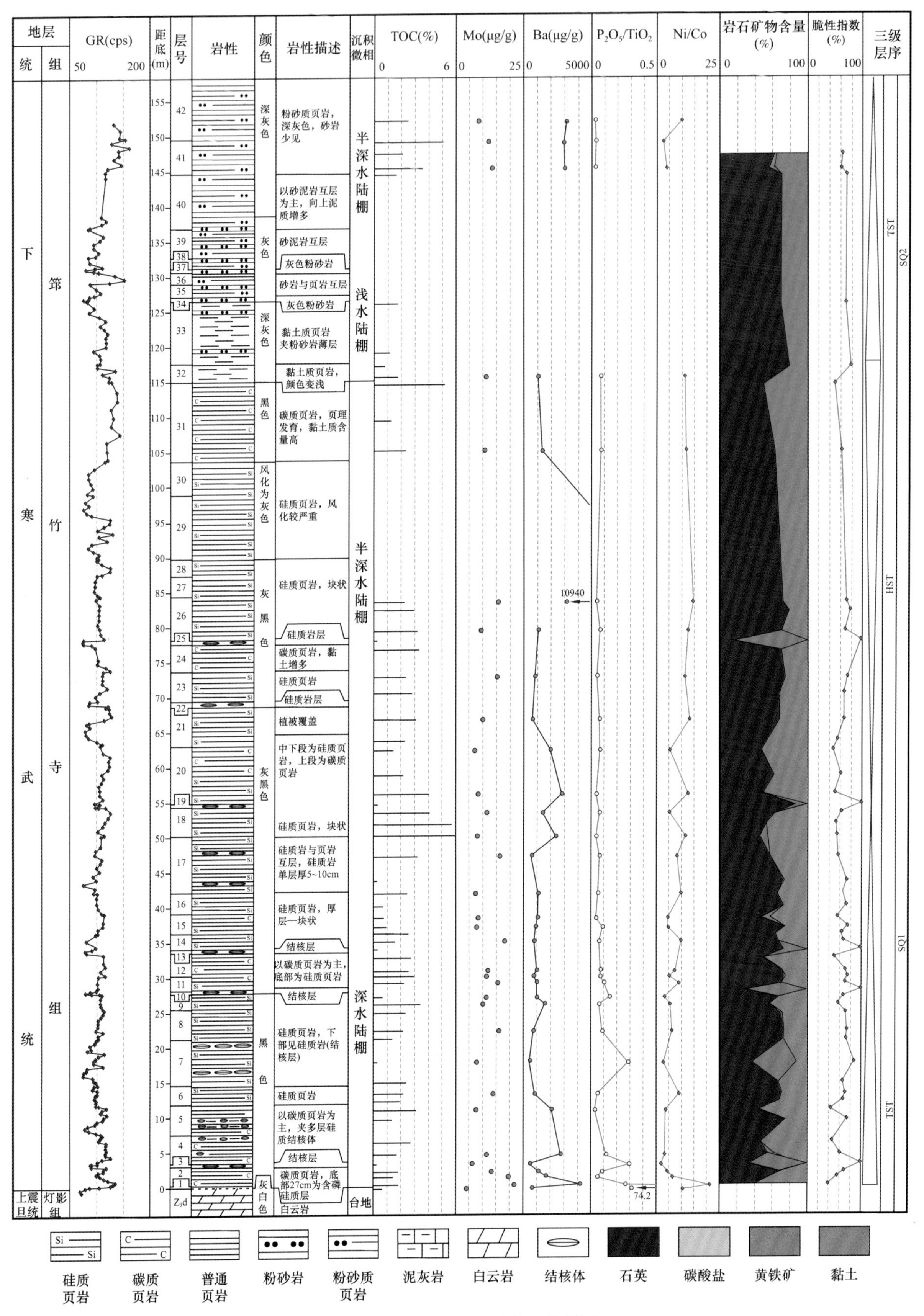

图 5-2 城口新军村筇竹寺组柱状图

灯影组为灰色含硅质白云岩，刀砍纹不明显。GR 值为 70～72cps，TOC 值为 0.66%。

SQ1 小层编号为 1—32，厚 117.57m，为裂陷发展期沉积的深水—半深水相含磷硅质岩、碳质页岩和硅质页岩组合，局部夹云质结核层、含硅质白云岩层和硅质岩薄层（图 5-2），GR 值为 80～145cps。现分小层详细描述如下。

1 层厚 0.27m，含磷硅质岩，与长阳白竹岭剖面底部 0.4m 的含磷硅质层对应（图 5-3a）。GR 值为 80～106cps。TOC 值为 1.85%，岩石矿物组成为石英 40.1%、黏土矿物 59.9%。

(a) 筇竹寺组底部，黑色碳质页岩和含磷硅质岩（1层）

(b) 筇竹寺组底部，黑色碳质页岩夹云质结核体（3层）

(c) 8层，硅质页岩，岩性较均质，硬而脆，改造强烈风化严重

(d) 20层，碳质页岩，风化严重

(e) 24—26层 碳质页岩（24层）与硅质页岩（25层和26层）组合，风化严重

(f) 31层，碳质页岩，页理发育，黏土含量高

(g) 33—34层，粉砂质页岩与灰色粉砂岩

(h) 41—42层，粉砂质页岩，深灰色，砂层少见

(i) 筇竹寺组顶部，粉砂质页岩

(j) 沧浪铺组，中—厚层状砂岩

图 5-3　城口新军村筇竹寺组露头照片

2 层厚 2.81m，碳质页岩，块状，经改造页理发育（图 5-3b）。GR 值为 100～137cps。TOC 值为 1.37%～2.06%，岩石矿物组成为石英 56.6%～69.2%、黏土矿物 30.8%～43.4%。

3 层厚 0.29m，白云质结核层，结核体呈饼状，尺度为长轴 100cm、短轴 27cm，结核体中心为灰色（图 5-3b），滴酸不起泡。镜下白云石显晶粒结构，晶粒直径为 25～60μm，他形，晶面较污浊，镶嵌接触（图 5-4a、b）。GR 值为 89～92cps。TOC 值为 0.23%，岩石矿物组成为石英 33.1%、白云石 66.9%。

4 层厚 4.18m，碳质页岩夹多层硅质岩薄层（单层厚 0.5～5cm）。GR 值为 102～127cps。TOC 值为 1.70%～2.73%，岩石矿物组成为石英 46.6%～55.2%、黄铁矿 0～6.8%、黏土矿物 38.0%～53.4%。

5 层厚 4.32m，以碳质页岩为主，硅质岩薄层增多且单层增厚，单层厚 1～5cm。底部 1.4m 出现碳质与硅质薄互层（即韵律层）。GR 值为 79～121cps，其中底部韵律层 GR 值为 79～100cps。TOC 值为 1.35%～3.14%，岩石矿物组成为石英 44.2%～74.5%、黏土矿物 25.5%～55.8%。

6 层厚 2.79m，下部以碳质页岩为主，页理发育，偶见硅质岩薄层，单层厚 1～2cm。向上以硅质页岩为主。GR 值为 93～102cps。TOC 值为 1.91%～2.18%，岩石矿物组成为石英 67.6%～71.1%、黏土矿物 28.9%～32.4%。

7 层厚 6.56m，硅质页岩，中间见 1 层硅质白云岩，厚 15cm。镜下硅质页岩裂缝发育，裂缝中填充石英，石英颗粒镶嵌接触（图 5-4c、d）。GR 值为 75～115cps。TOC 值为 0.29%（白云岩）～2.41%（页岩），页岩段岩石矿物组成为石英 67.1%～72.8%、黏土矿物 27.2%～32.9%，硅质白云岩矿物组成为石英 37.6%、白云石 50.4%、黏土矿物 12.0%。

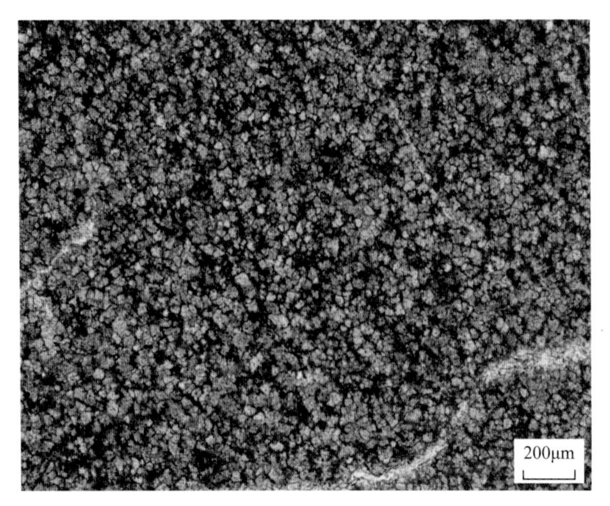

(a) 3层，粉晶白云石，显晶粒结构（5×）

(b) 3层，白云石晶粒直径为25～60μm，他形，晶面较污浊，镶嵌接触，晶间混杂少许黏土矿物（20×）

(c) 7层，硅质页岩，裂缝发育（2×）

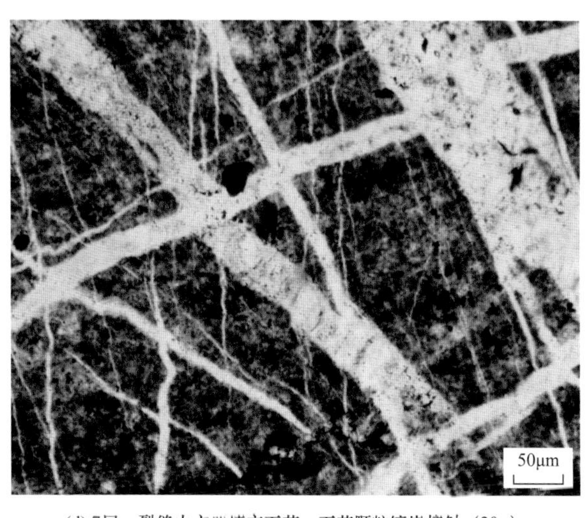

(d) 7层，裂缝中主要填充石英，石英颗粒镶嵌接触（20×）

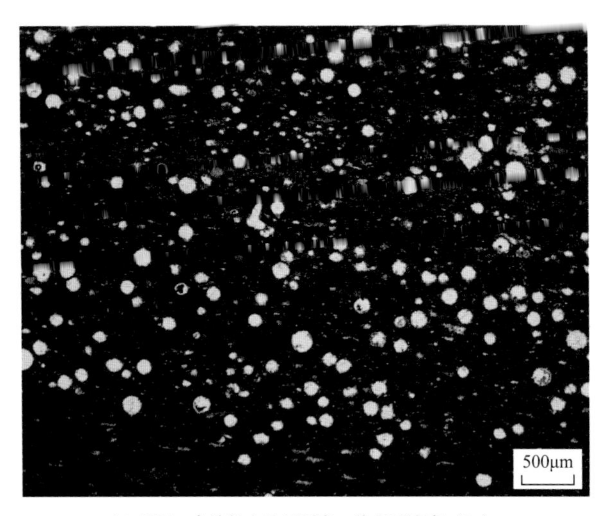

(e) 13层，含放射虫硅质页岩，纹层不发育（2×）

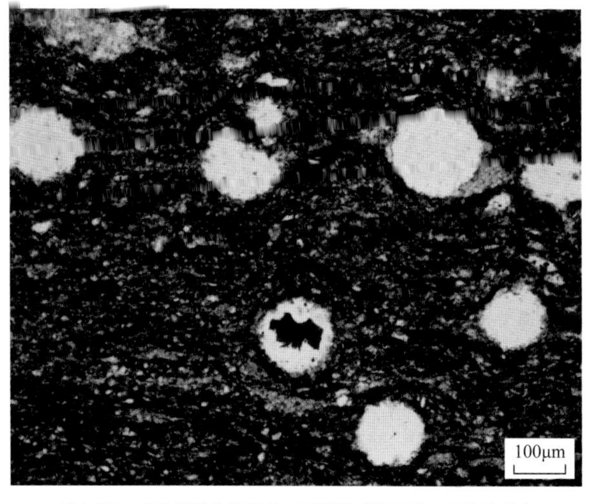

(f) 13层，亮色颗粒为放射虫，呈圆形或椭圆形，颗粒粒径为50~100μm，分散状分布（10×）

(g) 14层，硅质岩，发育大量裂缝，裂缝内充填硅质或黏土矿物，裂缝杂乱分布，缝宽为20~50μm（2×）

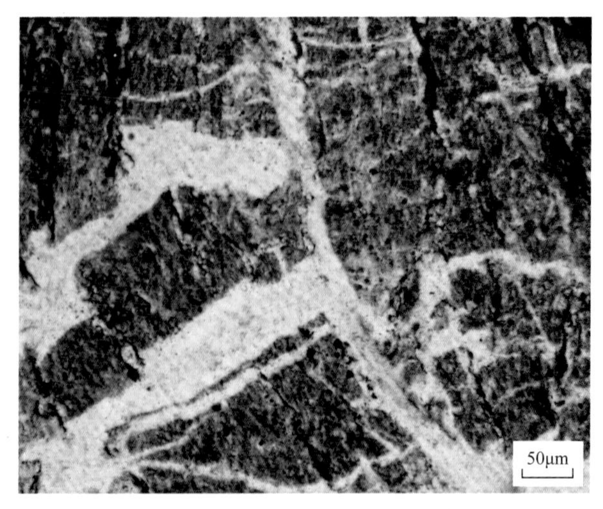

(h) 14层，硅质以粉晶为主，其次为隐晶，硅质颗粒镶嵌接触（20×）

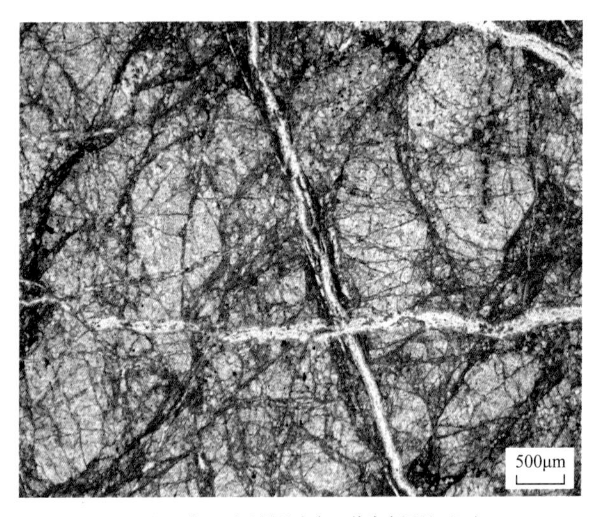

(i) 22层，白云石以粉晶为主，其次为泥晶（2×）

(j) 22层，粉晶白云石以他形为主，镶嵌接触，晶面较污浊，泥晶白云石多混杂黏土矿物（20×）

(k) 34层，岩屑长石砂岩，细—中粒（2×）

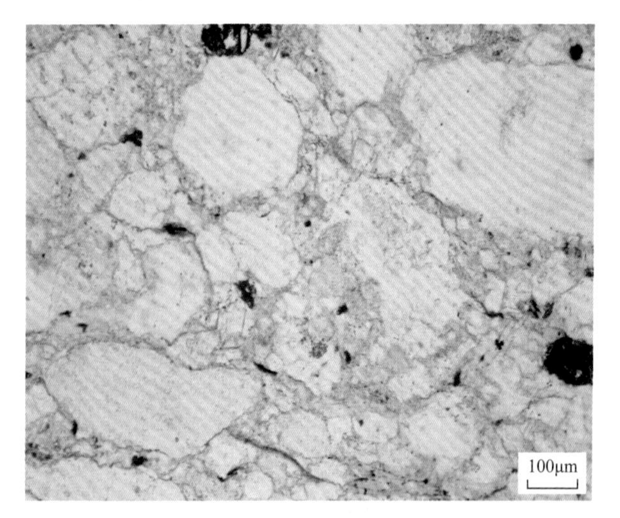

(l) 34层，碎屑以石英为主，其次为岩屑和长石，次圆—次棱角状，颗粒粒径主要为180~500μm，分选较差，致密，点—线接触（10×）

图 5-4　城口新军村笻竹寺组重点层段薄片照片

8 层厚 4.27m，硅质页岩，岩性较均质，硬而脆，改造强烈（图 5-3c），滴酸不起泡。GR 值为 100～114cps，TOC 值为 2.15%～2.33%，岩石矿物组成为石英 69.2%～74.2%、黄铁矿 0～2.4%、黏土矿物 25.8%～28.4%。

9 层厚 2.26m，以碳质页岩为主，见 4 层硅质岩薄层，单层厚 1～2cm。GR 值为 107～113cps。TOC 值为 0.68%～3.43%，岩石矿物组成为石英 57.3%～67.1%、黏土矿物 32.9%～42.7%。

10 层厚 0.34m，云质结核层，改造强烈，结核体呈透镜状，尺度为长轴 85cm、短轴 34cm。GR 值为 80（核部）～107cps（边部）。岩石矿物组成为石英 30.5%、白云石 69.5%。

11 层厚 2.22m，下段为硅质页岩，夹硅质岩薄层（单层厚 1～5cm）。上段为碳质页岩层。GR 值为 100～105cps，TOC 值为 2.24%～2.96%，岩石矿物组成为石英 69.8%～72.6%、黄铁矿 0～2.1%、黏土矿物 25.3%～30.2%。

12 层厚 3.29m，碳质页岩，偶见硅质岩薄层，单层厚 1～2cm。GR 值为 108～117cps。TOC 值为 2.55%～2.75%，岩石矿物组成为石英 50.2%～70.9%、黏土矿物 29.1%～49.8%。

13 层厚 0.4m，硅质页岩，受构造挤压层厚变化大（25～55cm）。镜下纹层不发育，见大量球状或椭球状放射虫颗粒呈分散状分布，粒径为 50～100μm（图 5-4e、f）。GR 值为 80～82cps。TOC 值为 0.29%，岩石矿物组成为石英 72.5%、白云石 27.5%。

14 层厚 2.29m，硅质页岩，厚层状，质地硬而脆。镜下硅质以粉晶为主，其次为隐晶，硅质颗粒镶嵌接触且见大量裂缝杂乱分布，缝宽为 20～50μm，裂缝内充填硅质或黏土矿物（图 5-4g、h）。GR 值为 82～102cps。TOC 值为 1.59%～2.56%，岩石矿物组成为石英 62.9%～67.1%、黏土矿物 32.9%～37.1%。

15 层厚 2.82m，下段为厚层状硅质页岩，上段为碳质页岩，页理发育。GR 值为 103～115cps。TOC 值为 0.75%～0.95%，岩石矿物组成为石英 47.9%～74.1%、黄铁矿 1.0%～8.1%、黏土矿物 24.9%～44.0%。

16 层厚 3.01m，硅质页岩，块状，质地均质且硬而脆。GR 值为 100～111cps。TOC 值为 0.70%～2.47%，岩石矿物组成为石英 66.1%～72.9%、黏土矿物 27.1%～33.9%。

17 层厚 8.09m，上段和下段为硅质岩与硅质页岩互层，硅质岩单层厚 5～10cm。中段为硅质页岩。GR 值为 75～110cps。TOC 值为 0.27%～6.01%，岩石矿物组成为石英 45.2%～72.1%、白云石 0～9.7%、黄铁矿 0～1.4%、黏土矿物 26.5%～45.1%。

18 层厚 4.12m，硅质页岩，块状。GR 值为 103～127cps。TOC 值为 4.09%～5.70%，岩石矿物组成为石英 53.4%～62.8%、黏土矿物 37.2%～46.6%。

19 层厚 0.49m，含云质硅质岩，灰色，硬而脆，滴酸不起泡。GR 值为 99～107cps。TOC 值为 0.31%，岩石矿物组成为石英 85.8%、白云石 14.2%。

20 层厚 8.33m，中下段为硅质页岩，偶见硅质岩薄层（单层厚 1～3cm），上段为碳质页岩（图 5-3d）。GR 值为 97～127cps。TOC 值为 1.45%～4.06%，岩石矿物组成为石英 47.4%～62.0%、黏土矿物 38.0%～52.6%。

21 层厚 5.46m，硅质页岩，植被覆盖严重。GR 值为 82（硅质层）～129cps（页岩层）。TOC 值为 2.28%～3.12%，岩石矿物组成为石英 55.2%～67.8%、黏土矿物 32.2%～44.8%。

22 层厚 0.8m，硅质白云岩，滴酸不起泡，表面风化为灰黄色。镜下白云石以粉晶为主，其次泥晶；粉晶白云石以他形为主，镶嵌接触，晶面较污浊；泥晶白云石多混杂黏土矿物（图 5-4i、j）。GR 值为 86～123cps。

23 层厚 4.3m，硅质页岩，较均质。GR 值为 99～121cps。TOC 值为 2.35%～2.79%，岩石矿物组成为石英 68.0%～73.8%、黏土矿物 26.2%～32.0%。

24 层厚 3.9m，横跨公路两侧，碳质页岩，黏土增多（图 5-3e）。GR 值为 92～126cps。TOC 值为 3.33%。

25 层厚 0.6m，硅质白云岩层（图 5-3e）。GR 值为 74～77cps。TOC 值为 0.24%，岩石矿物组成为石英 16.3%、方解石 1.3%、白云石 82.4%。

26 层厚 6.17m，硅质页岩，块状，偶见硅质岩薄层（单层厚 0.5～1cm；图 5-3e）。GR 值为 99～115cps。TOC 值为 2.23%～3.22%，岩石矿物组成为石英 69.8%～78.8%、黏土矿物 21.2%～30.2%。

27—28 层厚 5.41m，岩性与 26 层相同。GR 值为 96～126cps。

29—30 层厚 13.93m，植被覆盖区，表层风化严重。GR 值为 82～131cps。

31 层厚 11.25m，碳质页岩，页理发育，黏土含量高（图 5-3f）。GR 值为 119～144cps。TOC 值为 1.25%～5.18%，岩石矿物组成为石英 50.0%～62.6%、黏土矿物 37.4%～50.0%。

32 层厚 2.6m，黏土质页岩，颜色变浅为深灰色，反映 SQ1 高位体系域由深水—半深水陆棚开始转入浅水陆棚。GR 值为 102～136cps。TOC 值为 0.77%～1.75%，岩石矿物组成为石英 79.0%、黏土矿物 21.0%。

SQ2 小层编号为 33—42，厚度超过 37m，为裂陷调整期沉积的半深水—浅水相粉砂质页岩和粉砂岩组合（图 5-2）。GR 值为 117～152cps。

33 层厚 8.93m，粉砂质页岩夹粉砂岩薄层，局部呈互层状，砂岩多为不连续的透镜状（单层厚 1～3cm；图 5-3g），反映水体变浅，水动力增强。GR 值为 83～122cps，TOC 值为 1.16%～1.74%，岩石矿物组成为石英 70.2%、黏土矿物 29.8%。

34 层厚 0.6m，灰色粉砂岩，表面风化为灰褐色（图 5-3g）。镜下显细—中粒岩屑长石砂岩，碎屑颗粒以石英为主，其次为岩屑和长石，次圆—次棱角状，颗粒粒径主要为 180～500μm，分选较差，致密，点—线接触（图 5-4k、l）。GR 值为 76～88cps。

35 层厚 1.9m，浅水相粉砂岩夹粉砂质页岩。GR 值为 89～109cps。

36 层厚 1.65m，浅水相粉砂质页岩与粉砂岩薄互层，砂岩单层厚 2～4cm。GR 值为 105～153cps。

37 层厚 0.55m，灰色粉砂岩层。GR 值为 81～99cps。

38—39 层厚 5.65m，浅水相粉砂质页岩与粉砂岩薄互层。GR 值为 86～113cps。

40 层厚 7.82m，以砂泥岩薄互层为主，向上泥质增多，变为粉砂质页岩，反映古水体再次加深。GR 值为 89～118cps。TOC 值为 1.64%，岩石矿物组成为石英 71.3%、黏土矿物 28.7%。

41—42 层厚 10m 以上，粉砂质页岩，深灰色，砂层少见，水体持续加深（图 5-3h）。GR 值为 117～162cps。TOC 值为 2.07%～5.05%，岩石矿物组成为石英 55.9%～61.6%、黄铁矿 2.3%～5.7%、黏土矿物 36.1%～38.4%。

筇竹寺组上部（SQ3）为灰、浅灰色粉砂质页岩，黏土质含量高（图 5-3i）。沧浪铺组为中—厚层状砂岩层，夹灰绿色粉砂质页岩（图 5-3j）。

从岩相组合、GR 响应和 TOC 测试数据看，SQ1 和 SQ2 中段（40 层上部—42 层）主体为深水—半深水沉积的 TOC 值大于 2%、高脆性页岩段，富有机质页岩段厚度为 SQ1 段 90m、SQ2 中段 10m 以上，脆性指数普遍为 SQ1 段 40.1%～88.0%（平均为 64.4%，不含结核层）、SQ2 段

61.6%～71.3%（平均为 66.8%），SQ2 底部（33—40 层中部）主体为低位体系域浅水陆棚沉积，TOC 普遍在 2% 以下。

二、地球化学特征

城口新军村筇竹寺组主体为深水—浅水陆棚沉积的黑色、灰色页岩段（图 5-2），有机质丰度和成熟度较高。

1. 有机质丰度

SQ1 有机质含量总体较高，TOC 值一般为 0.23%～6.01%，平均为 2.19%（51 个样品；图 5-2），其中 1—16 层为中等 TOC 段，TOC 值为 0.23%～3.43%，平均为 1.82%（28 个样品）；17—32 层为中高 TOC 段，TOC 值一般为 0.27%～6.01%，平均为 2.66%（23 个样品）。富有机质页岩集中段厚度约为 90m。

SQ2 出露厚度仅 37m，底部（33—39 层）为粉砂岩与粉砂质页岩组合，有机质含量总体偏低，TOC 值一般为 1.16%～1.74%（图 5-2），中段（40—42 层）为中高 TOC 段，TOC 值一般为 1.64%～5.05%，平均为 2.96%（5 个样品）。富有机质页岩集中段厚度在 10m 以上。

2. 成熟度

根据有机质激光拉曼测试资料，城口新军村筇竹寺组 D 峰与 G 峰峰间距和峰高比分别为 274.0～275.4cm^{-1} 和 0.64～0.71，在 G′ 峰位置（对应拉曼位移 2640.88cm^{-1}）出现中等幅度石墨峰（图 5-5），计算的拉曼 R_o 为 3.50%～3.58%，说明筇竹寺组进入有机质严重炭化阶段，即已处于生气衰竭期。

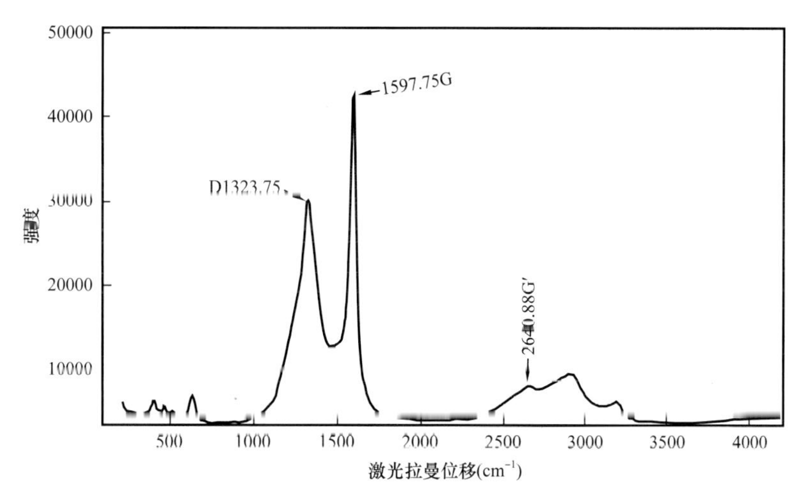

图 5-5　城口新军村筇竹寺组有机质激光拉曼图谱

三、富有机质页岩沉积要素

1. 海平面

根据剖面岩相组合和 TOC 测试资料（图 5-2），SQ1（1—31 层）主体为深水—半深水沉积，海平面处于高—中高水位；SQ2 底部（33—39 层）主体为浅水陆棚相粗碎屑沉积，海平面下降至低水位状态，40—42 层为半深水陆棚沉积，海平面再次上升至中高水位。

2. 海域封闭性与古地理

城口海域在筇竹寺组沉积期处于川东北裂陷槽南斜坡，据微量元素资料显示（图 5-2、图 5-6），该区筇竹寺组 Mo 含量较稳定，在 SQ1 段大多介于 6.3～21.8μg/g（平均为 11.8μg/g），以弱—半封闭的缺氧环境为主，在 SQ2 段介于 8.5～13.5μg/g（平均为 11.4μg/g），以半封闭环境为主。

这说明，城口海域在筇竹寺组沉积早期处于弱—半封闭的缺氧陆棚环境。

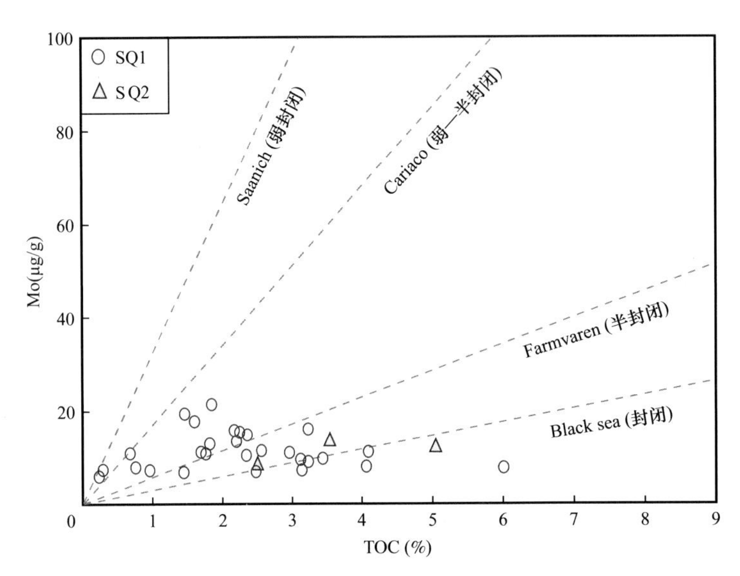

图 5-6　城口新军村筇竹寺组 Mo 含量与 TOC 关系图版

3. 古生产力

受海域封闭性弱和洋流活动等因素影响，城口海域 P、Ba、Si 等营养物质含量丰富（图 5-2，表 5-1）。P_2O_5/TiO_2 值在 1—32 层一般为 0.04～0.30（平均为 0.09），在 33—42 层下降至 0.03。Ba 含量在筇竹寺组下段（1—32 层）总体处于正常水平，一般为 501～4225μg/g（平均为 1698μg/g），在局部（26 层）可高达 10940μg/g，在筇竹寺组中段（41—42 层）上升至 2944～3141μg/g（平均为 3045μg/g），与巫溪、保康五峰组—鲁丹阶（王玉满等，2021）相近，说明城口海域在 26 层、41—42 层受洋流活动影响较大。硅质含量在筇竹寺组总体处于较高水平，在 1—32 层和 33—42 层分别为 44.2%～85.8%（平均为 64.4%）、55.9%～71.3%（平均为 64.8%）。从 P_2O_5/TiO_2 值、Ba 含量和硅质含量变化趋势看，城口海域古生产力在 SQ1 和 SQ2 沉积期普遍较高，显示洋流活动对高古生产力的重要贡献。

表 5-1　城口海域筇竹寺组营养物质含量统计表

层段	P_2O_5/TiO_2 值	Ba 含量（μg/g）	硅质含量（%）
33—42 层	0.03（3）	2944～3141/3045（3）	55.9～71.3/64.8（4）
1—32 层	0.04～0.30/0.09（29）	501～4225/1698（29）	44.2～85.8/64.4（44）

注：表中数值区间表示为最小值~最大值 / 平均值，括号（ ）内为样品数。

4. 沉积速率

城口新军村筇竹寺组下段（1—32 层）为富有机质页岩与结核体共生段，其沉积环境与川南—川东坳陷埃隆阶结核体发育段（表 2–2）具有相似性。由此推测，城口新军村筇竹寺组下段亦为裂陷发展期深水陆棚较快沉积产物，其沉积速率为 16.20～51.56m/Ma。

5. 氧化还原条件

在城口新军村剖面点，Ni/Co 值与 TOC 相关性总体较好（图 5–2），是反映氧化还原条件的有效指标。Ni/Co 值在筇竹寺组 SQ1 段普遍较高，在黑色页岩段一般为 4.82～21.41（平均为 8.44），在白云质结核层和白云岩层普遍低于 4.00（图 5–2）；Ni/Co 值在 SQ2 段受水体变浅影响总体偏低，一般为 2.73～10.33（平均为 5.70）。这说明，城口海域在筇竹寺组沉积早期（SQ1 沉积期）总体为深水缺氧环境。

第二节　神农架古庙垭水井沱组剖面

神农架古庙垭水井沱组剖面位于神农架松柏镇西侧盘水村，沿乡道自南向北展开。剖面位置为北纬 31°43′18″、东经 110°37′2″，海拔为 1342m，地层产状为 59°∠10°（图 5–7）。

图 5–7　神农架古庙垭水井沱组剖面

一、基本地质特征

在神农架地区，下寒武统自下而上沉积水井沱组、石牌组等地层，水井沱组与上震旦统灯影组之间呈假整合接触，界面清晰（图 5-8）。

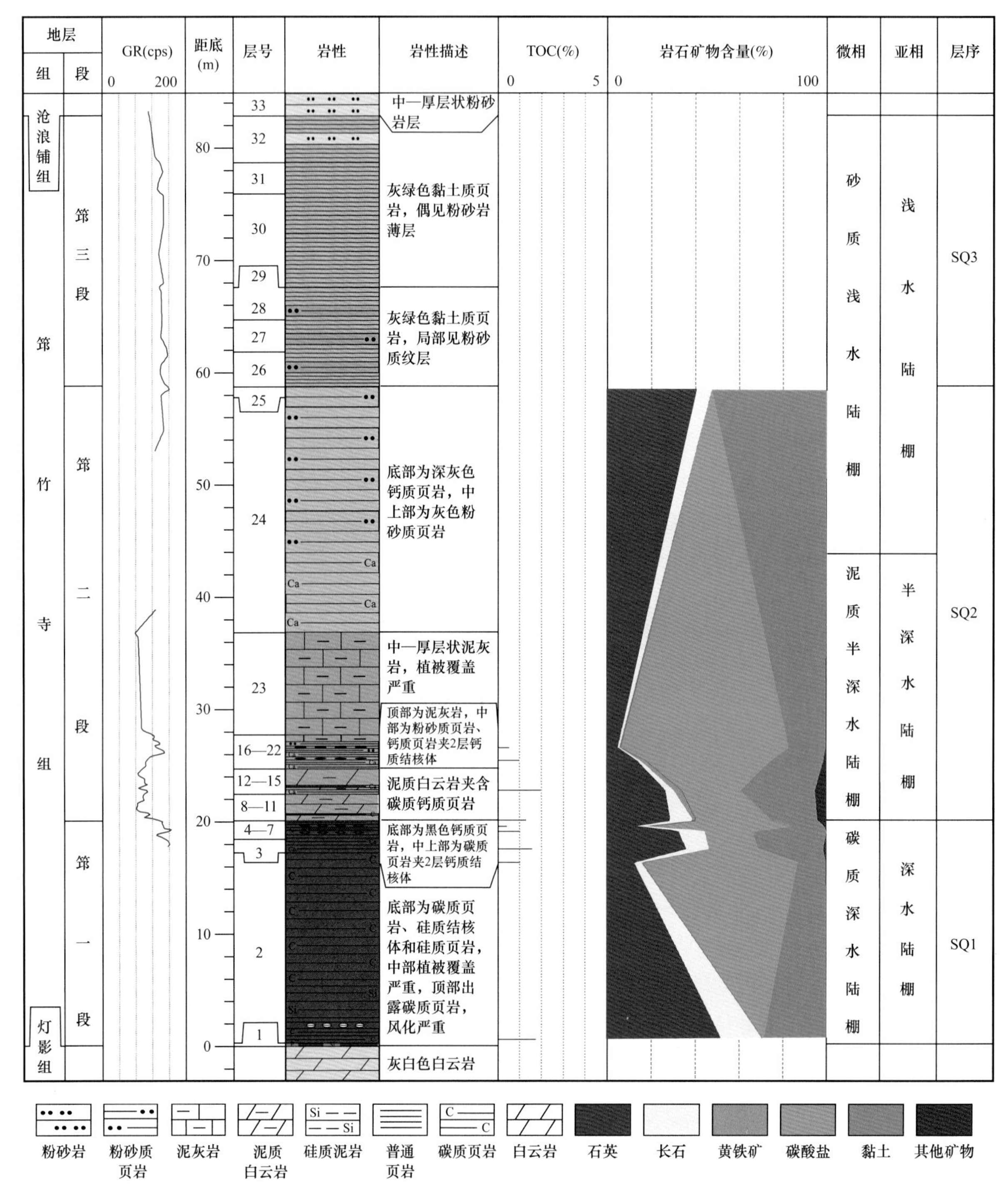

图 5-8　神农架古庙垭水井沱组剖面综合柱状图

灯影组为灰白色白云岩，在顶部检测 GR 值为 54～81cps。

水井沱组厚度为 82.84m（小层编号为 1—32 层），自下而上可划分为 SQ1、SQ2 和 SQ3 等 3 个三级层序，具体描述如下。

SQ1 厚 20.07m（小层编号为 1—7 层），为裂陷发展期形成的富有机质页岩沉积层序，自下而上以碳质页岩夹钙质结核体、硅质页岩沉积为主，反映神农架地区在区域拉张应力场作用下裂陷规模急剧扩大，海平面大幅度上升，洋流活跃，古生产力显著提高。GR 普遍较高，分布在 102～207cps 之间。

SQ2 厚 38.65m（小层编号为 8—25 层），为裂陷调整期形成的含钙质、粉砂质页岩、薄—中层状泥灰岩和白云岩（局部呈结核状产出）组合，反映盆地裂陷活动转弱，区域抬升开始加强，古水体显著变浅，来自鄂中古陆的钙质碎屑和川中古隆起陆源碎屑大量增多。GR 响应显中等幅度值，一般为钙质页岩 103～164cps、泥灰岩 78～129cps。

SQ3 厚 24.03m（小层编号为 26—32 层），为裂陷萎缩期形成的黏土质页岩夹粉砂岩薄层，岩相简单，GR 值为 118～159cps，反映神农架地区裂陷活动趋弱，构造运动以区域抬升为主，古水体持续变浅。

石牌组为中—厚层状砂岩层，GR 值为 113～114cps，岩相和 GR 响应与城口地区沧浪铺组相似，亦可称为沧浪铺组。

二、地球化学特征

神农架古庙垭水井沱组主体为裂陷斜坡带（深水—半深水陆棚）沉积的黑灰色页岩段（图 5-8），干酪根类型为 I 型，成熟度较高。

1. 有机质类型

根据有机地球化学测试资料，神农架地区水井沱组干酪根显微组分中腐泥质含量为 92%～94%，镜质组含量为 6%～8%，壳质组和惰性组含量为 0，类型指数为 86～89.5，显示该地区水井沱组干酪根主体为 I 型（表 5-2）。

表 5-2　神农架古庙垭水井沱组有机质干酪根显微组分及类型划分

采样位置	距底（m）	干酪根显微组分（%）				类型指数（TI）	有机质类型
		腐泥组	壳质组	镜质组	惰性组		
2 层底部	1.80	92	—	8	—	86.0	I
2 层上部	17.00	92	—	8	—	86.0	I
7 层	19.87	94	—	6	—	89.5	I

2. 有机质丰度

水井沱组 TOC 值分布在 0.16%～2.00% 之间，平均为 1.10%（10 个样品；图 5-8），总体呈现自下而上减少的趋势。

SQ1 段为 TOC 值大于 1% 的富有机质页岩集中段，TOC 值一般为 0.44%～1.78%，平均为 1.22%（6 个样品）。由于 SQ1 段大部分为植被覆盖，其顶、底部 TOC 测试数据并不能反映中间富有机质页岩实际值。

SQ2 段岩相较复杂，有机质丰度普遍降低，一般为 0.16%～2.00%，平均为 0.94%（4 个样品），其中 TOC 值大于 1% 的富有机质页岩集中在下部，上部因水体变浅和泥灰岩层增多，TOC 平均值显著下降。

SQ3 段总体为浅灰—灰绿色黏土质页岩，未取样，但推测 TOC 值普遍在 0.5% 以下。

根据岩相、TOC 和 GR 等地质资料推测，神农架古庙垭水井沱组富有机质页岩集中段厚 10～15m。

3. 成熟度

根据神农架古庙垭剖面有机质激光拉曼测试资料，神农架古庙垭水井沱组 D 峰与 G 峰峰间距和峰高比分别为 266.9～274.0cm^{-1} 和 0.86～0.93，在 G′ 峰位置（对应拉曼位移 2639.30cm^{-1}）出现低幅度石墨峰（图 5-9），计算的拉曼 R_o 为 3.44%～3.67%（平均为 3.55%），说明神农架古庙垭水井沱组已进入有机质弱炭化阶段（即已处于生气衰竭期），富有机质页岩基本不含气，勘探潜力差。

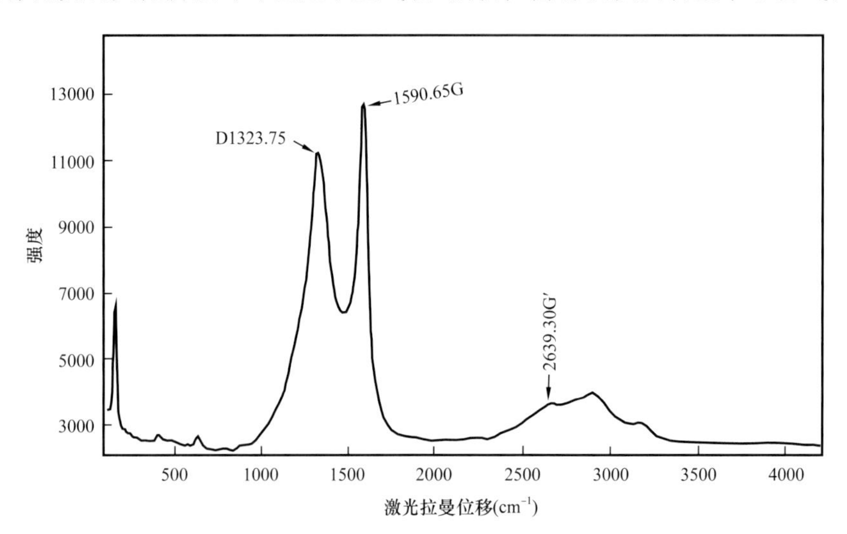

图 5-9　神农架古庙垭水井沱组有机质激光拉曼图谱

三、沉积特征

在神农架地区，受区域构造活动和沉积要素变化影响，水井沱组自下而上呈三段式变化特征（图 5-8、图 5-10、图 5-11）。

1. 岩相与岩石学特征

水井沱组 SQ1 和 SQ2 下段主要为半深水—深水相硅质页岩、碳质页岩、黏土质硅质混合页岩，局部夹白云岩和钙质结核体，纹层总体不发育或欠发育；SQ2 上段和 SQ3 主要为浅水相钙质页岩、泥灰岩与黏土质页岩组合，纹层发育（图 5-8、图 5-10、图 5-11）。现自下而上分小层描述，以了解其变化趋势（图 5-8、图 5-10、图 5-11）。

1 层厚 0.31m，含磷硅质岩（图 5-10a），大部分为植被覆盖，实测 GR 值为 102～127cps。

2 层厚 16.94m，下部自下而上依次为碳质页岩（厚 1.3m）、硅质透镜体（厚 5～10cm）和硅质页岩，GR 值一般在 160～220cps 之间。中部推测为富有机质页岩段，但被植被覆盖。上部出露 1.5m，为碳质页岩，风化严重，表层呈书页状（图 5-10b）。镜下见大量脆性矿物颗粒呈星点状均匀分布，亮色颗粒主要为石英、长石、黄铁矿、白云石等，见骨针残骸及生屑（菌藻屑、粉屑）飘浮其间，局部发育铸模孔（图 5-11a—c）。TOC 值为 1.06%～1.78%，矿物组成为石英 12.2%～51.8%、长石 3.1%～18.8%、黄铁矿 0.4%～0.6%、石膏 0.2%～0.4%、铁白云石 0～70.8%、黏土矿物 12.9%～28.7%。

(a) 水井沱组底部（1层），含磷硅质岩

(b) 2层，黑色碳质页岩

(c) 3层，黑色含钙质页岩

(d) 4层，钙质页岩，顶部见白云岩透镜体

(e) 5层，碳质页岩夹结核体

(f) 6层，钙质结核层

(g) 11—15层，泥质白云岩夹钙质页岩

(h) 17层，白云质透镜体

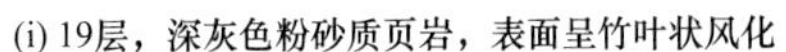

(i) 19层，深灰色粉砂质页岩，表面呈竹叶状风化

(j) 26层，黏土质页岩，局部断面见粉砂质纹层

图 5-10　神农架古庙垭水井沱组露头照片

3 层厚 1.2m，黑色块状钙质页岩（图 5-10c）。GR 值一般为 134～163cps。TOC 含量为 1.61%，岩石矿物组成为石英 35.8%、长石 10.3%、石膏 1.5%、铁白云石 22.5%、黏土矿物 29.8%、其他矿物 0.1%。

4 层厚 0.41m，硅质页岩，钙质含量明显增高，质地硬，顶部见白云岩透镜体（图 5-10d）。GR 值一般为 126～147cps。

5 层厚 0.64m，碳质页岩夹结核体，结核体长轴为 20～30cm，短轴为 5～15cm，呈椭球状（图 5-10e）。镜下黄铁矿呈斑点状分布，见骨针及介形虫化石（图 5-11d—f）。GR 值为 141～174cps。TOC 值为 0.44%～1.06%，矿物组成为石英 11.8%～32.3%、长石 3.6%～11.8%、方解石 0～0.8%、铁白云石 22.1%～63.96%、黄铁矿 0～4.1%、石膏 0～0.3%、黏土矿物 14.7%～33.8%。

6 层厚 0.17m，钙质结核层，大部呈层状，局部呈断续状分布，厚 10～15cm（图 5-10f）。GR 值一般为 144～149cps。

7 层厚 0.4m，碳质页岩层，含钙质，风化为书页状。镜下见骨针及生屑飘浮其间，偶见生物内碎屑和黄铁矿交代现象（图 5-11g—i）。GR 值一般为 142～147cps。TOC 值为 1.33%，岩石矿物组成为石英 28.7%、长石 10.2%、铁白云石 34.2%、黄铁矿 1.7%、黏土矿物 21.0%、其他矿物 4.2%。

8 层厚 0.5m，泥质白云岩，质地硬。GR 值一般为 100～129cps。

9 层厚 0.17m，碳质页岩层，厚 5～10cm。GR 值一般为 110～119cps。

10 层厚 1.0m，灰色泥质白云岩。GR 值一般为 82～91cps。

11 层厚 0.68m，灰色泥质白云岩（图 5-10g），GR 值一般为 97～103cps。

12 层厚 0.41m，钙质页岩，含碳质（图 5-10g）。GR 值一般为 103～115cps。TOC 值为 2.0%，岩石矿物组成为石英 26.4%、长石 3.7%、方解石 24.4%、铁白云石 2.1%、黄铁矿 3.9%、黏土矿物 34.2%、其他矿物 5.3%。

13 层厚 0.21m，泥质白云岩，局部呈结核状（图 5-10g），GR 值一般为 97～103cps。

14 层厚 0.21m，钙质页岩含碳质（图 5-10g），GR 值一般为 107～110cps。

15 层厚 1.42m，厚层状泥质白云岩（图 5-10g），GR 值一般为 84～103cps。

16 层厚 0.82m，钙质页岩，深灰色。GR 值一般为 104～106cps。TOC 值为 1.03%，岩石矿物组成为石英 13.5%、长石 1.3%、方解石 53.9%、铁白云石 3.0%、黄铁矿 2.7%、黏土矿物 24.0%、其他矿物 1.6%。

17 层厚 0.3m，白云质透镜体层，分布不连续（图 5-10h），GR 值一般为 96～115cps。

18 层厚 0.41m，深灰色钙质页岩，GR 值一般为 125～152cps。

19 层厚 0.36m，深灰色粉砂质页岩，表面呈竹叶状风化（图 5-10i），GR 值一般为 142～147cps。

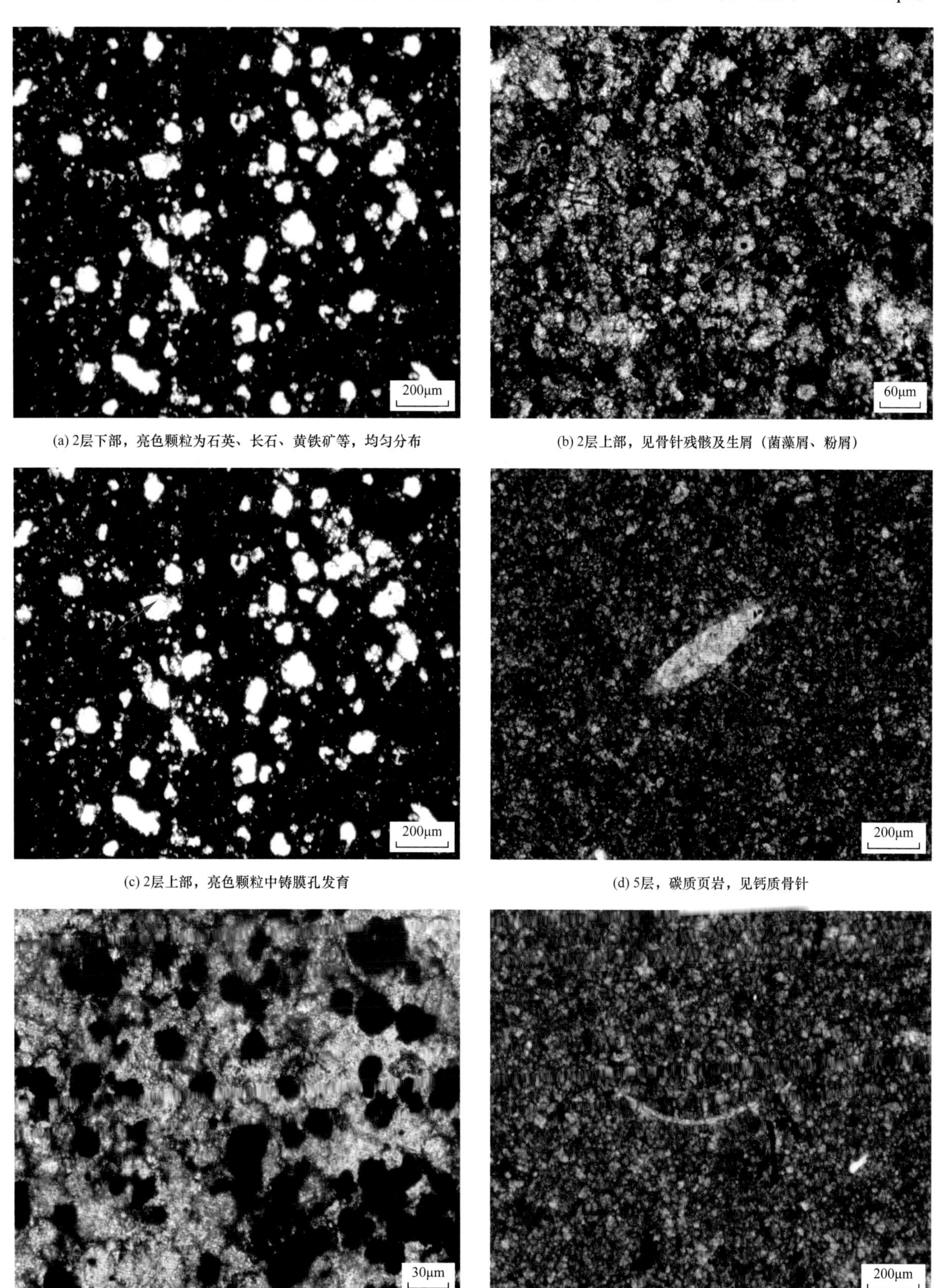

(a) 2层下部，亮色颗粒为石英、长石、黄铁矿等，均匀分布

(b) 2层上部，见骨针残骸及生屑（菌藻屑、粉屑）

(c) 2层上部，亮色颗粒中铸膜孔发育

(d) 5层，碳质页岩，见钙质骨针

(e) 5层，碳质页岩，黑色颗粒为黄铁矿椭球体，分散状分布

(f) 5层，钙质页岩，见介形虫

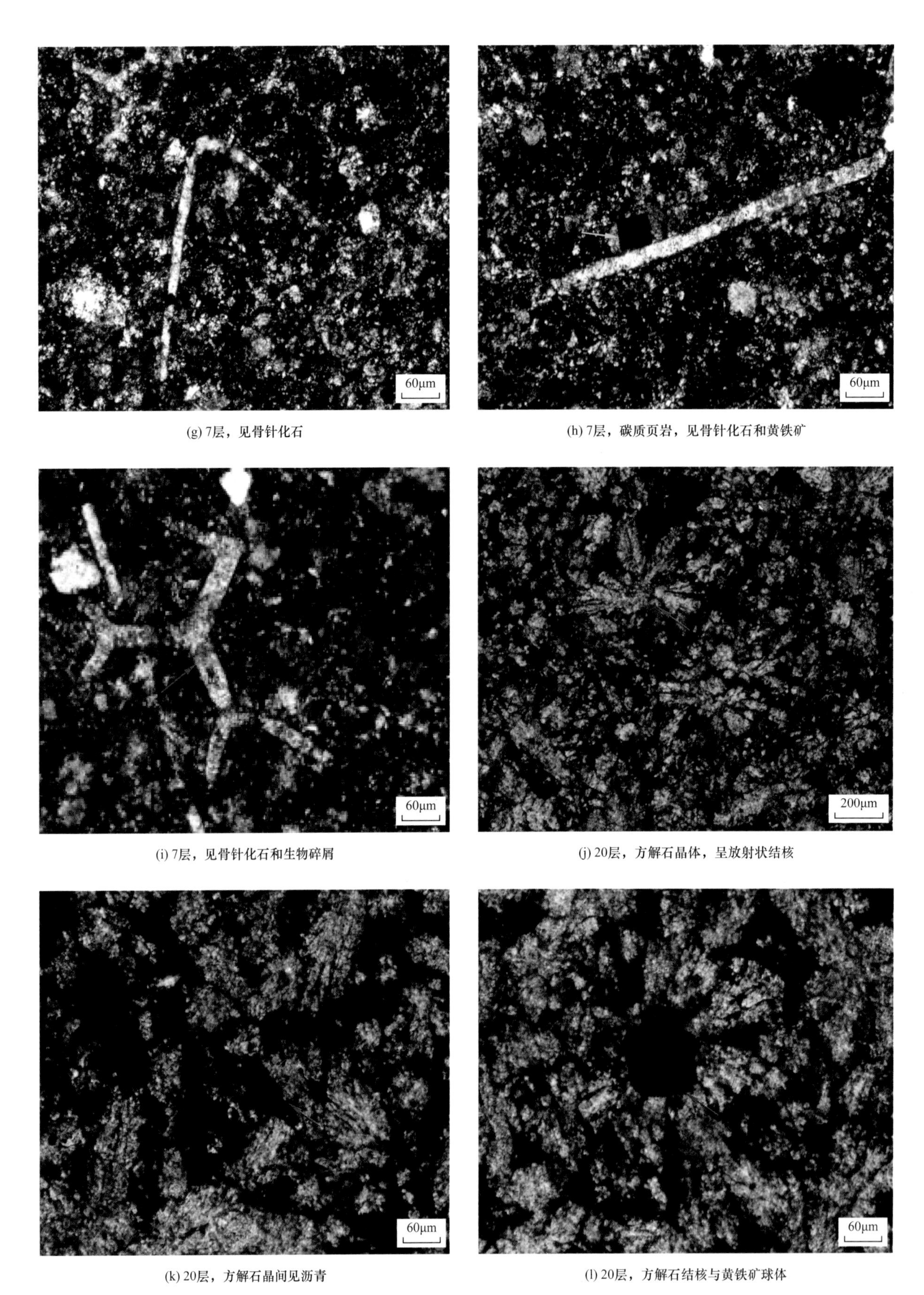

(g) 7层，见骨针化石

(h) 7层，碳质页岩，见骨针化石和黄铁矿

(i) 7层，见骨针化石和生物碎屑

(j) 20层，方解石晶体，呈放射状结核

(k) 20层，方解石晶间见沥青

(l) 20层，方解石结核与黄铁矿球体

图 5-11　神农架古庙垭水井沱组重点层段薄片照片

20 层厚 0.18m，结核体层，分布连续，结核体呈透镜状或椭球状，长轴为 30～60cm，短轴为 15～25cm。镜下方解石呈放射状结核（1～3mm）或板条状晶体分布，泥质含有机质而透光性差，并充填于方解石晶间，偶见黄铁矿晶体（图 5-11j—l）。GR 值一般为 126～128cps。TOC 值为 0.56%，岩石矿物组成为石英 4.8%、长石 0.7%、方解石 75.7%、铁白云石 0.8%、黄铁矿 0.7%、黏土矿物 16.8%、其他矿物 0.5%。

21 层厚 0.4m，深灰色粉砂质页岩，表面呈竹叶状风化。GR 值为 139～140cps。

22 层厚 0.59m，深灰色中层状泥灰岩层。GR 值为 120～129cps。

23 层厚 9.1m，中—厚层状泥灰岩，植被覆盖严重，GR 值一般为 78～115cps。

24 层厚 20.95m，中上部为灰色粉砂质页岩，植被覆盖严重，底部为深灰色钙质页岩，质地硬而脆，GR 值一般为 125～150cps。

25 层厚 0.94m，深灰色块状粉砂质页岩，黏土含量较高，质地较脆。GR 值一般为 142～164cps。TOC 值为 0.16%，岩石矿物组成为石英 40.6%，长石 6.8%，黏土矿物 52.6%。

26 层厚 3.11m，灰色、灰绿色黏土质页岩，局部断面见粉砂质纹层（厚 0.5～1mm）（图 5-10j），GR 值一般为 140～159cps。

27 层厚 2.84m，灰绿色黏土质页岩，断面细腻，局部见粉砂质纹层，GR 值一般为 141～156cps。

28 层厚 2.87m，灰绿色黏土质页岩，浅灰色、灰绿色，偶见粉砂质纹层，GR 值一般为 143～145cps。

29 层厚 0.06m，灰绿色薄层状粉砂岩。GR 值为 136～138cps。

30 层厚 8.31m，灰绿色黏土质页岩。GR 值一般为 137～150cps。

31 层厚 2.77m，灰绿色黏土质页岩。GR 值一般为 133～148cps。

32 层厚 4.16m，灰绿色黏土质页岩，偶见粉砂岩薄层。32 层为水井沱组顶部与石牌组分界岩层，GR 值一般为 118～129cps。

33 层为石牌组（或沧浪铺组）中—厚层状砂岩层（图 5-8）。GR 值一般为 113～114cps。

根据上述岩相和岩石学特征描述，水井沱组在 SQ1—SQ3 主体呈三段式变化特征。SQ1 为裂陷发展期形成的优质页岩段，以深水相碳质页岩、硅质页岩和云质结核体为主，富含有机质、硅质和白云石，其中硅质含量平均为 28.8%，铁白云石含量平均为 35.6%，方解石含量普遍低于 0.8%，长石含量普遍低于 18.8%，黏土矿物含量一般介于 12.9%～33.8%，镜下纹层不发育（或纹层总体较少），脆性指数为 12.6%～64.3%，平均为 33.1%；SQ2 主体为半深水—浅水相碳质页岩、钙质页岩与泥质白云岩，富含钙质且岩相复杂，硅质含量普遍低于 26.4%，方解石含量平均高达 38.5%，白云石含量平均值下降至 1.5%，脆性指数下降至 4.9%～43.5%，平均为 20.9%；SQ3 主体为浅水相黏土质页岩，偶见粉砂岩薄层，纹层发育。

2. 富有机质页岩沉积演化特征

神农架古庙垭水井沱组剖面为川北—鄂西北地区下寒武统代表性剖面，岩相组合及演化特征清楚，总体反映了筇竹寺组沉积期川东北裂陷页岩地层与富有机质页岩沉积演化规律。笔者以神农架古庙垭剖面为主体，结合宜探 2、宜探 3、兴山建阳坪和城口新军村等资料点，编制鄂西—川北筇竹寺组沉积演化剖面，以进一步揭示川东北裂陷区富有机质页岩沉积演化特征（图 5-12），下面分裂陷发展期（SQ1 沉积期）、裂陷调整期（SQ2 沉积期）和裂陷萎缩期（SQ3 沉积期）等三个阶段进行详细描述。

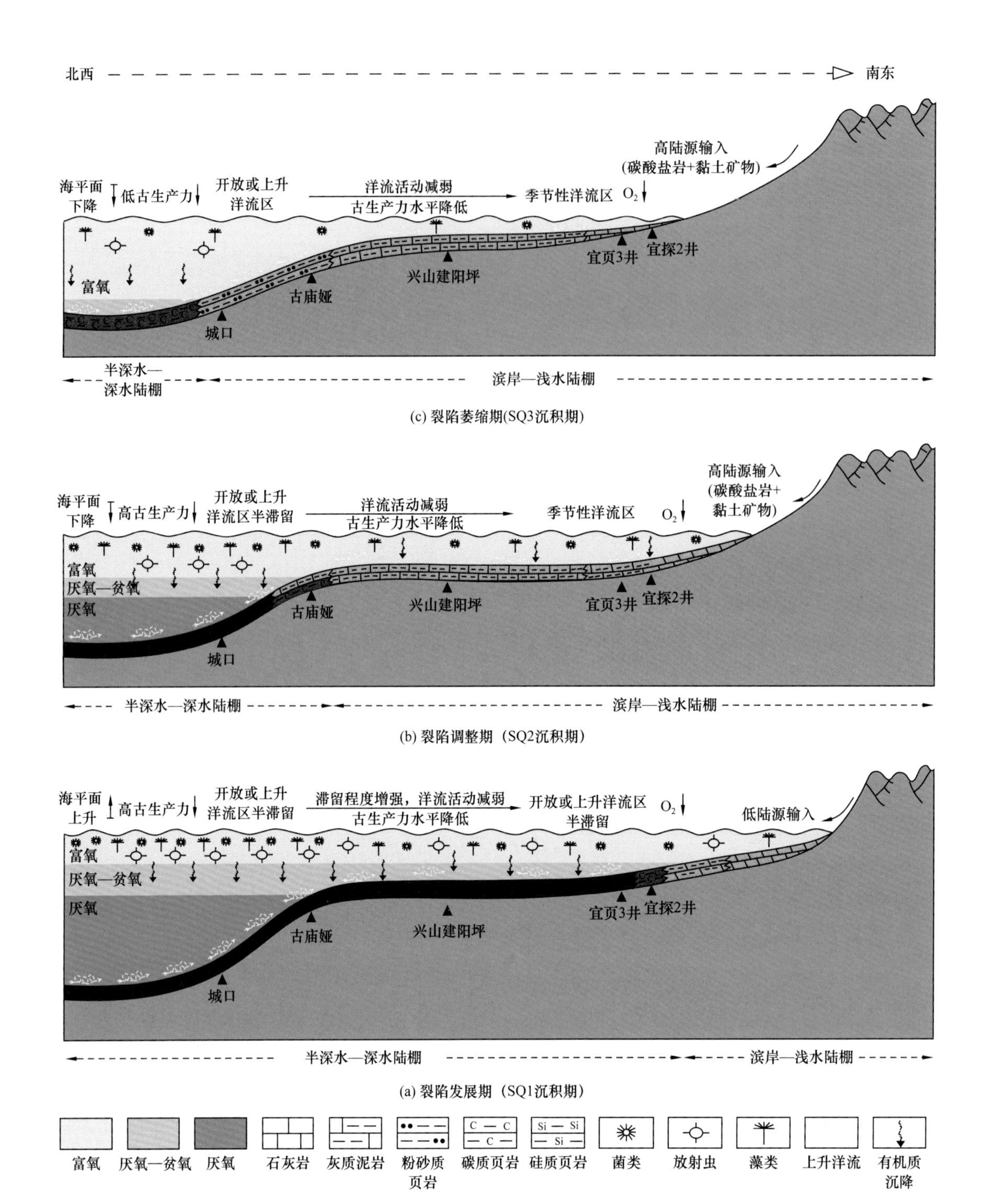

图 5-12　鄂西—川北筇竹寺组沉积演化剖面

1）裂陷发展期

SQ1 沉积早期（图 5-12），川东北及周缘拉张裂陷作用处于最强活动期，裂陷中心为城口—巫溪地区，气候变暖，海平面快速上升，可容纳空间迅速增大。前寒武纪形成的浅水碳酸盐岩台地被广泛淹没，鄂西—川北地区整体处于欠补偿的半深水—深水陆棚区，海底为缺氧水体环境，陆源碎屑输入量较低。川东北地区（城口及周缘）靠近被动大陆边缘，水体滞留程度中等，上升洋流活跃，提供了大量由深海带来的营养物质（Ba、Si、P 等生命元素快速进入水体），为藻类、小壳化石、放射虫和海绵骨针提供勃发的物质基础，古生产力处于较高水平，深水陆棚良好的保存条件和较高的古生产力促进有机质大规模富集；鄂西地区（神农架古庙垭—兴山建阳坪—宜探 2）总体处于川东北深水陆棚的东南斜坡区，毗邻鄂中古陆，其水体深度自西北向东南逐渐变浅，陆源钙质显著增高，富有机质页岩厚度和 TOC 值逐渐变小，例如富有机质页岩在城口—巫溪地区为 100m 以上，在神农架地区降为 20m 以下，在宜页 3—宜探 2 区块下降至 3m。可见，在 SQ1 沉积早期，裂陷活动强度和古地理环境决定了鄂西—川北筇竹寺组富有机质页岩分布。

SQ1 沉积晚期，鄂西—川北地区仍然保持着相对较高的海平面，不同区带有机质富集条件及横向上的变化规律未发生明显变化，与 SQ1 沉积早期基本保持一致。

2）裂陷调整期

即 SQ2 沉积期（图 5-12），川东北坳陷拉张裂陷作用减弱，东西两侧古隆起开始扩张，海平面出现下降，裂陷由扩张期转化为停滞和充填期，沉积格局基本继承了 SQ1 特征，但可容纳空间明显减小。城口—巫溪海域仍然保持着相对较高的海平面，水体以厌氧环境为主，上升洋流依然活跃，与大洋的连通性较好，海平面的下降一方面导致海水中溶解氧含量增加，海底还原程度降低，有机质保存条件变差，另一方面由西侧隆起输入的陆源碎屑增大，古生产力水平下降，由此造成该地区富有机质页岩厚度大幅度减小，TOC 含量较 SQ1 明显降低；神农架地区则处于明显抬升状态，水体较 SQ1 沉积期显著变浅，以贫氧—富养环境为主，同时陆源输入量增大，沉积充填作用增强，以钙质页岩、泥灰岩等浅水沉积为主，TOC 含量明显降低；向东南方向的宜页 3—宜探 2 探区，水体继续变浅，进入富氧沉积环境，以钙质页岩、泥灰岩和石灰岩沉积为主，TOC 值降至 0.5% 以下。该时期随着裂陷活动转入调整期，海平面的持续下降、陆源输入增强和氧化还原条件变差，均对区内有机质富集产生不利影响。

3）裂陷萎缩期

即 SQ3 沉积期（图 5-12），川东北坳陷拉张裂陷作用基本停止，海平面持续下降至低位，东西两侧古陆显著扩张且陆源碎屑输入量持续增大，川北—鄂西地区整体处于过补偿的富氧水体环境，有机质保存条件较差，黑色页岩沉积基本结束。受陆源补给区母岩性质影响，在城口—神农架地区以浅灰色、灰绿色粉砂质页岩、黏土质页岩夹粉砂岩沉积为主（主要来自西部古隆起补给），兴山—长阳地区以钙质页岩和泥灰岩沉积为主（来自鄂中古陆补给），TOC 值处于 0.5% 以下的最低水平。

综上所述，鄂西—川北地区筇竹寺组有机质富集特征受裂陷活动、水体氧化还原条件、上升洋流、古地理环境等多种因素综合控制，但裂陷活动无疑是关键控制因素，也是其他沉积要素改变的重要影响因素，并最终导致该地区筇竹寺组富有机质页岩在时空分布上的差异性。

参考文献

曹环宇，朱传庆，邱楠生，2016. 川东地区古生界主要泥页岩最高古温度特征［J］. 地球物理学报，59（3）：1017–1029.

程克明，王世谦，董大忠，等，2009. 上扬子区下寒武统筇竹寺组页岩气成藏条件［J］. 天然气工业，29（5）：40–44.

程文斌，董树义，金灿海，等，2019. 四川省沐川地区峨眉山玄武岩元素地球化学特征与成因探讨［J］. 矿物岩石，39（4）：49–69.

崔景伟，朱如凯，崔京钢，2013. 页岩孔隙演化及其与残留烃量的关系：来自地质过程约束下模拟实验的证据［J］. 地质学报，87（5）：730–736.

董大忠，高世葵，黄金亮，等，2014. 论四川盆地页岩气资源勘探开发前景［J］. 天然气工业，34（12）：1–15.

董大忠，王玉满，李登华，等，2012. 全球页岩气发展启示与中国未来发展前景展望［J］. 中国工程科学，14（6）：69–76.

董大忠，王玉满，李新景，等，2016. 中国页岩气勘探开发新突破及发展前景思考［J］. 天然气工业，36（1）：19–32.

董大忠，邹才能，戴金星，等，2016. 中国页岩气发展战略对策建议［J］. 天然气地球科学，27（3）：397–406.

董大忠，邹才能，杨桦，等，2012. 中国页岩气勘探开发进展与发展前景［J］. 石油学报，33（S1）：107–114.

杜金虎，汪泽成，邹才能，等，2016. 上扬子克拉通内裂陷的发现及对安岳特大型气田形成的控制作用［J］. 石油学报，37（1）：1–16.

高波，刘忠宝，舒志国，等，2020. 中上扬子地区下寒武统页岩气储层特征及勘探方向［J］. 石油与天然气地质，41（2）：284–294.

何斌，徐义刚，肖龙，等，2003. 峨眉山大火成岩省的形成机制及空间展布：来自沉积地层学的新证据［J］. 地质学报，77（2）：194–202.

胡望水，柴华，鄢菲，等，2009. 华北地块中—新元古界上升流岩相类型及相模式［J］. 石油天然气学报，31（6）：32–37.

胡望水，吕炳全，王红罡，等，2004. 扬子地块东南陆缘寒武系上升流沉积特征［J］. 江汉石油学院学报，26（4）：9–11.

黄金亮，邹才能，李建忠，等，2012. 川南下寒武统筇竹寺组页岩气形成条件及资源潜力［J］. 石油勘探与开发，39（1）：69–75.

贾智彬，侯读杰，孙德强，等，2018. 贵州地区牛蹄塘组底部烃源岩地球化学特征［J］. 天然气地球科学，29（7）：1031–1041.

蒋珊，王玉满，王书彦，等，2018. 四川盆地川中古隆起及周缘下寒武统筇竹寺组页岩有机质石墨化区预测［J］. 天然气工业，38（10）：19–27.

金若谷，1989. 一种深水沉积标志："瘤状结核"及其成因［J］. 沉积学报，7（2）：51–61.

李天元，2020. 川西南峨眉山玄武岩堆积序列及岩性岩相特征［D］. 北京：中国地质大学.

梁狄刚，郭彤楼，边立曾，等，2009. 中国南方海相生烃成藏研究的若干新进展（三）：南方四套区域性海相烃源岩的沉积相及发育的控制因素［J］. 海相油气地质，14（2）：1–19.

刘成林，李景明，蒋裕强，等，2002. 川东小河坝砂岩天然气成藏地球化学研究［J］. 西南石油学院学报，24（1）：46–50.

刘德汉，肖贤明，田辉，等，2013. 固体有机质拉曼光谱参数计算样品热演化程度方法与地质应用［J］. 科学通报，58（13）：1228–1241.

刘建清，何利，胡宇瀚，等，2020. 四川雷波峨眉山玄武岩岩石学及地球化学特征［J］. 地球学报，41（3）：325–336.

刘绍文，王良书，李成，等，2003. 塔里木北缘岩石圈热—流变结构及其地球动力学意义［J］. 中国科学：D 辑 地球科学，33（9）：852–863.

刘万洙，王璞珺，1997. 松辽盆地嫩江组白云岩结核的成因及其环境意义［J］. 岩相古地理，17（1）：22–26.

刘忠宝，杜伟，高波，等，2018. 层序格架中富有机质页岩发育模式及差异分布：以上扬子下寒武统为例［J］. 吉林大学学报（地球科学版），48（1）：1–14.

罗志立，金以钟，朱夔玉，等，1988. 试论上扬子地台的峨眉地裂运动［J］. 地质论评，34（1）：11–24.

吕炳全，王红罡，胡望水，等，2004. 扬子地块东南古生代上升流沉积相及其与烃源岩的关系［J］. 海洋地质与第四系地质，24（4）：29.

马健飞，沙小保，刘建清，等，2019. 盐津地区峨眉山玄武岩地球化学特征及成因分析［J］. 矿物岩石，39（2）：25–33.

庞谦，李凌，胡广，等，2017. 川北地区下寒武统筇竹寺组钙质结核特征及成因机制［J］. 沉积学报，35（4）：681–690.

彭浩，尹成，何青林，等，2022. 川西地区二叠系热碎屑流火山岩发育特征及其油气地质意义［J］. 石油勘探与开发，49（1）：56–67.

邱振，邹才能，2020. 非常规油气沉积学：内涵与展望［J］. 沉积学报，38（1）：1–29.

全国地层委员会，2002. 中国区域年代地层（地质年代）表说明书［M］. 北京：地质出版社.

孙庆峰，2006. 新疆柯坪中奥陶统结核状灰岩的沉积环境及成因［J］. 岩石矿物学杂志，25（2）：137–147.

汪洋，程素华，2013. 中国西部及邻区岩石圈热状态与流变学强度特征［J］. 地学前缘，20（1）：182–189.

王宏坤，吕修祥，王玉满，等，2018. 鄂西下志留统龙马溪组页岩储集特征［J］. 天然气地球科学，29（3）：415–423.

王民，Li Zhongsheng，2016. 激光拉曼技术评价沉积有机质热成熟度［J］. 石油学报，37（9）：1129–1136.

王清晨，严德天，李双建，2008. 中国南方志留系底部优质烃源岩发育的构造—环境模式［J］. 地质学报，82（3）：289–297.

王淑芳，董大忠，王玉满，等，2015. 四川盆地志留系龙马溪组富气页岩地球化学特征及沉积环境［J］. 矿物岩石地球化学通报，34（6）：1203–1212.

王淑芳，张子亚，董大忠，等，2016. 四川盆地下寒武统筇竹寺组页岩孔隙特征及物性变差机制探讨［J］. 天然气地球科学，27（9）：1619–1628.

王淑芳，邹才能，董大忠，等，2014. 四川盆地富有机质页岩硅质生物成因及对页岩气开发的意义［J］. 北京大学学报（自然科学版），50（3）：476–486.

王一刚，余晓锋，杨雨，等，1998. 流体包裹体在建立四川盆地古地温剖面研究中的应用［J］. 地球科学，23（3）：285–288.

王玉满，陈波，李新景，等，2018. 川东北地区下志留统龙马溪组上升洋流相页岩沉积特征［J］. 石油学报，39（10）：1092–1102.

王玉满，董大忠，程相志，等，2014. 海相页岩有机质炭化的电性证据及其地质意义：以四川盆地南部地区下寒武统筇竹寺组页岩为例［J］. 天然气工业，34（8）：1–7.

王玉满，董大忠，王世谦，等，2013. 川南下寒武统筇竹寺组页岩储集空间定量表征［J］. 天然气工业，33（7）：1–10.

王玉满，董大忠，杨桦，等，2014. 川南下志留统龙马溪组页岩储集空间定量表征［J］. 中国科学：D辑 地球科学，44（6）：1348–1356.

王玉满，黄金亮，李新景，等，2015. 四川盆地下志留统龙马溪组页岩裂缝孔隙定量表征［J］. 天然气工业，35（9）：8–15.

王玉满，李新景，陈波，等，2018. 海相页岩有机质炭化的热成熟度下限及勘探风险［J］. 石油勘探与开发，45（3）：385–395.

王玉满，李新景，董大忠，等，2017. 上扬子地区五峰组—龙马溪组优质页岩沉积主控因素［J］. 天然气工业，37（4）：9–20.

王玉满，李新景，董大忠，等，2021. 四川盆地及周缘志留系页岩典型剖面地质特征［M］. 北京：石油工业出版社.

王玉满，李新景，王皓，等，2019. 四川盆地下志留统龙马溪组结核体发育特征及沉积环境意义［J］. 天然气工业，39（10）：10–21.

王玉满，李新景，王皓，等，2020. 中上扬子地区下志留统龙马溪组有机质碳化区预测［J］. 天然气地球科学，31（2）：151–162.

王玉满，沈均均，邱振，等，2021. 中上扬子地区下寒武统筇竹寺组结核体发育特征及沉积环境意义［J］. 天然气地球科学，32（9）：1308–1323.

王玉满，王淑芳，董大忠，等，2016. 川南下志留统龙马溪组页岩岩相表征［J］. 地学前缘，23（1）：119–133.

王玉满，王淑芳，李新景，等，2017. 四川盆地筇竹寺组富有机质页岩沉积主控因素［J］. 天然气工业，37（增刊1）：1–10.

魏国齐，贾东，杨威，等，2019. 四川盆地构造特征与油气［M］. 北京：科学出版社.

吴朝东，杨承运，陈其英，1999. 湘西黑色岩系地球化学特征和成因意义［J］. 岩石矿物学杂志，18（1）：28–29.

吴松涛，朱如凯，崔京钢，等，2015. 鄂尔多斯盆地长7湖相泥页岩孔隙演化特征［J］. 石油勘探与开发，42（2）：167–177.

肖斌，刘树根，冉波，等，2019. 基于元素Mn、Co、Cd、Mo的海相沉积岩有机质富集因素判别指标在四川盆地北缘的应用［J］. 地质评论，65（6）：1316–1330.

徐义刚，何斌，罗震宇，等，2013. 我国大火成岩省和地幔柱研究进展与展望［J］. 矿物岩石地球化学通报，32（1）：25–39.

杨辉，马继跃，朱兵，等，2018. 四川马边、雷波地区峨眉山玄武岩地球化学特征及其成因［J］. 四川地质学报，38（1）：27–38.

易同生，赵霞，2014. 贵州下寒武统牛蹄塘组页岩储层特征及其分布规律［J］. 天然气工业，34（8）：8–14.

昝博文，刘树根，冉波，等，2017. 扬子板块北缘下志留统龙马溪组重晶石结核特征及其成因机制分析［J］. 岩石矿物学杂志，36（2）：213–226.

张先进，彭松柏，李华亮，等，2013. 峡东地区的“三峡奇石”：沉积结核［J］. 地质论评，59（4）：627–636.

赵建华，金之钧，林畅松，等，2019. 上扬子地区下寒武统筇竹寺组页岩沉积环境［J］. 石油与天然气地质，40（4）：701–715.

赵文智，李建忠，杨涛，等，2016. 中国南方海相页岩气成藏差异性比较与意义［J］. 石油勘探与开发，43（4）：499–510.

赵文智，王兆云，王东良，等，2015. 分散液态烃的成藏地位与意义［J］. 石油勘探与开发，42（2）：401–413.

赵文智，王兆云，张水昌，等，2005. 有机质“接力成气”模式的提出及其在勘探中的意义［J］. 石油勘探与开发，32（2）：1–7.

周慧，李伟，张宝民，等，2015. 四川盆地震旦纪末期—寒武纪早期台盆的形成与演化［J］. 石油学报，36（3）：310–323.

周叔齐，2019. 云南昭通威信地区玄武岩的地球化学特征及其尖灭边界研究［D］. 桂林：桂林理工大学.

朱江，2019. 峨眉山大火成岩省地幔柱动力学及其环境效应研究［D］. 北京：中国地质大学.

邹才能，董大忠，王玉满，等，2015. 中国页岩气进展、挑战及前景（一）［J］. 石油勘探与开发，42（6）：689–701.

邹才能，董大忠，王玉满，等，2016. 中国页岩气特征、挑战及前景（二）［J］. 石油勘探与开发，43（2）：166–178.

邹才能，杜金虎，徐春春，等，2014. 四川盆地震旦系—寒武系特大型气田形成分布、资源潜力及勘探发现［J］. 石油勘探与开发，41（3）：278–293.

邹才能，杨智，张国胜，等，2014. 常规—非常规油气“有序聚集”理论认识及实践意义［J］. 石油勘探与开发，41（1）：14–27.

Alessandretti L，Warren L V，Machado R，2015. Septarian carbonate concretions in the Permian Rio do Rasto Formation：Birth，growth and implications for the early diagenetic history of southwestern Gondwana succession［J］. Sedimentary Geology，326：115.

Astin T R，1986. Septarian crack formation in carbonate concretions from shales and mudstones［J］. Clay Minerals，21（4）：617–631.

Bernard S，Wirth R，Schreiber A，et al，2012. Formation of nanoporous pyrobitumen residues during maturation of the Barnett Shale（Fort Worth Basin）［J］. International Journal of Coal Geology，45：618–31.

Berner R A，Raiswell R，1983. Burial of organic carbon and pyrite sulfur in sediments over Phanerozoic time：A new theory［J］. Geochimica et Cosmoshimica Acta，47（5）：855–862.

Bojanowski M J，Barczuk A，Wetzel A，2014. Deep–burial alteration of early–diagenetic carbonate concretions formed in Palaeozoic deep–marine greywackes and mudstones（Bardo Unit，Sudetes Mountains，Poland）［J］. Sedimentology，61（5）：1211–1239.

Clarkson C R，Solano N，Bustin R M，et al，2013. Pore structure characterization of North American shale gas reservoirs using USANS/SANS，gas adsorption，and mercury intrusion［J］. Fuel，103（1）：606–616.

Claudio Delle Piane，Julien Bourdet，Matthew Josh，et al，2018. Organic matter network in postmature Marcellus Shale：Effects on petrophysical properties［J］. AAPG Bulletin，102（11）：2305–2332.

Curtis M E，Ambrose R J，Sondergeld C H，et al，2011. Investigation of the relationship between kerogen porosity and thermal maturity in the Marcellus Shale［C］. SPE Unconventional Gas Conference and Exhibition.

Curtis M E，Ambrose R J，Sondergeld C H，et al，2011. Transmission and scanning electronmicroscopy investigation of pore connectivity of gas shales on the nanoscale［J］. SPE Unconventional Gas Conference and Exhibition.

Curtis M E，Cardott B J，Sondergeld C H，et al，2012. The development of organic porosity in the Woodford Shale with increasing thermal maturity［J］. International Journal of Coal Geology，103：26–31.

Gaines R R，Vorhies J S，2016. Growth mechanisms and geochemistry of carbonate concretions from the Cambrian Wheeler Formation（Utah，USA）［J］. Sedimentology，63（3）：662–698.

Jacobi D，Hughes B，Breig J，et al，2009. Effective geochemical and geomechanical characterization of shale gas reservoirs from the wellbore environment : Caney and the Woodford shale [R] . SPE 124231.

Jomes B, Manning D A, 1994. Comparison of geochemical indices used for the interpretation of palaeoredox conditions in ancient mudstones [J] . Chemical Geology, 111 (1) : 111–129.

Kinley T J, Cook L W, Breyer J A, et al, 2008. Hydrocarbon potential of the Barnett Shale (Mississippian), Delaware Basin, West Texas and Southeastern New Mexico [J] . AAPG Bulletin , 92 (8) : 967–991.

Lecompte B, Franquet J A, Jacobi D, et al, 2009. Evaluation of Haynesville shale vertical well completions with a mineralogy based approach to reservoir geomechanics [R] . SPE 124227.

Mastalerz M, Schimmelmann A, Drobniak A, et al, 2013. Porosity of Devonian and Mississippian New Albany Shale across a maturation gradient : Insights from organic petrology, gas adsorption, and mercury intrusion [J] . AAPG Bulletin, 97: 1621–1643.

Mathia E, Rexer T, Bowen L, et al, 2013. Evolution of porosity and pore systems in organic-rich Posidonia and Wealden Shales [C] . 75th EAGE conference & exhibition incorporating SPE EUROPEC 2013.

Milliken K L, Rudnicki M, Awwiller D N, et al, 2013. Organic matter-hosted pore system, Marcellus Formation (Devonian), Pennsylvania [J] . AAPG Bulletin, 97 (2) : 177–200.

Mozley P S, Burns S J, 1993. Oxygen and carbon isotopic composition of marine carbonate concretions : An overview [J] . Journal of Sedimentary Research, 63 (1) : 73–83.

Prinz D, Littke R, 2005. Development of the micro-and ultramicroporous structure of coals with rank as deduced from the accessibility to water [J] . Fuel , 84: 1645–52.

Qiu Z, Zou C N, 2020. Controlling factors on the formation and distribution of "sweet-spot areas" of marine gas shales in South China and a preliminary discussion on unconventional petroleum sedimentology [J] . Journal of Asian Earth Sciences, 194: 103989.

Ross D J K, Bustin R M, 2008. Characterizing the shale gas resource potential of Devonian–Mississippian strata in the Western Canada sedimentary basin : Application of an integrated formation evaluation [J] . AAPG Bulletin, 92 (1) : 87–125.

Ross D J K, Bustin R M, 2009. The importance of shale composition and pore structure upon gas storage potential of shale gas reservoirs [J] . Marine and Petroleum Geology, 26 (6) : 916–927.

Spoètl C, Houseknecht D W, Jaques R C, 1998. Kerogen maturation and incipient graphitization of hydrocarbon source rocks in the Arkoma Basin, Oklahoma and Arkansas : A combined petrographic and Raman spectrometric study [J] . Organic Geochemistry, 28 (9/10) : 535–542.

Wilkins R W T, Boudou R, Sherwood N, et al, 2014. Thermal maturity evaluation from inertinites by Raman spectroscopy : The 'RaMM' technique [J] . International Journal of Coal Geology, (128/129) : 143–152.

Zhao H, Givens N B, Curtis B, 2007. Thermal maturity of the Barnett Shale determined from well-log analysis [J] . AAPG Bulletin, 91 (4) : 535–549.

Zhou Q, Xiao X M, Pan L, et al, 2014. The relationship between micro-Raman spectral parameters and reflectance of solid bitumen [J] . International Journal of Coal Geology, 121 (1) : 19–25.